Department of
Language and Culture

HOLT
CIENCIAS Y TECNOLOGÍA

Explorando el inquieto planeta Tierra

HOLT, RINEHART AND WINSTON
A Harcourt Education Company
Orlando • **Austin** • New York • San Diego • Toronto • London

Reconocimientos

Autores colaboradores

Kathleen Meehan Berry
Science Chairman
Canon-McMillan School District
Canonsburg, Pennsylvania

Robert H. Fronk, Ph.D.
Chair of Science and Mathematics Education
Florida Institute of Technology
West Melbourne, Florida

Peter E. Malin, Ph.D.
Professor of Geology
Division of Earth and Ocean Sciences
Duke University
Durham, North Carolina

Asesora de inclusión y de necesidades especiales

Karen Clay
Inclusion Consultant
Boston, Massachusetts

Asesor de seguridad

Jack Gerlovich, Ph.D.
Associate Professor
School of Education
Drake University
Des Moines, Iowa

Revisores académicos

Roger J. Cuffey, Ph.D.
Professor of Paleontology
Department of Geosciences
Pennsylvania State University
University Park, Pennsylvania

Turgay Ertekin, Ph.D.
Professor and Chairman of Petroleum and Natural Gas Engineering
Energy and Geo-Environmental Engineering
Pennsylvania State University
University Park, Pennsylvania

Richard N. Hey, Ph.D.
Professor of Geophysics
Department of Geophysics & Planetology
University of Hawaii at Manoa
Honolulu, Hawaii

Ken Hon, Ph.D.
Associate Professor of Volcanology
Geology Department
University of Hawaii at Hilo
Hilo, Hawaii

Susan Hough, Ph.D.
United States Geological Survey (USGS)
Pasadena, California

Joel S. Leventhal, Ph.D.
Emeritus Scientist, Geochemistry
U.S. Geological Survey
Lakewood, Colorado

Kenneth K. Peace
Manager of Transportation
WestArch Coal, Inc.
St. Louis, Missouri

Kenneth H. Rubin, Ph.D.
Associate Professor
Department of Geology & Geophysics
University of Hawaii at Manoa
Honolulu, Hawaii

Colin D. Sumrall, Ph.D.
Lecturer of Paleontology
Earth and Planetary Sciences
The University of Tennessee
Knoxville, Tennessee

Peter W. Weigand, Ph.D.
Professor Emeritus
Department of Geological Sciences
California State University
Northridge, California

Maestros revisores

Diedre S. Adams
Physical Science Instructor
West Vigo Middle School
West Terre Haute, Indiana

Laura Buchanan
Science Teacher and Department Chair
Corkran Middle School
Glen Burnie, Maryland

Robin K. Clanton
Science Department Head
Berrien Middle School
Nashville, Georgia

Meredith Hanson
Science Teacher
Westside Middle School
Rocky Face, Georgia

James Kerr
Oklahoma Teacher of the Year 2002–2003
Union Public Schools
Tulsa, Oklahoma

Laura Kitselman
Science Teacher and Coordinator
Loudoun Country Day School
Leesburg, Virginia

Printed in the United States of America
ISBN-13: 978-0-03-036003-9
ISBN-10: 0-03-036003-X

2 3 4 5 6 7 0868 09

F Explorando el inquieto planeta Tierra

Laboratorios y Actividades

Cómo usar tu libro de texto

El camino al éxito con HOLT CIENCIAS Y TECNOLOGÍA

Lo que aprenderás

Al comienzo de cada sección encontrarás los objetivos y los términos de vocabulario de la sección. Los objetivos te indican lo que tendrás que saber cuando termines de leer la sección.

En cada sección se mencionan los términos de vocabulario. Aprende las definiciones de estos términos porque lo más probable es que aparezcan en los exámenes. Cada término está resaltado en el texto y se define tanto en el punto en que se usa como en el margen de la página. También puedes usar el glosario para encontrar rápidamente las definiciones.

SUGERENCIA DE ESTUDIO Vuelve a leer los objetivos y las definiciones de los términos al estudiar para un examen para asegurarte de que conoces el material.

Organízate

La Estrategia de lectura que se encuentra al comienzo de cada sección te ofrece sugerencias para organizar y recordar la información. Lleva contigo un cuaderno de ciencias de modo que puedas tomar notas cuando tu maestro repase el material en clase. Haz los ejercicios en este cuaderno para que puedas revisarlos al estudiar para el examen del capítulo.

SECCIÓN 5

Lo que aprenderás

- Explica cómo se registra el tiempo geológico en las capas de roca.
- Identifica fechas importantes en la escala de tiempo geológico.
- Explica cómo los cambios ambientales provocaron la extinción de algunas especies.

Vocabulario

escala de tiempo geológico
eón
era
periodo
época
extinción

ESTRATEGIA DE LECTURA

Lluvia de ideas La idea clave de esta sección es la escala de tiempo geológico. Piensa en palabras y frases relacionadas con la escala de tiempo geológico.

Figura 1 En la pared de la cantera del Monumento Nacional del Dinosaurio en Utah, se ven huesos de dinosaurios de hace unos 150 millones de años.

El tiempo pasa

¿Cuántos años tiene la Tierra? Bueno, si la Tierra festejara su cumpleaños cada millón de años, ¡habría 4,600 velas en su pastel! Los seres humanos han existido sólo lo suficiente como para encender la última de las velas.

Trata de pensar en la historia de la Tierra como si fuera una película que miraras en avance rápido. Si pudieras observar el cambio de la Tierra desde esta perspectiva, verías montañas que se levantan como arrugas en una tela y que desaparecen rápidamente. También verías aparecer formas de vida que luego se extinguen. En esta sección, aprenderás que los geólogos deben mirar la "película" de la historia terrestre en avance rápido cuando escriben o hablan sobre ella. También aprenderás sobre algunos sucesos increíbles en la historia de la vida sobre la Tierra.

El tiempo geológico

La **figura 1** muestra la pared de roca en el *Centro de Visitantes de la Cantera del Dinosaurio del Dinosaur National Monument* (Monumento Nacional del Dinosaurio), Utah. En esta pared, hay aproximadamente 1,500 huesos fósiles excavados por paleontólogos. Son los restos de dinosaurios que habitaron la zona hace aproximadamente 150 millones de años. Seguramente, 150 millones de años te parecen un periodo increíblemente largo. Sin embargo, en términos de la historia de la Tierra, 150 millones de años es un poco más que el 3% de la existencia del planeta. Es un poco más que el 4% del tiempo que representan las rocas más viejas conocidas en la Tierra.

Aprovecha los recursos: usa Internet

Los recuadros de **SciLinks** en tu libro te llevan a recursos que puedes usar para proyectos de ciencias, informes y trabajos de investigación. Visita **scilinks.org** y escribe el **código de SciLinks** para encontrar información sobre un tema. (Disponible sólo en inglés)

Visita go.hrw.com
Visita **go.hrw.com** y consulta los artículos y otros materiales de la revista **Ciencia actual** (*Current Science®*) relacionados con tu libro. Haz clic sobre el icono del libro y la tabla de contenido para ver todos los recursos de cada capítulo. (Disponible sólo en inglés)

Figura 3 *Los fósiles de plantas y animales bien conservados son comunes en la formación de Green River. En el sentido de las manecillas del reloj, comenzando arriba a la derecha, se ven fósiles de una hoja, una libélula, un pez y una tortuga.*

El registro de las rocas y el tiempo geológico
Uno de los mejores lugares de América del Norte para ver el registro de la historia de la Tierra en capas de roca es el Parque Nacional del Gran Cañón. El río Colorado se adentró en el cañón hasta casi 2 km de profundidad en algunos lugares. En el transcurso de 6 millones de años, el río erosionó incontables capas de roca. Estas capas representan casi la mitad de la historia de la Tierra o aproximadamente 2 mil millones de años.

Compren
las capas de r
de comprensión

El registro
La **figura 2** r
mación de G
Wyoming (U
formaron par
que existió d
son comunes
mentos de g
estructuras m

Era Cenozoica: la Edad de los Mamíferos
La era Cenozoica, como se muestra en la **figura 7**, comenzó hace aproximadamente 65 millones de años y continúa hasta el presente. Esta era se conoce como la *Edad de los Mamíferos*. Durante la era Cenozoica, los mamíferos tuvieron que competir con los dinosaurios y con otros mamíferos por el alimento y el hábitat. Después de la extinción masiva al final de la era Mesozoica, los mamíferos florecieron. Es posible que ciertas características exclusivas, como la regulación interna de la temperatura corporal y el desarrollo de las crías dentro del cuerpo de la madre, permitieran a los mamíferos sobrevivir a los cambios ambientales que probablemente causaron la extinción de los dinosaurios.

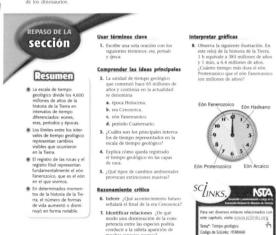

Figura 7 *Miles de especies de mamíferos evolucionaron durante la era Cenozoica. Esta escena muestra especies de comienzos de la era Cenozoica que ahora están extintas.*

REPASO DE LA sección

Resumen

- La escala de tiempo geológico divide los 4,600 millones de años de la historia de la Tierra en intervalos de tiempo diferenciados: eones, eras, períodos y épocas.
- Los límites entre los intervalos de tiempo geológico representan cambios visibles que ocurrieron en la Tierra.
- El registro de las rocas y el registro fósil representan fundamentalmente el eón Fanerozoico, que es el eón en el que vivimos.
- En determinados momentos de la historia de la Tierra, el número de formas de vida aumentó o disminuyó en forma notable.

Usar términos clave

1. Escribe una sola oración con los siguientes términos: *era, período y época.*

Comprender las ideas principales

2. La unidad de tiempo geológico que comenzó hace 65 millones de años y continúa en la actualidad se denomina
   a. época Holocena.
   b. era Cenozoica.
   c. eón Fanerozoico.
   d. período Cuaternario.

3. ¿Cuáles son los principales intervalos de tiempo representados en la escala de tiempo geológico?

4. Explica cómo queda registrado el tiempo geológico en las capas de roca.

5. ¿Qué tipos de cambios ambientales provocan extinciones masivas?

Razonamiento crítico

6. **Inferir** ¿Qué acontecimiento futuro señalará el final de la era Cenozoica?

7. **Identificar relaciones** ¿De qué modo una disminución de la competencia entre las especies podría conducir a la súbita aparición de muchas especies nuevas?

Interpretar gráficas

8. Observa la siguiente ilustración. En este reloj de la historia de la Tierra, 1 h equivale a 383 millones de años y 1 min, a 6.4 millones de años. ¿Cuánto tiempo más dura el eón Proterozoico que el eón Fanerozoico (en millones de años)?

Eón Fanerozoico   Eón Hadeano

Eón Proterozoico   Eón Arcaico

SciLINKS. **NSTA**
Desarrollo y mantenimiento a cargo de la Asociación Nacional de Maestros de Ciencias

Para ver diversos enlaces relacionados con este capítulo, visita www.scilinks.org
Tema*: Tiempo geológico
Código de SciLinks: HSM0668

*(Sólo en inglés)

85

Usa las ilustraciones y las fotos

Las ilustraciones muestran ideas y procesos complejos. Aprende a analizarlas para comprender mejor el material que lees en el texto.

Las tablas y las gráficas muestran información importante de manera organizada para ayudarte a ver las relaciones.

Una imagen vale más que mil palabras. En las fotografías verás ejemplos relevantes de los conceptos científicos sobre los que lees.

Contesta los repasos de las secciones

Los Repasos de las secciones evalúan tus conocimientos sobre los puntos principales de la sección. Los puntos de Razonamiento crítico te desafían a pensar sobre el material con más profundidad y a inferir relaciones a partir del texto.

SUGERENCIA DE ESTUDIO Cuando no puedas contestar una pregunta, vuelve a leer la sección. Por lo general, allí encontrarás la respuesta.

Haz tu tarea

Tu maestro puede asignarte hojas de destrezas para ayudarte a comprender y recordar el material de los capítulos.

SUGERENCIA DE ESTUDIO No intentes contestar las preguntas sin haber leído el texto y revisado las notas que tomaste en clase. Con un poco de preparación previa, te resultará mucho más fácil hacer los ejercicios. Hacer los ejercicios del Repaso del capítulo te ayudará a prepararte para el examen del capítulo.

Holt Online Learning

Visita Holt Online Learning
Si tu maestro te da una contraseña especial para ingresar al sitio **Holt Online Learning** encontrarás tu libro de texto completo en Internet. Además, encontrarás fabulosas herramientas de aprendizaje y cuestionarios de práctica. Podrás evaluar si conoces a fondo el material de tu libro de texto. (Disponible sólo en inglés)

PRECAUCIONES DE SEGURIDAD

Explorar, inventar e investigar son actividades esenciales para el estudio de las ciencias. Sin embargo, estas actividades también pueden ser peligrosas. Para garantizar que tus experimentos y exploraciones sean seguros, debes cumplir con varias pautas de seguridad. Probablemente hayas oído la frase "Más vale prevenir que curar". Esto resulta particularmente adecuado en una clase de ciencias, donde se hacen experimentos y exploraciones. No estar bien informado y actuar sin cuidado puede provocar heridas graves. No arriesgues tu propia seguridad ni la de otras personas.

En las siguientes páginas se describen pautas de seguridad importantes para la clase de ciencias. Es posible que tu maestro también tenga pautas y sugerencias de seguridad específicas para tu clase y tu laboratorio. Tómate el tiempo necesario para estar seguro.

Medidas de seguridad

Antes de empezar

Siempre debes obtener el permiso de tu maestro antes de intentar cualquier exploración de laboratorio. Lee cuidadosamente los procedimientos y presta especial atención a la información de seguridad y a las advertencias. Si no estás seguro de lo que significa un símbolo de seguridad, búscalo o pregúntale a tu maestro. En cuanto a la seguridad, nunca está de más ser muy cuidadoso. Si ocurre un accidente, informa inmediatamente a tu maestro, aunque no te parezca importante.

Símbolos de seguridad

Todos los experimentos e investigaciones incluidos en este libro y las hojas de destrezas correspondientes contienen importantes símbolos de seguridad para alertarte sobre determinados asuntos de seguridad. Familiarízate con estos símbolos, así, cuando los veas, sabrás lo que significan y lo que debes hacer. Es importante que leas esta sección de seguridad de principio a fin para conocer los peligros específicos del laboratorio.

Si tu maestro te pide que huelas una sustancia, acerca el vapor hacia tu nariz con la mano. Nunca pongas la nariz cerca de la fuente de la sustancia.

Protección de los ojos

Protección de la ropa

Protección de las manos

Seguridad con el calor

Seguridad eléctrica

Seguridad química

Cuidado de los animales y seguridad

Objetos filosos

Seguridad con las plantas

Protección de los ojos

Usa gafas de seguridad siempre que trabajes con compuestos químicos, ácidos, bases o cualquier tipo de llama o fuente de calor. Debes ponerte las gafas de seguridad ante la menor posibilidad de sufrir daño en los ojos. Si te entra cualquier clase de sustancia en los ojos, avisa inmediatamente a tu maestro y lávate los ojos con agua de la llave durante al menos 15 minutos. Trata cualquier compuesto químico desconocido como si fuera peligroso. Nunca mires al Sol directamente, ya que puede causar ceguera permanente.

Evita usar lentes de contacto en el laboratorio. Aunque tengas puestas las gafas de seguridad, los compuestos químicos pueden pasar por debajo de la lente y penetrar en el ojo. Si el médico te indica que uses lentes de contacto en lugar de anteojos, cuando estés en el laboratorio debes usar gafas de seguridad protectoras de ocular, como las que se utilizan para bucear.

Equipos de seguridad

Debes conocer la ubicación de las alarmas contra incendio más cercanas y de cualquier otro equipo de seguridad, como mantas contra incendios y estaciones de lavado de ojos, según lo indicado por tu maestro. Además, debes conocer los procedimientos para usar estos equipos.

Orden y cuidado personal

Despeja tu área de trabajo de todos los libros y papeles innecesarios. Sujétate el cabello hacia atrás si lo tienes largo y asegura las mangas y otras prendas de vestir sueltas, como corbatas y lazos. Quítate las joyas que cuelguen. No uses zapatos de puntera abierta ni sandalias en el laboratorio. Nunca comas, bebas ni te pongas cosméticos en el laboratorio. Los alimentos, las bebidas y los cosméticos pueden contaminarse fácilmente con materiales peligrosos.

Ciertos productos para el pelo (como el espray) son inflamables y no deben usarse cerca de una llama encendida. Evita usar espray o gel para el pelo los días que tengas laboratorio.

Objetos filosos/puntiagudos

Usa con extremo cuidado los cuchillos y otros objetos filosos. Nunca cortes objetos mientras los sostienes en las manos. Coloca los objetos sobre una superficie de trabajo apropiada para cortarlos.

Debes tener muchísimo cuidado al usar cualquier clase de objeto de vidrio. Cuando coloques un objeto pesado en una probeta, inclina la probeta para que el objeto se deslice lentamente hasta el fondo.

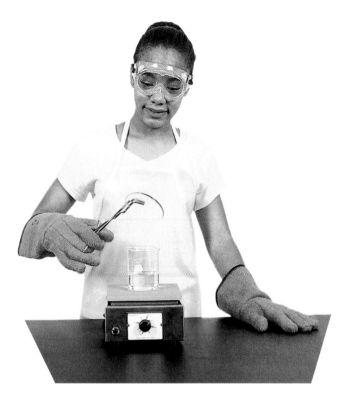

Calor

Usa gafas de seguridad cuando manipules cualquier fuente de calor o una llama. Siempre que sea posible, usa una placa calentadora eléctrica como fuente de calor en lugar de una llama abierta. Al calentar materiales en un tubo de ensayo, orienta siempre el tubo lejos de ti y de otras personas. Para evitar quemaduras, usa guantes resistentes al calor siempre que te lo indiquen.

Electricidad

Ten cuidado con los cables eléctricos. Cuando trabajes con un microscopio que tenga lámpara, evita colocar el cable en un lugar donde tus compañeros se puedan tropezar. No dejes que los cables cuelguen sobre el borde de una mesa de manera que el equipo se pueda caer si se tira accidentalmente del cable. No uses equipos que tengan los cables dañados. Asegúrate de tener las manos secas y de que el equipo eléctrico esté en la posición "apagado" antes de enchufarlo. Apaga y desenchufa los equipos eléctricos cuando termines de usarlos.

Compuestos químicos

Usa guantes de seguridad siempre que manipules cualquier compuesto químico, ácido o base potencialmente peligrosos. Si el compuesto químico te resulta desconocido, trátalo como si fuera una sustancia peligrosa. Usa un delantal y guantes protectores cuando trabajes con ácidos o bases y siempre que te lo indiquen. Si se derrama algún producto sobre tu piel o tu ropa, enjuágalo inmediatamente con agua durante al menos 5 minutos mientras llamas a tu maestro.

Nunca mezcles compuestos químicos a menos que te lo indique tu maestro. No pruebes, toques ni huelas compuestos químicos a menos que te lo ordenen específicamente. Antes de trabajar con un líquido o un gas inflamable, verifica que no haya ninguna fuente de llamas, chispas o calor.

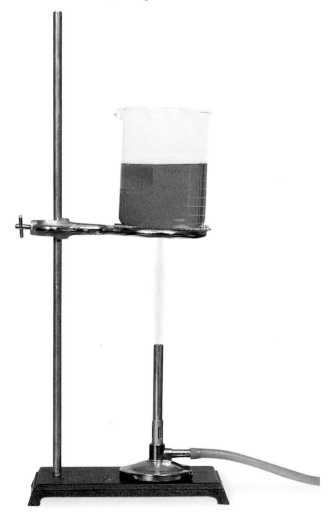

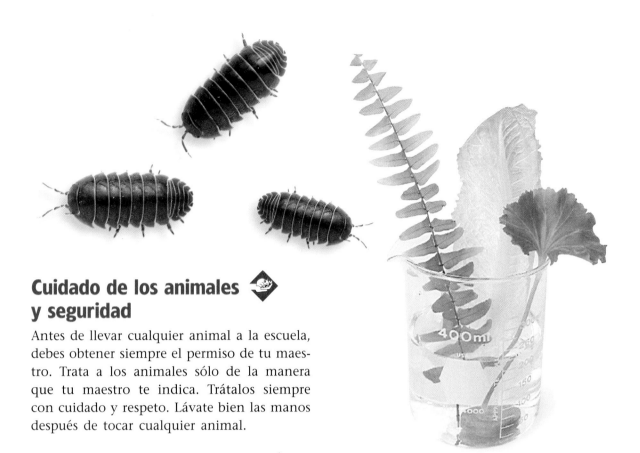

Cuidado de los animales y seguridad

Antes de llevar cualquier animal a la escuela, debes obtener siempre el permiso de tu maestro. Trata a los animales sólo de la manera que tu maestro te indica. Trátalos siempre con cuidado y respeto. Lávate bien las manos después de tocar cualquier animal.

Seguridad con las plantas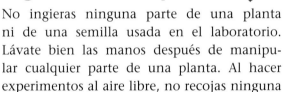

No ingieras ninguna parte de una planta ni de una semilla usada en el laboratorio. Lávate bien las manos después de manipular cualquier parte de una planta. Al hacer experimentos al aire libre, no recojas ninguna planta silvestre a menos que tu maestro te lo indique.

Objetos de vidrio

Examina todos los objetos de vidrio antes de usarlos. Asegúrate de que estén limpios y de que no tengan grietas ni astillas. Informa a tu maestro si hay algún objeto de vidrio dañado. Los recipientes de vidrio que se usan para calentar deben estar hechos con vidrio resistente al calor.

Minerales de la corteza terrestre

La idea principal

Los minerales tienen propiedades químicas y físicas características que determinan cómo los usan los seres humanos.

Acerca de la

La fluorescencia es la capacidad de algunos minerales de brillar bajo la luz ultravioleta. La belleza de la fluorescencia mineral está bien representada en la mina de Sterling Hill en Franklin (Nueva Jersey). En esta fotografía tomada en la mina, los minerales de la roca brillan con tanta intensidad que parece que acaban de ser pintados por un artista.

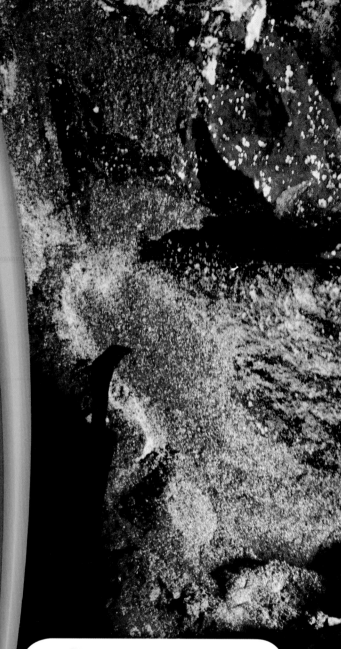

ACTIVIDAD PARA ANTES DE LEER

 Organizador gráfico

Mapa de conceptos Antes de leer el capítulo, crea el organizador gráfico titulado "Mapa de conceptos", tal y como se explica en la sección **Destrezas de estudio** del Apéndice. Mientras lees el capítulo, completa el mapa de conceptos con detalles sobre los minerales.

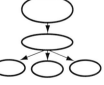

ACTIVIDAD INICIAL

¿De qué está hecho tu salón de clases?

Una de las propiedades de los minerales es que están formados por materia sin vida. Realiza la siguiente actividad para determinar si los objetos de tu salón de clases están hechos de materiales vivos o sin vida.

Procedimiento

1. Haz dos columnas en una **hoja de papel.** Titula la primera columna "Materiales vivos". Titula la segunda columna "Materiales sin vida".

2. Mira a tu alrededor y elige diversos objetos del salón para incluir en tu lista. Por ejemplo, puedes incluir la ropa que llevas puesta, tu escritorio, libros, hojas de cuaderno, lápices, las ventanas, las puertas, las paredes, el techo o el suelo del salón.

3. Comenta con un compañero los objetos que elegiste. Decide en qué columna debe ir cada uno y anota el motivo de tu decisión.

Análisis

1. ¿La mayoría de los objetos que elegiste están hechos de materiales vivos o sin vida?

¿Qué es un mineral?

Posiblemente creas que todos los minerales se parecen a las piedras preciosas. Pero la verdad es que la mayoría de los minerales se parecen más a las rocas. ¿Esto significa que una roca es lo mismo que un mineral? En realidad, no. Entonces, ¿cuál es la diferencia?

En primer lugar, las rocas están formadas por minerales, pero los minerales no están formados por rocas. Un **mineral** es un sólido inorgánico natural que tiene una estructura cristalina definida.

Estructura de los minerales

Si contestas las cuatro preguntas de la **figura 1,** sabrás si un objeto es un mineral. Si no contestas todas las preguntas con un "sí", el objeto no es un mineral. Tres de las cuatro preguntas son fáciles de contestar. La pregunta sobre la estructura cristalina tal vez sea más difícil. Para comprender qué es la estructura cristalina, es necesario saber algo sobre los elementos que forman un mineral. Los **elementos** son sustancias puras que no se pueden descomponer en sustancias más simples por medio de métodos químicos comunes. Todos los minerales contienen uno o más de los 92 elementos que existen en la naturaleza.

Lo que aprenderás

● Describe la estructura de los minerales.
● Describe los dos principales grupos de minerales.

Vocabulario

mineral
elemento
compuesto
cristal
mineral silicato
mineral no-silicato

ESTRATEGIA DE LECTURA

Resumen en parejas Lee esta sección en silencio. Túrnate con un compañero para resumir el material. Hagan pausas para comentar las ideas que les resulten confusas.

¿Es un material no vivo?
Los minerales son inorgánicos, es decir, no están formados por componentes vivos.

¿Es un sólido?
Los minerales no pueden ser gases ni líquidos.

¿Tiene una estructura cristalina?
Los minerales son cristales con una estructura interna que se repite y que normalmente se refleja en la forma del cristal. Por lo general, los minerales tienen una composición química uniforme.

¿Es de origen natural?
Los materiales cristalinos producidos artificialmente no se clasifican como minerales.

Figura 1 *Las respuestas a estas cuatro preguntas determinan si un objeto es un mineral.*

Átomos y compuestos

Cada elemento está formado por un solo tipo de átomo. El *átomo* es la parte más pequeña de un elemento que tiene todas las propiedades de ese elemento. Al igual que otras sustancias, los minerales están formados por átomos de uno o más elementos.

La mayoría de los minerales están formados por compuestos de diferentes elementos. Un **compuesto** es una sustancia formada por dos o más elementos unidos químicamente, o enlazados. La halita (NaCl), por ejemplo, es un compuesto de sodio (Na) y cloro (Cl), como se muestra en la **figura 2.** Muy pocos minerales, como el oro y la plata, están compuestos por un único elemento. Un mineral compuesto por un solo elemento se denomina *elemento nativo*.

✔ *Comprensión de lectura* ¿Qué diferencia hay entre un compuesto y un elemento? (*Consulta en el Apéndice las respuestas de comprensión de lectura.*)

Cristales

Las formaciones sólidas y geométricas de minerales producidas por un patrón repetido de átomos o moléculas que se presenta de manera uniforme en el mineral se denominan **cristales.** La forma de un cristal está determinada por la distribución de los átomos o moléculas dentro del cristal. La distribución de los átomos o moléculas, a su vez, depende de los tipos de átomos o moléculas que componen el mineral. Cada mineral tiene una estructura cristalina definida. Todos los minerales pueden agruparse en clases de cristales según el tipo de cristales que forman. La **figura 3** muestra de qué manera la distribución de los átomos de oro puede formar cristales cúbicos.

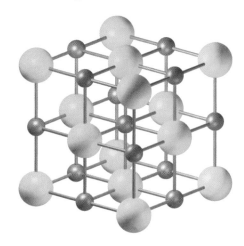

Figura 2 *Cuando los átomos de sodio (violeta) y de cloro (verde) se unen, forman un compuesto que se conoce como sal gema o halita.*

mineral un sólido inorgánico natural que tiene una estructura cristalina definida

elemento una sustancia que no se puede separar o descomponer en sustancias más simples por medio de métodos químicos

compuesto una sustancia formada por átomos de dos o más elementos diferentes unidos por enlaces químicos

cristal un sólido cuyos átomos, iones o moléculas están ordenados en un patrón definido

Figura 3 **Composición del oro mineral**

El oro mineral está compuesto por átomos de oro distribuidos en una estructura cristalina.

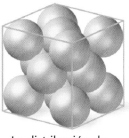

La distribución de los átomos de oro

La forma de un cristal de oro

Cristales de oro mineral

Dos grupos de minerales

La clasificación más común de los minerales se basa en la composición química. Según su composición química, los minerales se dividen en dos grupos: minerales silicatos y minerales no-silicatos.

Minerales silicatos

Los dos elementos más comunes en la corteza terrestre son el silicio y el oxígeno. Los minerales que contienen una combinación de estos dos elementos se llaman **minerales silicatos.** Estos minerales constituyen más del 90% de la corteza terrestre. El resto de la corteza terrestre está compuesto por minerales no-silicatos. El silicio y el oxígeno normalmente se combinan con otros elementos, como el aluminio, el hierro, el magnesio y el potasio, para formar minerales silicatos. La **figura 4** muestra algunos de los minerales silicatos más comunes.

Minerales no-silicatos

Los minerales que no contienen una combinación de los elementos silicio y oxígeno forman el grupo de los **minerales no-silicatos.** Algunos de estos minerales están compuestos por elementos como el carbono, el oxígeno, el flúor y el azufre. La **figura 5** de la siguiente página muestra las principales clases de minerales no-silicatos.

✔ *Comprensión de lectura* ¿Qué diferencia hay entre los minerales silicatos y los minerales no-silicatos?

mineral silicato un mineral que contiene una combinación de silicio, oxígeno y uno o más metales

mineral no-silicato un mineral que no contiene compuestos de silicio y oxígeno

---

Figura 4 **Minerales silicatos comunes**

El **cuarzo** es el componente básico de muchas rocas.

Los minerales de **feldespato** son el principal componente de la mayoría de las rocas de la superficie terrestre.

Los minerales de **mica** se separan fácilmente en láminas al romperse. La biotita es uno de los varios tipos de mica.

Figura 5 **Clases de minerales no-silicatos**

Los **elementos nativos** son minerales compuestos por un solo elemento. Algunos ejemplos son el cobre (Cu), el oro (Au) y la plata (Ag). Los elementos nativos se usan en equipos electrónicos y de comunicaciones.

Cobre

Los **óxidos** son compuestos que se forman cuando un elemento como el aluminio o el hierro se combina químicamente con el oxígeno. Se usan para fabricar abrasivos, partes de aviones y pinturas.

Corindón

Los **carbonatos** son minerales que contienen combinaciones de carbono y oxígeno en su estructura química. Se usan en el cemento, las piedras para la construcción y los fuegos artificiales.

Calcita

Los **sulfatos** son minerales que contienen azufre y oxígeno (SO_4). Se usan para fabricar productos cosméticos, pasta dental, cemento y pinturas.

Yeso

Los **halogenuros** son compuestos que se forman cuando se combina flúor, cloro, yodo o bromo con sodio, potasio o calcio. Se usan en la industria química y en la fabricación de detergentes.

Fluorita

Los **sulfuros** son minerales que contienen uno o más elementos, como plomo, hierro o níquel, combinados con azufre. Se usan para fabricar pilas, medicamentos y piezas electrónicas.

Galena

REPASO DE LA sección

Resumen

- Un mineral es un sólido inorgánico natural que tiene una estructura cristalina definida.
- Los minerales pueden ser elementos o compuestos.
- Los cristales minerales son formas sólidas y geométricas que se originan a partir de un patrón de átomos que se repite.
- Los minerales se clasifican en minerales silicatos o minerales no-silicatos según los elementos que los componen.

Usar términos clave

1. Define los siguientes términos en tus propias palabras: *elemento, compuesto* y *mineral*.

Comprender las ideas principales

2. ¿Cuál de los siguientes minerales es un mineral no-silicato?
   a. mica
   b. cuarzo
   c. yeso
   d. feldespato

3. ¿Qué es un cristal y qué determina su forma?

4. Describe los dos principales grupos de minerales.

Destrezas matemáticas

5. Si se estima que existen 3,600 minerales conocidos y aproximadamente 20 de ellos son elementos nativos, ¿cuál es el porcentaje de elementos nativos?

Razonamiento crítico

6. **Aplicar conceptos** Explica por qué cada uno de los siguientes no se considera un mineral: agua, oxígeno, miel y dientes.

7. **Aplicar conceptos** Explica por qué los científicos consideran que el hielo es un mineral.

8. **Comparar** ¿En qué se parecen los minerales sulfato y sulfuro? ¿En qué se diferencian?

Identificación de los minerales

Si pruebas diferentes alimentos con los ojos cerrados, probablemente podrás determinar de qué alimentos se trata basándote en sus propiedades, por ejemplo, lo salados o lo dulces que son. También es posible determinar la identidad de un mineral por sus diferentes propiedades.

En esta sección aprenderás sobre las propiedades que te servirán para identificar los minerales.

Color

Un mismo mineral puede ser de diferentes colores. Por ejemplo, el cuarzo en su estado más puro es transparente. Sin embargo, las muestras de cuarzo que contienen diversos tipos y diversas cantidades de impurezas pueden tener varios colores.

Además de las impurezas, hay otros factores que pueden cambiar el aspecto de los minerales. El mineral pirita, también llamado "el oro de los tontos", suele tener un color dorado, pero si se expone al aire y al agua durante un largo período, puede volverse marrón o negro. Debido a factores tales como las impurezas, el color no es la mejor manera de identificar un mineral.

Brillo

La forma en que una superficie refleja la luz se denomina **brillo.** Cuando dices que un objeto es brillante u opaco, describes su brillo. Los minerales pueden presentar un brillo metálico, submetálico o no metálico. Si un mineral es brillante, tiene un brillo metálico. Si el mineral es opaco, su brillo es submetálico o no metálico. Los diferentes tipos de brillo se muestran en la **figura 1.**

Lo que aprenderás

● Identifica siete maneras de determinar la identidad de los minerales.
● Explica las propiedades especiales de los minerales.

Vocabulario

brillo
veta
exfoliación
fractura
dureza
densidad

ESTRATEGIA DE LECTURA

Organizador de lectura Mientras lees esta sección, haz un esquema. Usa los encabezados de la sección en tu esquema.

brillo la forma en que un mineral refleja la luz

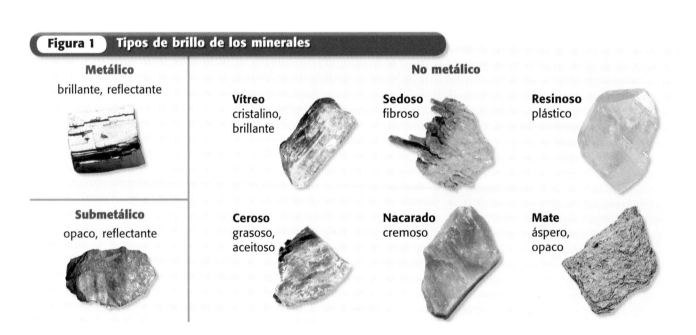

Figura 1 Tipos de brillo de los minerales

Metálico
brillante, reflectante

Submetálico
opaco, reflectante

No metálico

Vítreo
cristalino, brillante

Ceroso
grasoso, aceitoso

Sedoso
fibroso

Nacarado
cremoso

Resinoso
plástico

Mate
áspero, opaco

Veta

El color de un mineral en forma de polvo es la **veta** del mineral. Para determinar la veta de un mineral, hay que frotarlo contra un trozo de porcelana sin esmaltar llamado *lámina de veteado*. La marca que queda en la lámina de veteado es la veta. La veta es una capa delgada de mineral en polvo. El color de la veta de un mineral no siempre es igual al color de la muestra del mineral. La diferencia entre el color y la veta se muestra en la **figura 2.** A diferencia de la superficie de una muestra de mineral, la veta no es afectada por la exposición al aire o al agua. Es por eso que la veta es más confiable que el color para identificar un mineral.

Figura 2 *El color de la hematita puede variar, pero su veta es siempre de color marrón rojizo.*

✓ Comprensión de lectura ¿Por qué es más seguro usar la veta en lugar del color para identificar un mineral? (*Consulta en el Apéndice las respuestas de comprensión de lectura.*)

Exfoliación y fractura

Cada tipo de mineral se quiebra de diferente manera. La forma en que se quiebra un mineral está determinada por la distribución de sus átomos. La **exfoliación** es la tendencia de algunos minerales a romperse a lo largo de superficies lisas y planas. La **figura 3** muestra los patrones de exfoliación de los minerales mica y halita.

La **fractura** es la tendencia de algunos minerales a romperse en forma desigual a lo largo de superficies curvas o irregulares. La **figura 4** muestra un tipo de fractura.

veta el color del polvo de un mineral

exfoliación el agrietamiento de un mineral en sus superficies lisas y planas

fractura la forma en que se rompe un mineral a lo largo de superficies curvas o irregulares

Figura 3 *La exfoliación varía según el tipo de mineral.*

La mica se quiebra fácil-mente en láminas clara-mente diferenciadas. ▶

La halita se quiebra en ángulos de 90° en tres direcciones.
▼

Figura 4 *En esta muestra de cuarzo, se observa un patrón de fractura curva denominada* fractura concoidal.

Figura 5 Escala de dureza de Mohs

El número de un mineral indica su dureza relativa. La escala va del 1, el más blando, al 10, el más duro. Un mineral con una dureza dada puede rayar cualquier mineral más blando.

1 Talco   **2** Yeso   **3** Calcita   **4** Fluorita   **5** Apatito

6 Ortoclasa   **7** Cuarzo   **8** Topacio   **9** Corindón   **10** Diamante

dureza una medida de la resistencia de un mineral a ser rayado

densidad la relación entre la masa de una sustancia y su volumen

Dureza

La resistencia de un mineral a ser rayado se denomina **dureza**. Para determinar la dureza de los minerales, los científicos usan *la escala de dureza de Mohs,* que se muestra en la **figura 5.** Observa que el talco tiene una dureza de 1 y el diamante, de 10. Cuanta mayor resistencia a ser rayado tiene un mineral, más alto es el número en la escala. Para identificar un mineral mediante la escala de Mohs, trata de rayar su superficie con el borde de uno de los 10 minerales de referencia. Si el mineral de referencia raya tu mineral, quiere decir que es más duro que tu mineral.

✓ *Comprensión de lectura* ¿Cómo determinarías la dureza de la muestra de un mineral no identificado?

Densidad

¿Qué pesa más: una pelota de golf o una pelota de tenis de mesa? Aunque las pelotas tienen un tamaño similar, la pelota de golf pesa más porque es más densa. La **densidad** es la medida de la cantidad de materia que hay en un espacio determinado. En otras palabras, la densidad es la relación entre la masa de un objeto y su volumen. La densidad suele medirse en gramos por centímetro cúbico. Como el agua tiene una densidad de 1 g/cm^3, se toma como punto de referencia para otras sustancias. La relación entre la densidad de un objeto y la densidad del agua se denomina *gravedad específica*. La gravedad específica del oro, por ejemplo, es 19; es decir, el oro tiene una densidad de 19 g/cm^3. En otras palabras, 1 cm^3 de oro contiene 19 veces tanta materia como la que hay en 1 cm^3 de agua.

Prueba de rayado

1. Necesitarás una **moneda,** un **lápiz** y tus **uñas.** ¿Cuál de estos tres materiales es el más duro?

2. Trata de rayar el grafito de la punta del lápiz con una uña.

3. Ahora, trata de rayar la moneda con la uña.

4. Clasifica los tres materiales, ordenándolos del más blando al más duro.

Propiedades especiales

Algunas propiedades son exclusivas de unos pocos tipos de minerales. Las propiedades que se muestran en la **figura 6** te pueden ayudar a identificar rápidamente los minerales mencionados. Sin embargo, para identificar algunas propiedades necesitarás un equipo especializado.

Figura 6 · **Propiedades especiales de algunos minerales**

Fluorescencia
La calcita y la fluorita brillan al ser expuestas a la luz ultravioleta. La misma muestra de fluorita se ve bajo luz ultravioleta (arriba) y bajo luz blanca (abajo).

Reacción química
La calcita entra en efervescencia, o hace burbujas, cuando se vierte una gota de ácido débil sobre ella.

Propiedades ópticas
Un trozo delgado y transparente de calcita colocado sobre una imagen hará que la imagen se vea doble.

Magnetismo
Tanto la magnetita como la pirrotita son imanes naturales que atraen al hierro.

Sabor
La halita tiene un sabor salado.

Radiactividad
Los minerales que contienen radio o uranio pueden detectarse mediante un contador de Geiger.

REPASO DE LA sección

Resumen

- Las propiedades que se pueden usar para identificar los minerales son el color, el brillo, la veta, la exfoliación, la fractura, la dureza y la densidad.

- Algunos minerales se pueden identificar por sus propiedades especiales, como el sabor, el magnetismo, la fluorescencia, la radiactividad, las reacciones químicas y las propiedades ópticas.

Usar términos clave

1. Escribe una oración distinta con cada uno de los siguientes términos: *brillo, veta* y *exfoliación*.

Comprender las ideas principales

2. ¿Cuál de las siguientes propiedades de los minerales se expresa en números?

   a. fractura

   b. exfoliación

   c. dureza

   d. veta

3. ¿Cómo se determina la veta de un mineral?

4. Describe brevemente las propiedades especiales de los minerales.

Destrezas matemáticas

5. Si un mineral tiene una gravedad específica de 5.5, ¿cuánta más materia existe en 1 cm^3 de este mineral que en 1 cm^3 de agua?

Razonamiento crítico

6. **Aplicar conceptos** ¿Qué propiedades te permiten determinar si dos muestras corresponden a distintos minerales?

7. **Aplicar conceptos** Si un mineral puede rayar la calcita y, a su vez, puede ser rayado por el apatito, ¿cuál es su dureza?

8. **Analizar métodos** ¿Cuál sería la forma más fácil de identificar la calcita?

SCiLINKS®

NSTA
Desarrollo y mantenimiento a cargo de la
Asociación Nacional de Maestros de Ciencias

Para ver diversos enlaces relacionados con este capítulo, visita www.scilinks.org

Tema*: Identificación de los minerales
Código de SciLinks: HSM0782

*(Sólo en inglés)

Formación, extracción y uso de los minerales

¿Dónde debes buscar si quieres encontrar un mineral?

Los minerales se forman en una variedad de ambientes en la corteza terrestre. Cada uno de estos ambientes reúne un conjunto diferente de condiciones físicas y químicas. Por lo tanto, el ambiente donde se forma un mineral determina las propiedades del mineral. Los ambientes donde se forman los minerales pueden estar en la superficie terrestre, cerca o debajo de ella.

Lo que aprenderás

- Describe el ambiente donde se forman los minerales.
- Compara los dos tipos de explotación minera.
- Describe dos formas de reducir los efectos de la explotación minera.
- Describe diferentes usos de los minerales metálicos y no metálicos.

Vocabulario

mena
restauración

ESTRATEGIA DE LECTURA

Comentar Lee esta sección en silencio. Escribe las preguntas que tengas sobre la sección y coméntalas en un grupo pequeño.

Piedras calizas El agua superficial y el agua subterránea transportan materiales disueltos a los lagos y los mares, y esos materiales se cristalizan en el fondo de las masas de agua. Entre los minerales que se forman en este ambiente, se encuentran la calcita y la dolomita.

Agua salada que se evapora Cuando una masa de agua salada se seca, quedan minerales como el yeso o la halita. Al evaporarse el agua salada, estos minerales se cristalizan.

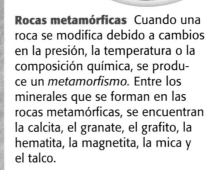

Rocas metamórficas Cuando una roca se modifica debido a cambios en la presión, la temperatura o la composición química, se produce un *metamorfismo*. Entre los minerales que se forman en las rocas metamórficas, se encuentran la calcita, el granate, el grafito, la hematita, la magnetita, la mica y el talco.

ACTIVIDAD EN INTERNET

Para hacer otra actividad relacionada con este capítulo, visita go.hrw.com y escribe la palabra clave **HZ5MINW.** (Disponible sólo en inglés)

Soluciones de agua caliente El agua subterránea se desplaza hacia abajo y se calienta en contacto con el magma. Entonces, reacciona con los minerales para formar una solución líquida caliente. A partir de ese fluido caliente, se cristalizan metales disueltos y otros elementos para formar nuevos minerales. El oro, el cobre, el azufre, la pirita y la galena se forman en estos ambientes de agua caliente.

Pegmatitas Al desplazarse hacia arriba, el magma puede formar cuerpos con forma de gota llamados *pegmatitas.* Los cristales minerales de las pegmatitas pueden ser extremadamente grandes. ¡A veces, pueden llegar a tener varios metros de largo! Muchas piedras preciosas, como el topacio y la turmalina, se forman en las pegmatitas.

Plutones Al moverse hacia arriba a través de la corteza, a veces el magma se detiene antes de llegar a la superficie y se enfría lentamente, formando millones de cristales minerales. Finalmente, la masa de magma se solidifica para formar un *plutón.* Entre los minerales que se forman a partir del magma, se encuentran la mica, el feldespato, la magnetita y el cuarzo.

PRÁCTICA de MATEMÁTICAS

Explotación de minas de carbón de superficie

Para producir 1 tonelada métrica de carbón, hay que extraer hasta 30 toneladas métricas de tierra. Algunas minas de carbón de superficie producen hasta 50,000 toneladas métricas de carbón por día. ¿Cuántas toneladas métricas de tierra se deben extraer para obtener 50,000 toneladas métricas de carbón?

mena un material natural cuya concentración de minerales con valor económico permite la explotación rentable

Extracción

Es necesario explotar muchos tipos de rocas y minerales para extraer los elementos valiosos que contienen. Los geólogos usan el término **mena** para describir un depósito mineral cuyo tamaño y pureza permiten la explotación rentable. Existen dos métodos para extraer rocas y minerales de la tierra: la minería de superficie y la minería subterránea. Los mineros eligen uno de estos métodos según qué tan cerca o lejos de la superficie terrestre se encuentre el mineral.

Minería de superficie

Cuando los depósitos minerales están en la superficie terrestre o cerca de ella, se usan métodos de minería de superficie para extraer los minerales. Entre los tipos de minería de superficie se encuentran la excavación a cielo abierto, las minas de carbón de superficie y las canteras.

La excavación a cielo abierto se usa para explotar grandes depósitos de minerales con importante valor económico, como el oro y el cobre, ubicados cerca de la superficie terrestre. Como se muestra en la **figura 1,** en una excavación a cielo abierto, la mena se excava hacia abajo, capa por capa. A menudo se usan explosivos para romper la mena. Luego, ésta se carga en camiones y se transporta desde la mina para su procesamiento. Las canteras son excavaciones a cielo abierto que se usan para extraer piedras para la construcción, gravilla, arena y grava. El carbón que está cerca de la superficie se extrae mediante la explotación de minas de carbón de superficie. La explotación de minas de carbón de superficie también se conoce como explotación a cielo abierto; es un procedimiento por el cual el carbón se extrae en fajas que pueden medir hasta 50 m de ancho y 1 km de largo.

Figura 1 *En las excavaciones a cielo abierto, la mena se excava hacia abajo en capas. Las paredes se excavan en forma escalonada para que los lados de la mina no se derrumben. La mena se transporta desde la mina en enormes camiones de carga (círculo).*

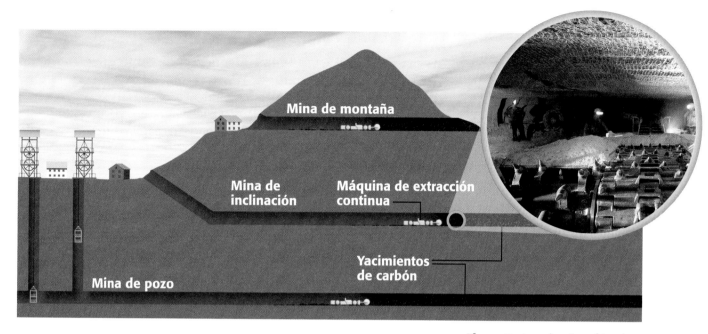

Mina de montaña

Mina de inclinación

Máquina de extracción continua

Yacimientos de carbón

Mina de pozo

Minería subterránea

Cuando los depósitos minerales están a demasiada profundidad como para usar la explotación de superficie, se utilizan métodos de minería subterránea. Normalmente, en la minería subterránea se cavan galerías bajo la tierra para llegar hasta la mena. Como se muestra en la **figura 2,** estas galerías pueden excavarse horizontalmente o en ángulo, aunque si un depósito mineral se extiende bajo la tierra a gran profundidad, se cava un pozo vertical. Este pozo puede conectar una serie de galerías que llegan hasta la mena en diferentes niveles.

✓ *Comprensión de lectura* Compara la minería de superficie con la minería subterránea. (*Consulta en el Apéndice las respuestas de comprensión de lectura.*)

Extracción responsable

La minería nos permite obtener los minerales que necesitamos, pero también puede crear problemas. Puede destruir o alterar el hábitat de las plantas y los animales, por ejemplo. Además, los materiales de una mina pueden introducirse en las fuentes de agua y contaminar el agua superficial y subterránea.

Restauración de las minas

Una forma de reducir los posibles efectos dañinos de la minería es hacer que la tierra vuelva a su estado original una vez concluidas las actividades de explotación minera. El proceso mediante el cual la tierra utilizada para la explotación minera se devuelve a su estado original o se deja en mejor estado se llama **restauración.** La restauración de terrenos públicos y privados después de las actividades de explotación minera es obligatoria por ley desde mediados de la década de 1970. Otra manera de reducir los efectos de la explotación minera es reducir nuestra necesidad de minerales. Esta necesidad se reduce al reciclar muchos de los productos minerales que usamos comúnmente, como por ejemplo, el aluminio.

Figura 2 *La minería subterránea consiste en la extracción de minerales u otros materiales de las profundidades de la Tierra. Se deben excavar galerías subterráneas para llegar hasta la mena. Para extraer la mena en las minas subterráneas, se usan máquinas como las de extracción continua (círculo).*

restauración el proceso por el que la tierra vuelve a su condición original después de que se terminan las actividades de explotación minera

ACTIVIDAD

Reciclar minerales en casa
Con la ayuda de uno de tus padres o tu tutor, busca en tu casa productos que estén hechos de minerales, y decide cuáles se pueden reciclar. En tu **diario de ciencias,** haz una lista de los productos que se pueden reciclar para reducir la necesidad de extraer minerales.

El uso de los minerales

Como se muestra en la **tabla 1,** algunos minerales tienen gran importancia económica e industrial. Algunos minerales pueden usarse tal y como están, mientras que otros deben procesarse para obtener el elemento o los elementos que contienen. La **figura 3** muestra algunos minerales procesados que se usan para fabricar las partes de una bicicleta.

Minerales metálicos

Algunos minerales son metálicos. Estos minerales tienen una superficie brillante, no dejan pasar la luz y son buenos conductores del calor y la electricidad. Los minerales metálicos se procesan para formar metales fuertes que no se oxidan. Otros metales se prensan o golpean para obtener diferentes formas, o se estiran sin romperse hasta que quedan muy finos. Debido a estas propiedades, los metales son adecuados para la fabricación de aviones, automóviles, computadoras, equipos electrónicos y de comunicaciones y naves espaciales. Algunos ejemplos de minerales metálicos que tienen muchos usos industriales son el oro, la plata y el cobre.

Minerales no metálicos

Otros minerales son no metales. Los minerales no metálicos tienen una superficie brillante u opaca, en algunos casos dejan pasar la luz y son buenos aislantes de la electricidad. Los minerales no metálicos son algunos de los minerales más usados en la industria. Por ejemplo, la calcita es un componente fundamental del concreto, que se usa para construir calles, edificios, puentes y otras estructuras. La arena y la grava industriales, o el sílice, tienen usos que van desde la fabricación de vidrio hasta la producción de chips de computadora.

Tabla 1	Uso habitual de los minerales
Mineral	**Usos**
Cobre	cables eléctricos, cañerías, monedas
Cuarzo	vidrio, chips de computadoras
Diamante	joyería, herramientas cortantes, brocas
Esfalerita	aviones con motores a reacción, naves espaciales, pinturas
Galena	pilas, municiones
Gibbsita	latas, papel de aluminio, electrodomésticos, utensilios
Halita	nutrición, descongelante de carreteras, descalcificadores
Plata	fotografía, productos electrónicos, joyería
Oro	joyería, computadoras, naves especiales, odontología
Yeso	tableros para tabiques, yeso para la construcción, cemento

Figura 3 Algunos materiales que se usan en las partes de una bicicleta

Manubrio
titanio obtenido de la ilmenita

Cuadro
aluminio obtenido de la bauxita

Rayos
hierro obtenido de la magnetita

Pedales
berilio obtenido del berilo

Piedras preciosas

Algunos minerales no metálicos, llamados piedras preciosas, son muy valiosos por su belleza y rareza más que por su utilidad. Entre las piedras preciosas más importantes, se encuentran el diamante, el rubí, el zafiro, la esmeralda, el aguamarina, el topacio y la turmalina. La **figura 4** muestra un ejemplo de diamante. El color es la característica más importante de una piedra preciosa. Cuanto más atractivo es el color, más valiosa es la piedra. Las piedras preciosas también deben ser duraderas; es decir, deben ser suficientemente duras como para poder ser cortadas y pulidas. La masa de una piedra preciosa se expresa en una unidad conocida como *quilate*. Un quilate equivale a 200 mg.

Figura 4 *El diamante Cullinan, en el medio de este cetro, es parte del diamante más grande jamás encontrado.*

✔ **Comprensión de lectura** Define el término *piedra preciosa* en tus propias palabras.

REPASO DE LA sección

Resumen

- Los ambientes en los que se forman los minerales pueden estar ubicados en la superficie terrestre, cerca de ella, o a gran profundidad.

- Los dos tipos de minería son la minería de superficie y la minería subterránea.

- Dos formas de reducir los efectos de la explotación minera son la restauración de la tierra después de su explotación y el reciclado de productos minerales.

- Algunos minerales metálicos y no metálicos tienen muchas aplicaciones importantes en la economía y la industria.

Usar términos clave

Escoge el término correcto del banco de palabras para completar las siguientes oraciones.

mena   restauración

1. La _____ es el proceso por el cual la tierra vuelve a su condición original después de que se terminan las actividades de explotación minera.

2. _____ es el término que describe un depósito mineral lo suficientemente grande y puro para ser explotado de manera rentable.

Comprender las ideas principales

3. ¿Cuál de las siguientes condiciones NO es importante en la formación de los minerales?

   a. la presencia de agua subterránea

   b. la evaporación

   c. la actividad volcánica

   d. el viento

4. ¿Cuáles son los dos tipos principales de explotación minera? ¿En qué se diferencian?

5. Menciona algunos usos de los minerales metálicos.

6. Menciona algunos usos de los minerales no metálicos.

Destrezas matemáticas

7. Un cortador de diamantes tiene un diamante bruto que pesa 19.5 quilates, del cual se cortarán dos diamantes de 5 quilates cada uno. ¿Cuánto pesa el diamante bruto en miligramos? ¿Cuánto pesará en miligramos cada uno de los diamantes cortados?

Razonamiento crítico

8. **Analizar ideas** ¿De qué manera la restauración protege el ambiente alrededor de una mina?

9. **Aplicar conceptos** Imagina que encuentras un cristal mineral que es tan alto como tú. ¿Qué tipos de factores ambientales pueden desencadenar la formación de ese cristal?

SCLINKS®

NSTA
Desarrollo y mantenimiento a cargo de la Asociación Nacional de Maestros de Ciencias

Para ver diversos enlaces relacionados con este capítulo, visita www.scilinks.org

Tema*: Extracción de minerales
Código de SciLinks: HSM0968

*(Sólo en inglés)

Laboratorio de destrezas

¿Es el oro de los tontos?
Una situación densa

¿Has oído hablar del oro de los tontos? Es posible que hayas visto un trozo de este mineral. Aunque a menudo se le ha hecho pasar por oro verdadero, este mineral, en realidad, es pirita. Puedes hacer ciertas pruebas sencillas para evitar que te engañen. Los minerales pueden identificarse por sus propiedades. Algunas propiedades, como el color, varían de una muestra a otra. Otras propiedades, como la densidad y la gravedad específica, se mantienen iguales en las distintas muestras. En esta actividad, tu objetivo será verificar la identidad de algunas muestras de minerales.

Haz una pregunta

1 ¿Cómo puedo determinar si un mineral desconocido no es oro o plata?

Formula una hipótesis

2 Escribe una hipótesis que sea una posible respuesta a la pregunta anterior. Explica tu razonamiento.

Comprueba la hipótesis

3 Copia la tabla de datos y úsala para anotar tus observaciones.

Tabla de observaciones		
Medición	**Galena**	**Pirita**
Masa en el aire (g)		
Peso en el aire (N)	NO ESCRIBAS EN EL LIBRO.	
Volumen del mineral (mL)		
Peso en el agua (N)		

4 Coloca el mineral sobre la balanza para hallar la masa de cada muestra y anótala en la tabla de datos.

5 Fija la balanza de resorte al soporte de anillo.

6 Ata un cordel alrededor de la muestra de galena y forma un lazo en el extremo suelto. Suspende la galena de la balanza de resorte para hallar su masa y su peso en el aire. No retires la muestra de la balanza de resorte. Anota los datos en la tabla de datos.

Galena

Pirita

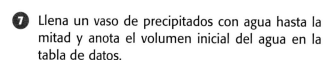

7 Llena un vaso de precipitados con agua hasta la mitad y anota el volumen inicial del agua en la tabla de datos.

8 Levanta con cuidado el vaso de precipitados hasta que la galena quede completamente sumergida. ¡Ten cuidado de no volcar agua del vaso de precipitados! No dejes que el mineral toque el vaso.

9 Anota el volumen y el peso nuevos en la tabla de datos.

10 Resta el volumen original del nuevo volumen de agua para hallar la cantidad de agua desplazada por el mineral. El resultado es el volumen de la muestra de mineral. Anota este valor en la tabla de datos.

11 Repite los pasos 6 a 10 con la muestra de pirita.

Analiza los resultados

1 **Hacer tablas** Copia la siguiente tabla de datos. (Nota: 1 mL = 1 cm³.)

Tabla de datos de densidad		
Mineral	**Densidad (g/cm³)**	**Gravedad específica**
Plata	10.5	10.5
Galena	NO ESCRIBAS EN EL LIBRO.	
Pirita		
Oro	19.0	19.0

2 **Organizar datos** Calcula la densidad y la gravedad específica de cada mineral mediante las siguientes ecuaciones y anota los resultados en la tabla de datos.

$$densidad = \frac{masa\ en\ el\ aire}{volumen}$$

$$gravedad\ específica = \frac{peso\ en\ el\ aire}{peso\ en\ el\ aire\ -\ peso\ en\ el\ agua}$$

Saca conclusiones

3 **Sacar conclusiones** La densidad del oro puro es de 19 g/cm³. ¿Cómo puedes usar esta información para probar que tu muestra de pirita no es oro?

4 **Sacar conclusiones** La densidad de la plata pura es de 10.5 g/cm³. ¿Cómo puedes usar esta información para probar que tu muestra de galena no es plata?

5 **Aplicar conclusiones** Si encuentras una pepita dorada, ¿cómo puedes averiguar si es oro verdadero o el oro de los tontos?

Repaso del capítulo

USAR TÉRMINOS CLAVE

1 Escribe una oración distinta con cada uno de los siguientes términos: *elemento, compuesto* y *mineral*.

Explica la diferencia entre los siguientes pares de términos.

2 *color* y *veta*

3 *mineral* y *mena*

4 *mineral silicato* y *mineral no-silicato*

COMPRENDER LAS IDEAS PRINCIPALES

Opción múltiple

5 ¿Cuál de las siguientes propiedades de los minerales mide la escala de Mohs?

a. brillo

b. dureza

c. densidad

d. veta

6 Las sustancias puras que no se pueden descomponer en sustancias más simples por medio de métodos químicos comunes se denominan

a. átomos.

b. elementos.

c. compuestos.

d. cristales.

7 ¿Cuál de las siguientes propiedades constituye una propiedad especial que sólo se aplica a algunos minerales?

a. brillo

b. dureza

c. sabor

d. densidad

8 Los minerales silicatos contienen una combinación de los elementos

a. azufre y oxígeno.

b. carbono y oxígeno.

c. hierro y oxígeno.

d. silicio y oxígeno.

9 El proceso mediante el cual la tierra vuelve a su condición original después de que se terminan las actividades de explotación minera se denomina

a. reciclado.

b. regeneración.

c. restauración.

d. renovación.

10 ¿Cuál de los siguientes minerales es un ejemplo de piedra preciosa?

a. mica

b. diamante

c. yeso

d. cobre

Respuesta breve

11 Compara la minería de superficie con la minería subterránea.

12 Explica las cuatro características de un mineral.

13 Describe dos ambientes en los cuales se forman los minerales.

14 Menciona dos usos de los minerales metálicos y dos usos de los minerales no metálicos.

15 Describe dos formas de reducir los efectos de la explotación minera.

16 Describe tres propiedades especiales de los minerales.

17 Mapa de conceptos Haz un mapa de conceptos con los siguientes términos: *minerales, calcita, minerales silicatos, yeso, carbonatos, minerales no-silicatos, cuarzo* y *sulfatos*.

18 Inferir Imagina que quieres determinar la identidad de un mineral. Decides hacer una prueba de veta. Frotas el mineral contra la placa de veteado, pero el mineral no deja una veta. ¿Piensas que tu prueba falló? Explica tu respuesta.

19 Aplicar conceptos ¿Por qué la exfoliación es un factor importante para los cortadores de piedras preciosas, que las cortan y les dan forma?

20 Aplicar conceptos Imagina que trabajas en una joyería y un cliente trae algunas pepitas de oro para vender. No estás seguro de si las pepitas son realmente de oro. ¿Qué pruebas de identificación te servirían para decidir si las pepitas son de oro o no?

21 Identificar relaciones Imagina que estás en un desierto. Estás atravesando el fondo de un lago seco y ves capas de cristales cúbicos de halita. ¿Cómo crees que se formaron los cristales de halita? Explica tu respuesta.

La siguiente tabla muestra la temperatura a la que se funden distintos minerales. Consulta la tabla para contestar las siguientes preguntas.

Puntos de fusión de distintos minerales	
Mineral	**Punto de fusión (°C)**
Mercurio	−39
Azufre	+113
Halita	801
Plata	961
Oro	1,062
Cobre	1,083
Pirita	1,171
Fluorita	1,360
Cuarzo	1,710
Zircón	2,500

22 Según la tabla, ¿cuál es la diferencia aproximada de temperatura entre el mineral con el punto de fusión más bajo y el mineral con el punto de fusión más alto?

23 ¿Cuál de los minerales mencionados en la tabla es un líquido a temperatura ambiente?

24 La pirita a menudo se denomina el *oro de los tontos*. Basándote en la información de la tabla, ¿cómo podrías determinar si una muestra de un mineral es pirita u oro?

25 Convierte los puntos de fusión de los minerales de la tabla de grados Celsius a grados Fahrenheit.
Usa la fórmula $°F = (9/5 \times °C) + 32$.

LECTURA

Lee los siguientes pasajes. Luego, contesta las preguntas correspondientes.

Pasaje 1 En América del Norte, el cobre era explotado hace al menos 6,700 años por los antepasados de los indígenas que viven en la alta península de Michigan. Gran parte de estos trabajos de minería se realizaron en Isle Royale, una isla en el lago Superior. Este <u>antiguo</u> pueblo usaba cuñas y martillos de piedra para extraer cobre de la roca. A veces, calentaban la roca antes para que se quebrara con mayor facilidad. El cobre extraído se usaba para hacer joyas, herramientas, armas, anzuelos y otros objetos. A menudo, grababan diseños en los objetos. El cobre del lago Superior se comercializaba en un área muy amplia a través de antiguas rutas comerciales. Se han encontrado objetos de cobre en Ohio (Florida), así como en el suroeste y el noroeste del país.

1. ¿Qué significa *antiguo* en el pasaje?
- **A** joven
- **B** futuro
- **C** moderno
- **D** primitivo

2. Según el pasaje, ¿qué hacían los antiguos mineros de las minas de cobre?
- **F** Extraían cobre en Ohio (Florida), así como en el suroeste y el noroeste del país.
- **G** Extraían cobre enfriando la roca.
- **H** Extraían cobre con herramientas de piedra.
- **I** Extraían cobre sólo para su uso personal.

3. Según el pasaje, ¿cuál de las siguientes oraciones es verdadera?
- **A** El cobre se podía moldear para construir diferentes objetos.
- **B** El cobre no se conocía fuera de la alta península de Michigan.
- **C** El cobre se podía extraer fácilmente de la roca en que se encontraba.
- **D** No se podían grabar diseños en el cobre.

Pasaje 2 La mayoría de los nombres de minerales terminan en *-ita*. La <u>práctica</u> de dar este tipo de nombres a los minerales viene de los antiguos romanos y griegos, que agregaban la terminación *–ita* e *–itis* a palabras comunes para indicar el color, el uso o la composición química de un mineral. Más recientemente, los nombres de los minerales se han usado para rendir homenaje a personas como científicos, coleccionistas de minerales e incluso gobernantes. Otros minerales reciben el nombre del lugar donde fueron descubiertos. Entre estos lugares, se incluyen minas, canteras, colinas, montañas, ciudades, regiones e incluso países. Por último, algunos minerales deben su nombre a dioses de la mitología griega, romana y escandinava.

1. ¿Qué significa *práctica* en el pasaje?
- **A** habilidad
- **B** costumbre
- **C** profesión
- **D** uso

2. Según el pasaje, ¿en qué no se basaban los antiguos griegos y romanos para dar nombre a los minerales?
- **F** en los colores
- **G** en las propiedades químicas
- **H** en las personas
- **I** en el uso

3. Según el pasaje, ¿cuál de las siguientes oraciones es verdadera?
- **A** A veces los minerales reciben el nombre del país en el que fueron descubiertos.
- **B** Los minerales nunca reciben el nombre de sus coleccionistas.
- **C** Todos los nombres de los minerales terminan en *-ita*.
- **D** Todos los minerales conocidos fueron nombrados por los griegos y los romanos.

Se analizó una muestra de feldespato para averiguar de qué estaba compuesto este mineral. La siguiente gráfica muestra los resultados del análisis. Consúltala para contestar las siguientes preguntas.

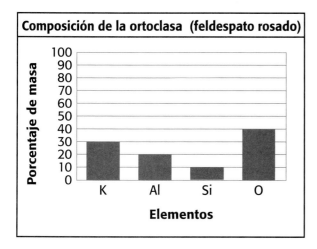

Composición de la ortoclasa (feldespato rosado)

1. La muestra tiene cuatro elementos: potasio (K), aluminio (Al), silicio (Si) y oxígeno (O). ¿Qué elemento representa el mayor porcentaje de la muestra?

   A potasio

   B aluminio

   C silicio

   D oxígeno

2. Los minerales silicatos, como el feldespato, contienen una combinación de silicio y oxígeno. ¿Qué porcentaje de la muestra está compuesto por silicio y oxígeno combinados?

   F 30%

   G 40%

   H 50%

   I 70%

3. Si tu muestra tiene una masa de 10 g, ¿cuántos gramos de oxígeno contiene?

   A 1 g

   B 2 g

   C 4 g

   D 8 g

4. Tu muestra de ortoclasa tiene una dureza de 6. ¿Cuál de los siguientes minerales podrá rayarla?

   F yeso

   G corindón

   H calcita

   I apatito

Lee las siguientes preguntas y escoge la mejor respuesta.

1. El oro de 24 quilates es 100% oro. El oro de 18 quilates tiene 18 partes de oro y 6 partes de otro metal similar. Por lo tanto, ese oro es puro en 18/24 o 3/4 partes. ¿Qué porcentaje de oro puro tiene el oro de 18 quilates?

   A 10%

   B 25%

   C 50%

   D 75%

2. La gravedad específica del oro es 19, mientras que la de la pirita es 5. ¿Qué diferencia hay entre las gravedades específicas del oro y la pirita?

   F 8 g/cm^3

   G 10 g/cm^3

   H 12 g/cm^3

   I 14 g/cm^3

3. En un cristal de cuarzo hay un átomo de silicio por cada dos átomos de oxígeno. Es decir, la relación entre los átomos de silicio y los átomos de oxígeno es de 1:2. Si hubiera 8 millones de átomos de oxígeno en una muestra de cuarzo, ¿cuántos átomos de silicio habría?

   A 2 millones

   B 4 millones

   C 8 millones

   D 16 millones

Preparación para los exámenes estandarizados

La ciencia en acción

Ciencia ficción

The Metal Man (El hombre de metal), de Jack Williamson

En un rincón oscuro y polvoriento del Museo de la Universidad de Tyburn hay una estatua de tamaño natural de un hombre. Excepto por su extraño color verdoso, la estatua tiene un aspecto bastante común, pero si la miras con atención, verás el perfecto detalle del cabello y la piel. En el pecho de la estatua, verás también una extraña marca, una figura color carmesí oscuro con seis lados. Nadie sabe cómo llegó la estatua a ese oscuro rincón. Pero casi todo el mundo en Tyburn cree que el hombre de metal es, o fue alguna vez, el profesor Thomas Kelvin del Departamento de Geología de la Universidad de Tyburn. Lee en silencio la extraña historia del profesor Kelvin y el hombre de metal en *Holt Anthology of Science Fiction.*

ACTIVIDAD de artes del lenguaje

DESTREZA DE REDACCIÓN Lee *"The Metal Man"* de Jack Williamson, y escribe un breve informe para explicar cómo se relacionan las ideas de la historia con lo que estás aprendiendo.

Curiosidades de la ciencia

Mina de sal de Wieliczka

Imagina una ciudad subterránea hecha totalmente de sal. En la ciudad, hay iglesias, capillas, muchos tipos de habitaciones y lagos de sal. Por todas partes se encuentran esculturas de escenas bíblicas, santos y figuras históricas famosas talladas en sal. Hay incluso arañas de luces de sal colgando de los techos. Esta ciudad está a 16 km al sureste de Cracovia, en Polonia, dentro de la mina de sal de Wieliczka. En los últimos 700 años, la mina creció hasta convertirse en una compleja ciudad subterránea. Los mineros construyeron capillas dedicadas a los santos patronos para tener un lugar donde rezar por su seguridad en la mina. Los mineros también dieron origen a supersticiones acerca de la mina, por eso tallaron imágenes en sal para la buena suerte. En 1978, la mina fue agregada al listado de la UNESCO de sitios del patrimonio mundial en peligro. Muchas de las esculturas de la mina han comenzado a disolverse debido a la humedad del aire. En 1996, comenzaron las iniciativas para evitar que los tesoros de la mina sufrieran mayores daños.

ACTIVIDAD de estudios sociales

DESTREZA DE REDACCIÓN Investiga algún aspecto del papel que ha desempeñado la sal en la historia de la humanidad. Por ejemplo, algunos temas podrían ser el comercio de sal en el Sahara y el Tíbet o su antiguo uso como moneda en la antigua Polonia. Escribe un informe de una página con tus conclusiones.

Jamie Hill

El hombre de las esmeraldas Jamie Hill creció en las montañas Brushy de Carolina del Norte. Durante su infancia, obtuvo conocimientos de primera mano sobre unos fabulosos cristales verdes que se podían encontrar en las montañas. Esos cristales verdes eran esmeraldas. La esmeralda, la variedad verde del mineral silicato berilo, es una piedra preciosa de mucho valor. Los cristales de esmeralda se forman en cavidades o aberturas de la roca conocida como *pegmatitas*.

Desde 1985, Hill ha explorado las rocas de las inmediaciones de la pequeña ciudad de Hiddenite (Carolina del Norte), en busca de cavidades que pudieran contener esmeraldas. Tuvo un éxito sorprendente. Hill descubrió algunos cristales de esmeralda espectaculares. El más grande de esos cristales pesa 858 quilates y se exhibe en el Museo de Ciencias Naturales de Carolina del Norte. Se estima que el valor total de las esmeraldas descubiertas por Hill hasta el momento es de varios millones de dólares. Los descubrimientos de Hill lo convirtieron en una celebridad y ha aparecido en revistas y en la TV nacional.

ACTIVIDAD de matemáticas

De una esmeralda descubierta por Jamie Hill en 1999 se cortó una piedra de 7.85 quilates que se vendió a $64,000 por quilate. ¿Cuál fue el valor total de la piedra cortada?

go.hrw.com

Para aprender más sobre los temas de "La ciencia en acción", visita **go.hrw.com** y escribe la palabra clave **HZ5MINF**. (Disponible sólo en inglés)

Ciencia actual

Visita **go.hrw.com** y consulta **los artículos de Ciencia actual** *(Current Science®)* **relacionados con este capítulo. Sólo escribe la palabra clave HZ5CS03.** (Disponible sólo en inglés)

Rocas: mezclas de minerales

La idea principal

Las rocas cambian durante el ciclo de las rocas y se clasifican según su formación, su composición y su textura.

Acerca de la FOTO

Según cuenta una leyenda irlandesa, el héroe mítico Finn MacCool construyó la Calzada del Gigante, que se muestra aquí. Sin embargo, esta formación rocosa es el resultado del enfriamiento de grandes cantidades de roca fundida. Cuando la roca fundida se enfrió, formó altos pilares separados por grietas llamadas *fisuras columnares*.

ACTIVIDAD PARA ANTES DE LEER

Organizador gráfico

Mapa tipo araña
Antes de leer el capítulo, crea el organizador gráfico titulado "Mapa tipo araña", tal y como se explica en la sección **Destrezas de estudio** del Apéndice. Escribe "Roca" en el círculo. Dibuja una pata para cada una de las secciones de este capítulo. Mientras lees el capítulo, completa el mapa con detalles sobre el material que se trata en cada sección del capítulo.

ACTIVIDAD INICIAL

Clasificar objetos

Los científicos clasifican las rocas basándose en sus propiedades físicas y químicas. Para clasificar objetos como las rocas es necesario analizar muchas propiedades. En este ejercicio, practicarás cómo clasificar.

Procedimiento

1. Tu maestro te dará una **bolsa** con **varios objetos.** Examina los objetos y fíjate en características tales como el tamaño, el color, la forma, la textura, el olor y cualquier propiedad especial.

2. Piensa en tres maneras diferentes de clasificar estos objetos.

3. Haz una tabla para organizar los objetos según sus propiedades.

Análisis

1. ¿Qué propiedades usaste para clasificar los objetos?

2. ¿Algunos objetos podían incluirse en más de un grupo? ¿Cómo solucionaste ese problema?

3. ¿Qué propiedades puedes usar para clasificar rocas? Explica tu respuesta.

El ciclo de las rocas

Seguramente, sabes que el papel, el plástico y el aluminio se pueden reciclar. Pero, ¿sabías que la Tierra también recicla? Y una de las cosas que la Tierra recicla son las rocas.

Los científicos definen una **roca** como una mezcla sólida de uno o más minerales y de materia orgánica que se forma naturalmente. Puede ser difícil de creer, pero las rocas cambian constantemente. El proceso continuo por el que se forman nuevas rocas a partir del material de las rocas antiguas se llama **ciclo de las rocas.**

El valor de las rocas

Desde que existe el ser humano, las rocas fueron siempre un importante recurso natural. Los seres humanos primitivos las usaban como martillo para hacer herramientas. Además, descubrieron que podían fabricar puntas de flecha y de lanza, cuchillos y espátulas si moldeaban con cuidado rocas como el chert y la obsidiana.

Las rocas se usan hace siglos para construir edificios, monumentos y calles. La **figura 1** muestra el uso de las rocas como material de construcción tanto en las civilizaciones antiguas como en las modernas. Para construir edificios, se utiliza el granito, la piedra caliza, el mármol, la arenisca, la pizarra y otras rocas. Los edificios modernos también tienen concreto y yeso, materiales en que la roca es un ingrediente importante.

✓ *Comprensión de lectura* Menciona algunos tipos de rocas que se usan para construir edificios. (*Consulta en el Apéndice las respuestas de comprensión de lectura.*)

Lo que aprenderás

● Describe dos maneras en que los seres humanos han usado las rocas.

● Describe cuatro procesos que dan forma a las características de la Tierra.

● Describe cómo cada tipo de roca se transforma en otro a medida que pasa por el ciclo de las rocas.

● Menciona dos características de las rocas que se usan para clasificarlas.

Vocabulario

ciclo de las rocas   deposición
roca   composición
erosión   textura

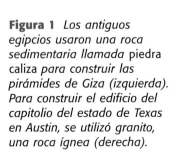

ESTRATEGIA DE LECTURA

Organizador de lectura Mientras lees esta sección, haz un diagrama de flujo de los pasos del ciclo de las rocas.

Figura 1 *Los antiguos egipcios usaron una roca sedimentaria llamada* piedra caliza *para construir las pirámides de Giza (izquierda). Para construir el edificio del capitolio del estado de Texas en Austin, se utilizó granito, una roca ígnea (derecha).*

Los procesos que dan forma a la Tierra

Algunos procesos geológicos crean y destruyen rocas. Estos procesos dan forma a las características de nuestro planeta y también determinan el tipo de roca que puede encontrarse en un área determinada de la superficie terrestre.

Meteorización, erosión y deposición

El proceso por medio del cual el agua, el viento, el hielo y el calor rompen la roca se llama *meteorización*. La meteorización es importante porque rompe las rocas en fragmentos. Estos fragmentos de rocas y minerales son los sedimentos que forman la mayor parte de las rocas sedimentarias.

El proceso por medio del cual los sedimentos se alejan de su fuente de origen se llama **erosión.** El agua, el viento, el hielo y la gravedad pueden erosionar y mover los sedimentos, y hacer que se acumulen. La **figura 2** muestra un ejemplo del aspecto de la tierra después de la meteorización y la erosión.

El proceso por medio del cual los sedimentos movidos por la erosión caen y quedan en reposo se llama **deposición.** Los sedimentos se depositan en masas de agua y otras áreas bajas. En esos lugares, pueden compactarse y cementarse por medio de los minerales disueltos en el agua y formar rocas sedimentarias.

El calor y la presión

Las rocas sedimentarias, compuestas por sedimentos, también se forman cuando los sedimentos enterrados se comprimen debido al peso de las capas de sedimentos que los cubren. Si la temperatura y la presión son suficientemente altas en la parte inferior de los sedimentos, la roca puede transformarse en una roca metamórfica. En algunos casos, la roca se calienta lo suficiente como para fundirse. Cuando se funde, crea el magma que, con el tiempo, se enfría y forma las rocas ígneas.

Cómo sigue el ciclo

Las rocas enterradas quedan expuestas en la superficie por una combinación de levantamiento y erosión. El *levantamiento* es el movimiento en el interior de la Tierra que hace que las rocas se muevan hacia la superficie. Cuando la roca levantada llega a la superficie, comienzan la meteorización, la erosión y la deposición.

roca una mezcla sólida de uno o más minerales o de materia orgánica que se forma naturalmente

ciclo de las rocas la serie de procesos mediante los cuales una roca se forma, se convierte en otro tipo de roca, se destruye y se forma nuevamente debido a procesos geológicos

erosión el proceso mediante el cual las partículas del suelo y los sedimentos son transportados de un lugar a otro por acción del viento, el agua, el hielo o la gravedad

deposición el proceso mediante el cual se deposita un material

Figura 2 *El cañón Bryce, en Utah, es un excelente ejemplo de cómo los procesos de meteorización y erosión dan forma a la superficie de nuestro planeta.*

Ilustrar el ciclo de las rocas

Ya aprendiste sobre distintos procesos geológicos, como la meteorización, la erosión, el calor y la presión, que crean y destruyen las rocas. El diagrama que se presenta en estas dos páginas ilustra cómo los granos de arena pueden cambiar cuando distintos procesos geológicos actúan sobre ellos. En los siguientes pasos, verás cómo estos procesos transforman los granos de arena originales en rocas sedimentarias, rocas metamórficas y rocas ígneas.

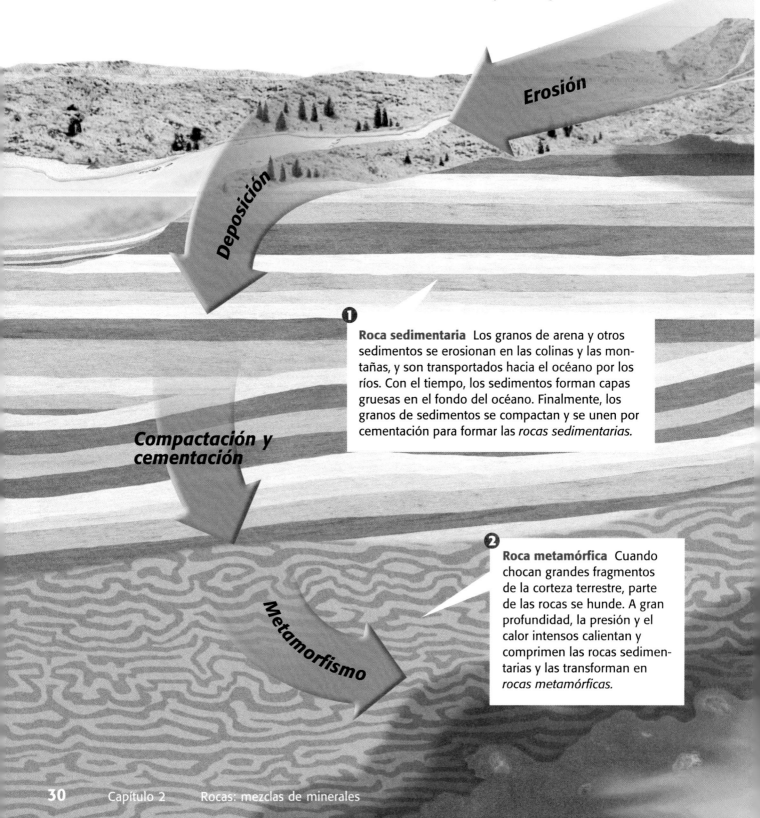

Erosión

Deposición

Compactación y cementación

Metamorfismo

❶ Roca sedimentaria Los granos de arena y otros sedimentos se erosionan en las colinas y las montañas, y son transportados hacia el océano por los ríos. Con el tiempo, los sedimentos forman capas gruesas en el fondo del océano. Finalmente, los granos de sedimentos se compactan y se unen por cementación para formar las *rocas sedimentarias*.

❷ Roca metamórfica Cuando chocan grandes fragmentos de la corteza terrestre, parte de las rocas se hunde. A gran profundidad, la presión y el calor intensos calientan y comprimen las rocas sedimentarias y las transforman en *rocas metamórficas*.

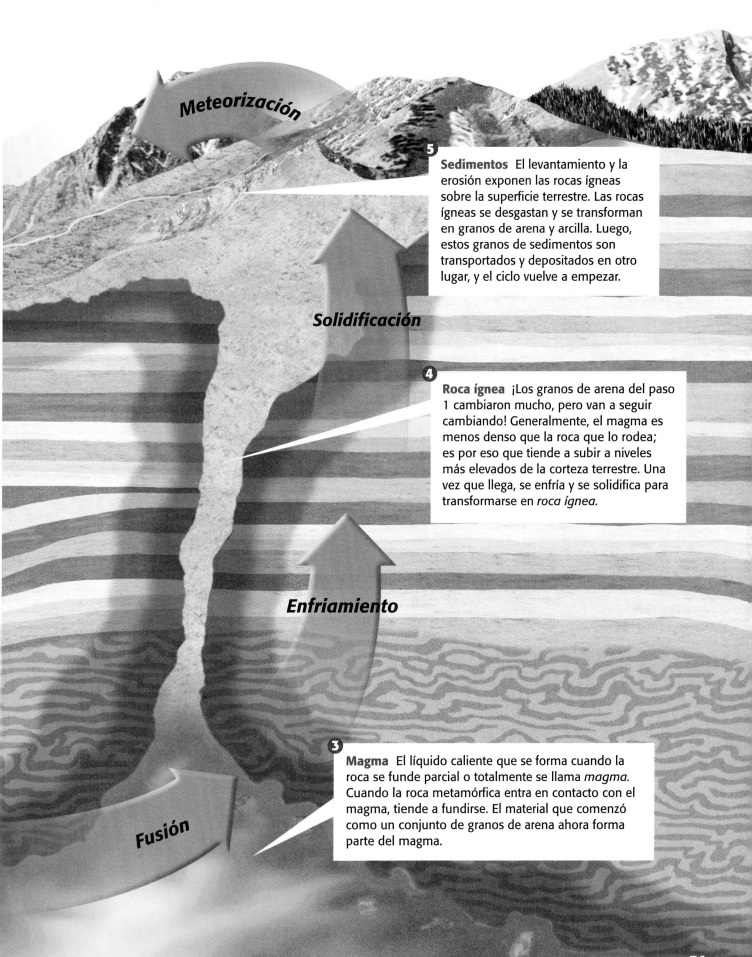

Meteorización

Sedimentos El levantamiento y la erosión exponen las rocas ígneas sobre la superficie terrestre. Las rocas ígneas se desgastan y se transforman en granos de arena y arcilla. Luego, estos granos de sedimentos son transportados y depositados en otro lugar, y el ciclo vuelve a empezar.

5

Solidificación

4

Roca ígnea ¡Los granos de arena del paso 1 cambiaron mucho, pero van a seguir cambiando! Generalmente, el magma es menos denso que la roca que lo rodea; es por eso que tiende a subir a niveles más elevados de la corteza terrestre. Una vez que llega, se enfría y se solidifica para transformarse en *roca ígnea.*

Enfriamiento

3

Magma El líquido caliente que se forma cuando la roca se funde parcial o totalmente se llama *magma.* Cuando la roca metamórfica entra en contacto con el magma, tiende a fundirse. El material que comenzó como un conjunto de granos de arena ahora forma parte del magma.

Fusión

Figura 3 El ciclo de las rocas

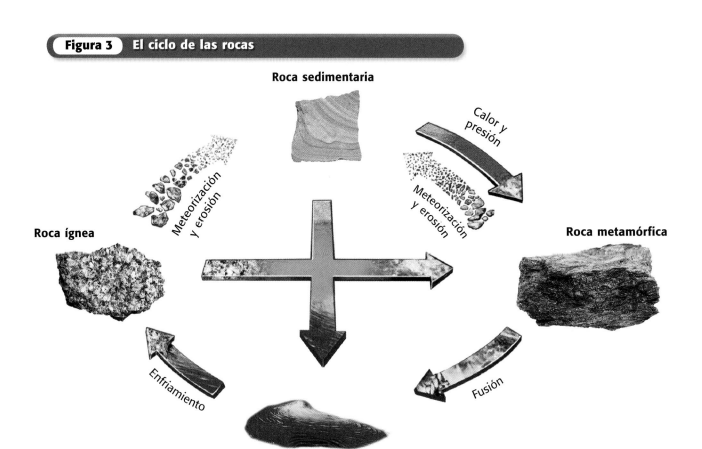

Roca sedimentaria

Calor y presión

Meteorización y erosión

Meteorización y erosión

Roca ígnea

Roca metamórfica

Enfriamiento

Fusión

Magma

Una y otra vez

Ya leíste cómo los distintos procesos geológicos pueden cambiar las rocas. Cada tipo de roca puede transformarse en uno de los tres tipos de roca. Por ejemplo, las rocas ígneas pueden transformarse en rocas sedimentarias, rocas metamórficas o nuevamente en rocas ígneas. Este ciclo, mediante el cual las rocas se transforman en diferentes tipos de roca debido a procesos geológicos, se conoce como el ciclo de las rocas.

Las rocas pueden seguir distintos caminos en el ciclo de las rocas. Cuando un tipo de roca se transforma en otro, existe un número de variables, incluyendo el tiempo, el calor, la presión, la meteorización y la erosión, que pueden alterar la identidad de la roca. La ubicación de la roca determina qué fuerzas naturales afectarán en mayor medida al proceso de cambio. Por ejemplo, las rocas de la superficie terrestre son afectadas principalmente por las fuerzas de la meteorización y la erosión, mientras que, en las profundidades de la Tierra, las rocas cambian debido a la presión y el calor extremos. La **figura 3** muestra las diferentes maneras en que una roca puede cambiar cuando pasa por el ciclo de las rocas, así como las diferentes fuerzas que la afectan durante el ciclo.

✓ *Comprensión de lectura* ¿Qué procesos cambian las rocas en las profundidades de la Tierra?

Clasificación de las rocas

Ya aprendiste que los científicos dividen las rocas en tres clases principales, según cómo se formaron: ígneas, sedimentarias y metamórficas. Pero, ¿sabías que cada clase de roca puede dividirse en más grupos? Estas divisiones también se basan en los diferentes modos en que se formaron las rocas. Por ejemplo, todas las rocas ígneas se forman cuando el magma se enfría y se solidifica, pero algunas se forman cuando el magma se enfría *sobre* la superficie terrestre, y otras se forman cuando el magma se enfría *debajo* de la superficie. Por lo tanto, las rocas ígneas pueden dividirse nuevamente según cómo y dónde se forman. Las rocas sedimentarias y metamórficas también se dividen en grupos. ¿Cómo saben los científicos cómo deben clasificar las rocas? Las estudian en detalle basándose en dos criterios importantes: la composición y la textura.

Composición

Los minerales que contiene una roca determinan su **composición,** como se muestra en la **Figura 4.** Por ejemplo, una roca formada principalmente por el mineral cuarzo tendrá una composición muy similar a la del cuarzo, pero una roca formada por un 50% de cuarzo y un 50% de feldespato tendrá una composición diferente a la del cuarzo.

✓ Comprensión de lectura ¿Qué determina la composición de una roca?

¿De qué está hecha?

Supongamos que estudias una muestra de granito formada por un 30% de cuarzo y un 55% de feldespato por volumen. El resto es mica biotita. ¿Qué porcentaje de la muestra es mica biotita?

composición la constitución química de una roca; describe los minerales u otros materiales presentes en ella

---

Figura 4 **Dos ejemplos de composición de las rocas**

La composición de una roca depende de los minerales que contiene.

Piedra caliza

95% calcita — 5% aragonita

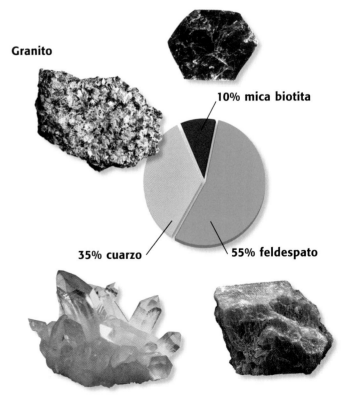

Granito

10% mica biotita

35% cuarzo — 55% feldespato

Figura 5 Tres ejemplos de textura de rocas sedimentarias

Granos finos

Limolita

Granos medianos

Arenisca

Granos gruesos

Conglomerado

textura la calidad de una roca según el tamaño, la forma y la posición de sus granos

Textura

El tamaño, la forma y la posición de los granos que forman una roca determinan su **textura.** Según el tamaño de sus granos, las rocas sedimentarias pueden tener una textura de granos finos, medianos o gruesos. En la **figura 5,** puedes ver tres muestras de textura. La textura de las rocas ígneas puede ser de granos finos o de granos gruesos, según el tiempo que tarde el magma en enfriarse. Según la temperatura y la presión a las que esté expuesta, una roca metamórfica puede tener también una textura de granos finos o gruesos.

La textura de una roca puede darnos pistas sobre cómo y dónde se formó. Observa las rocas que se muestran en la **figura 6.** Son diferentes porque se formaron de maneras muy distintas. La textura de una roca puede revelar el proceso que la formó.

✓ **Comprensión de lectura** Da tres ejemplos de textura de rocas sedimentarias.

Figura 6 Textura y formación de las rocas

Basalto: una roca ígnea de granos finos. Se forma cuando la lava expulsada durante una erupción se enfría rápidamente en la superficie terrestre.

Arenisca: una roca sedimentaria de granos medianos. Se forma cuando los granos de arena depositados en las dunas, las playas o el fondo del océano se entierran y se unen por cementación.

Resumen

- Las rocas han sido un recurso natural importante para los seres humanos a lo largo de su historia. Los seres humanos primitivos usaban rocas para fabricar herramientas. Las civilizaciones antiguas y modernas las utilizaron y siguen utilizándolas como material de construcción.

- La meteorización, la erosión, la deposición y el levantamiento son procesos que dan forma a las características de la superficie terrestre.

- El ciclo de las rocas es el proceso continuo por el cual se forman rocas nuevas a partir de material de rocas más antiguas.

- La secuencia de sucesos del ciclo de las rocas depende de procesos tales como la meteorización, la erosión, la deposición, la presión y el calor, que modifican el material rocoso.

- La composición y la textura son dos características que los científicos utilizan para clasificar las rocas.

- La composición de una roca está determinada por los minerales que la forman.

- La textura de una roca está determinada por el tamaño, la forma y la posición de los granos que la componen.

Usar términos clave

Escoge el término correcto del banco de palabras para completar las siguientes oraciones.

roca	composición
ciclo de rocas	textura

1. Los minerales que componen una roca determinan el/la ___ de esa roca.

2. Un/Una___ es una mezcla sólida de cristales de uno o más minerales que se forma naturalmente.

Comprender las ideas principales

3. Los sedimentos son transportados o desplazados de su fuente de origen mediante un proceso denominado
   a. deposición.
   b. erosión.
   c. levantamiento.
   d. meteorización.

4. Describe dos maneras en que los seres humanos han utilizado las rocas.

5. Menciona cuatro procesos que transforman las rocas del interior de la Tierra.

6. Describe cuatro procesos que dan forma a la superficie terrestre.

7. Da un ejemplo de cómo la textura puede darnos indicios sobre el modo y el lugar en que se formó una roca.

Razonamiento crítico

8. **Comparar** Explica la diferencia entre la textura y la composición.

9. **Analizar procesos** Explica de qué manera las rocas se reciclan continuamente en el ciclo de las rocas.

Interpretar gráficas

10. Observa la siguiente tabla. La arenisca es un tipo de roca sedimentaria. ¿Qué tipo de textura tendría una muestra de arenisca cuyas partículas tienen un tamaño promedio de 2 mm?

Clasificación de las rocas sedimentarias clásticas	
Textura	**Tamaño de partículas**
granos gruesos	> 2 mm
granos medianos	de 0.06 mm a 2 mm
granos finos	< 0.06 mm

SC/LINKS®

NSTA Desarrollo y mantenimiento a cargo de la Asociación Nacional de Maestros de Ciencias

Para ver diversos enlaces relacionados con este capítulo, visita www.scilinks.org

Tema*: Composición de las rocas
Código de SciLinks: HSM0327

Rocas ígneas

¿Cuál es el origen de las rocas ígneas? Aquí te damos una pista: la palabra ígneo proviene de una palabra latina que significa "fuego".

Las rocas ígneas se forman cuando la roca líquida caliente, o *magma,* se enfría y se solidifica. El tipo de roca ígnea que se forma depende de la composición del magma y del tiempo que éste tarda en enfriarse.

Origen de las rocas ígneas

Las rocas ígneas comienzan como magma. Como se muestra en la **figura 1,** el magma puede formarse de tres maneras: cuando se calienta la roca, cuando se libera la presión o cuando la roca cambia su composición.

Cuando el magma se enfría lo suficiente, se solidifica y forma las rocas ígneas. La solidificación del magma es muy parecida al congelamiento del agua, aunque hay ciertas diferencias entre esos dos procesos. Una de las diferencias principales es que el agua se congela a 0°C, mientras que el magma se congela entre los 700°C y los 1,250°C. Además, el magma líquido es una mezcla compleja que contiene muchos minerales fundidos. Como esos minerales tienen distintos puntos de fusión, algunos minerales del magma se congelan o se solidifican antes que otros.

Lo que aprenderás

● Describe tres maneras en que se forman las rocas ígneas.

● Explica cómo afecta la velocidad de enfriamiento del magma a la textura de las rocas ígneas.

● Diferencia las rocas ígneas que se enfrían dentro de la corteza terrestre de las rocas ígneas que se enfrían sobre la superficie terrestre.

Vocabulario

roca ígnea intrusiva
roca ígnea extrusiva

ESTRATEGIA DE LECTURA

Organizador de lectura Mientras lees esta sección, haz una tabla para comparar las rocas intrusivas y las rocas extrusivas.

Figura 1 **Formación del magma**

Composición Cuando fluidos como el agua se combinan con la roca, la composición de la roca cambia; eso reduce el punto de fusión de la roca y hace que ésta se funda.

Temperatura Un aumento de la temperatura puede provocar la fusión de los minerales de una roca. Los distintos puntos de fusión hacen que algunos minerales se fundan mientras otros permanecen sólidos.

Presión La alta presión que existe en el interior de la Tierra hace que los minerales permanezcan en estado sólido. Cuando las rocas calientes ascienden a profundidades menores, se libera la presión de la roca y los minerales se funden.

Figura 2 Textura de las rocas ígneas

	Granos gruesos	**Granos finos**
Félsica	Granito	Riolita
Máfica	Gabro	Basalto

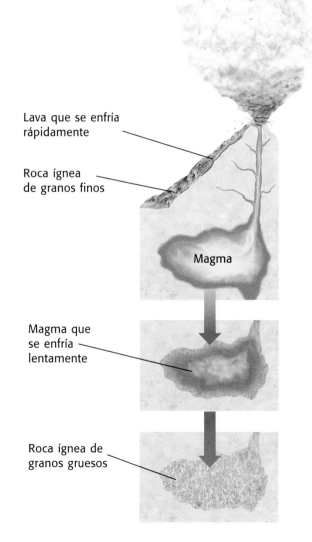

Figura 3 *El tiempo que tarda el magma o la lava en enfriarse determina la textura de las rocas ígneas.*

Lava que se enfría rápidamente

Roca ígnea de granos finos

Magma

Magma que se enfría lentamente

Roca ígnea de granos gruesos

Composición y textura de las rocas ígneas

Observa las rocas de la **figura 2.** Todas son rocas ígneas aunque su aspecto sea diferente. Sus diferencias se deben al material del que están hechas y al tiempo que tardaron en enfriarse.

Las rocas de color claro son menos densas que las de color oscuro y son ricas en elementos como el aluminio, el potasio, el silicio y el sodio. Estas rocas se llaman *rocas félsicas.* Las rocas de color oscuro, llamadas *rocas máficas,* son ricas en calcio, hierro y magnesio, pero pobres en silicio.

La **figura 3** muestra lo que pasa con el magma cuando se enfría a diferentes velocidades. Cuanto más tiempo tarda el magma o la lava en enfriarse, más tiempo tienen los cristales minerales para desarrollarse. Cuanto más tiempo tienen los cristales para desarrollarse, mayor es su tamaño y más gruesos son los granos de la roca ígnea resultante.

Por el contrario, cuanto menor es el tiempo que tarda el magma en enfriarse, menos tiempo tienen los cristales para desarrollarse. Por lo tanto, la roca que se forme será de granos finos. La roca ígnea de granos finos tiene cristales muy pequeños o, si el enfriamiento es muy rápido, no tiene cristales.

✓ *Comprensión de lectura* Explica la diferencia entre la roca félsica y la roca máfica. (*Consulta en el Apéndice las respuestas de comprensión de lectura.*)

roca ígnea intrusiva una roca que se forma a partir del enfriamiento y la solidificación del magma debajo de la superficie terrestre

Formaciones de rocas ígneas

Las formaciones de rocas ígneas se encuentran encima y debajo de la superficie terrestre. Quizá conozcas las formaciones de rocas ígneas que se crean por el enfriamiento de la lava sobre la superficie terrestre, como por ejemplo, los volcanes. Pero no todo el magma llega a la superficie; parte del magma se enfría y se solidifica en las profundidades de la corteza terrestre.

Rocas ígneas intrusivas

Cuando el magma *penetra* o presiona la roca que lo rodea debajo de la superficie terrestre y se enfría, la roca que se forma se llama **roca ígnea intrusiva.** La roca ígnea intrusiva suele tener una textura de granos gruesos porque está bien aislada por las rocas que la rodean y se enfría muy lentamente. Los minerales que se forman son cristales grandes y visibles.

Las masas de roca ígnea intrusiva reciben su nombre según su tamaño y su forma. Las formas intrusivas comunes se muestran en la **figura 4.** Los *plutones* son grandes cuerpos intrusivos de forma irregular. Las intrusiones ígneas más grandes son los *batolitos*. Los *macizos* son cuerpos intrusivos que están expuestos sobre áreas más pequeñas que los batolitos. Los *diques* son intrusiones en forma de lámina que atraviesan las rocas existentes, mientras que los *muros transversales sumergidos* son intrusiones en forma de lámina que se orientan en forma paralela a las rocas existentes.

Figura 4 *Los cuerpos ígneos intrusivos tienen formas y tamaños diferentes.*

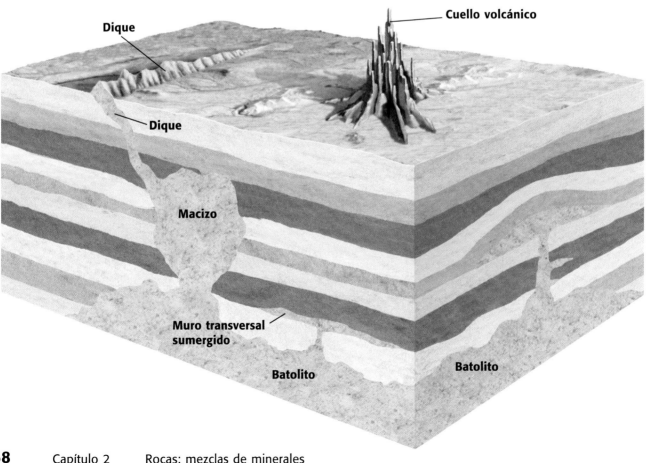

Dique

Dique

Cuello volcánico

Macizo

Muro transversal sumergido

Batolito

Batolito

Rocas ígneas extrusivas

La roca ígnea que se forma cuando el magma es expulsado a la superficie terrestre se llama **roca ígnea extrusiva.** Las rocas extrusivas se encuentran comúnmente alrededor de los volcanes. Se enfrían rápidamente sobre la superficie; tienen cristales muy pequeños o no tienen cristales.

Cuando la lava es expulsada de un volcán en erupción, se forma un *flujo de lava*. La **figura 5** muestra un flujo de lava activo. La lava no siempre fluye de los volcanes. A veces es expulsada y fluye a través de largas grietas de la corteza terrestre llamadas *fisuras*. La lava fluye de las fisuras del fondo del océano en lugares donde la tensión hace que el fondo del océano se separe. Esta lava se enfría y forma un nuevo fondo del océano. Cuando una gran cantidad de lava fluye de las fisuras hacia la tierra, puede cubrir un área extensa y formar una planicie llamada *meseta de lava*. Con frecuencia, los accidentes geográficos existentes quedan enterrados bajo estos flujos de lava.

✓ Comprensión de lectura ¿Cómo se forma un nuevo fondo del océano?

Figura 5 *Esta foto muestra un flujo de lava activo. Cuando la lava queda expuesta a las condiciones de la superficie terrestre, se enfría y se solidifica rápidamente, y forma una roca ígnea de granos finos.*

roca ígnea extrusiva una roca que se forma como resultado de la actividad volcánica en la superficie terrestre o cerca de ella

REPASO DE LA sección

Resumen

- Las rocas ígneas se forman cuando el magma se enfría y se solidifica.
- La textura de las rocas ígneas está determinada por la velocidad a la cual se enfrían.
- Las rocas ígneas que se solidifican en la superficie terrestre son extrusivas. Las rocas ígneas que se solidifican en el interior de la superficie terrestre son intrusivas.
- Algunos de los cuerpos intrusivos ígneos más comunes son los batolitos, los macizos, los muros transversales sumergidos y los diques.

Usar términos clave

1. Define los siguientes términos en tus propias palabras: *roca ígnea intrusiva* y *roca ígnea extrusiva*.

Comprender las ideas principales

2. El/La ___ es un ejemplo de roca ígnea félsica de granos gruesos.
   a. basalto
   b. gabro
   c. granito
   d. riolita

3. Explica tres maneras en que puede formarse el magma.

4. ¿Qué determina la textura de las rocas ígneas?

Destrezas matemáticas

5. La cima de un batolito de granito tiene una elevación de 1,825 pies. ¿Cuál es la altura del batolito en metros?

Razonamiento crítico

6. **Comparar** Los diques y los muros transversales sumergidos son dos tipos de cuerpos intrusivos ígneos. ¿Qué diferencia hay entre un dique y un muro transversal sumergido?

7. **Predecir consecuencias** Una roca ígnea se forma a partir del magma que se enfría lentamente a gran profundidad bajo la superficie terrestre. ¿Qué tipo de textura es más probable que tenga este tipo de roca? Explica tu respuesta.

Rocas sedimentarias

¿Alguna vez has hecho un castillo de arena en la playa? ¿Te has preguntado de dónde viene la arena?

La arena es el producto de la meteorización, que fragmenta las rocas en pedazos. Con el tiempo, los granos de arena pueden compactarse, o comprimirse, y luego unirse entre sí por cementación para formar una roca llamada *arenisca*. La arenisca es sólo uno de los muchos tipos de rocas sedimentarias.

Origen de las rocas sedimentarias

El viento, el agua, el hielo, la luz solar y la gravedad hacen que las rocas se desgasten físicamente y se fragmenten. Mediante el proceso de erosión, estos fragmentos de rocas y minerales, llamados *sedimentos*, se mueven de un lugar a otro. Con el tiempo, los sedimentos se depositan en capas. Las nuevas capas de sedimentos van cubriendo las capas más viejas, que se compactan. Los minerales disueltos, como la calcita y el cuarzo, se separan del agua que pasa a través de los sedimentos y forman un cemento natural que une los fragmentos de rocas y minerales para crear las rocas sedimentarias.

Las rocas sedimentarias se forman en la superficie terrestre o cerca de ella, sin el calor ni la presión que intervienen en la formación de las rocas ígneas y metamórficas.

La característica más notable de las rocas sedimentarias son sus capas o **estratos.** A veces, una sola capa horizontal de roca puede verse a varias millas de distancia. Los cortes de los caminos son buenos lugares para observar los estratos. La **figura 1** muestra las vistas espectaculares que brindan las formaciones de rocas sedimentarias labradas por la erosión.

Lo que aprenderás

- Describe el origen de las rocas sedimentarias.
- Describe las tres categorías principales de rocas sedimentarias.
- Describe tres tipos de estructuras sedimentarias.

Vocabulario

estratos
estratificación

ESTRATEGIA DE LECTURA

Organizador de lectura Mientras lees esta sección, haz un esquema. Usa los encabezados de la sección en tu esquema.

Figura 1 *Los "monumentos" de arenisca roja, por los cuales el Valle de los Monumentos de Arizona recibe ese nombre, son el producto de millones de años de erosión.*

Figura 2 Clasificación de las rocas sedimentarias clásticas

Conglomerado   Arenisca   Limolita   Lutita

Granos gruesos ⟵——————————————————⟶ Granos finos

Composición de las rocas sedimentarias

Las rocas sedimentarias se clasifican según cómo se forman. Las *rocas sedimentarias clásticas* se forman cuando fragmentos de rocas o minerales llamados *clastos* se unen por cementación. Las *rocas sedimentarias químicas* se forman cuando ciertos minerales se cristalizan a partir de una solución, como el agua de mar, y se transforman en roca. Las *rocas sedimentarias orgánicas* se forman a partir de restos de plantas y animales.

estratos capas de roca

Rocas sedimentarias clásticas

Las rocas sedimentarias clásticas están formadas por fragmentos de rocas unidos por un mineral como la calcita o el cuarzo. La **figura 2** muestra la clasificación de las rocas sedimentarias clásticas según el tamaño de los fragmentos que conforman la roca. Las rocas sedimentarias clásticas pueden tener textura de granos gruesos, medianos o finos.

Rocas sedimentarias químicas

Las rocas sedimentarias químicas se forman a partir de soluciones de minerales disueltos y agua. A medida que el agua de lluvia se introduce lentamente en el océano, disuelve algunos de los materiales de las rocas por las que pasa. Algunos de estos materiales disueltos finalmente se cristalizan y forman los minerales que conforman las rocas sedimentarias químicas. La halita, un tipo de roca sedimentaria química, está formada por cloruro de sodio ($NaCl$), o sal de mesa. Se forma cuando los iones de sodio y los iones de cloro de las masas de agua poco profunda se vuelven tan concentrados que la halita se cristaliza a partir de la solución.

CONEXIÓN CON las artes del lenguaje

DESTREZA DE REDACCIÓN **Con una pizca de sal** La palabra "sal" se usa en varias expresiones del idioma español. Algunos de los ejemplos más comunes son "la sal de la vida", "deshacerse algo como sal en el agua", "querer a alguien tanto como a la sal" y "echar sal en la herida". Usa Internet o algún otro recurso para investigar una de estas expresiones. Durante tu investigación, trata de encontrar el origen de la expresión. Resume en un breve párrafo lo que encontraste.

✓ *Comprensión de lectura* ¿Cómo se forma una roca sedimentaria química como la halita? (*Consulta en el Apéndice las respuestas de comprensión de lectura.*)

Rocas sedimentarias orgánicas

La mayoría de las piedras calizas se forman a partir de los restos, o *fósiles*, de animales que vivieron en el océano. Por ejemplo, algunas piedras calizas están formadas por los esqueletos de organismos diminutos llamados *corales*. Los corales son muy pequeños, pero viven en colonias enormes denominadas *arrecifes*, como se muestra en la **figura 3**. Con el tiempo, los esqueletos de estos animales marinos, compuestos por carbonato de calcio, se acumulan en el fondo del océano. Finalmente, los restos se unen entre sí para formar la *piedra caliza fosilífera*.

Los corales no son los únicos animales cuyos restos se encuentran en la piedra caliza fosilífera. Las conchas de las almejas o los ostiones también suelen formar este tipo de piedras. La **figura 4** muestra un ejemplo de piedra caliza fosilífera que contiene moluscos.

Otro tipo de roca sedimentaria orgánica es el *carbón*. El carbón se forma debajo de la tierra cuando los materiales vegetales parcialmente descompuestos quedan enterrados bajo los sedimentos y se transforman por el aumento del calor y la presión. Este proceso dura millones de años.

Figura 3 *Los animales del océano llamados corales crean enormes depósitos de piedra caliza. Cuando mueren, sus esqueletos se acumulan en el fondo del océano.*

Figura 4 Formación de las rocas sedimentarias orgánicas

Los organismos marinos, como los braquiópodos, obtienen el carbonato de calcio para sus conchas del agua del océano. Cuando estos organismos mueren, sus conchas se acumulan en el fondo del océano y, finalmente, forman las piedras calizas fosilíferas (recuadro). Con el paso del tiempo, se crean enormes formaciones rocosas que contienen los restos de un gran número de organismos, como los braquiópodos.

Estructura de las rocas sedimentarias

Hay muchas características que indican cómo se formaron las rocas sedimentarias. La característica más importante de las rocas sedimentarias es la estratificación. La **estratificación** es el proceso por el cual las rocas se ordenan en capas. Los estratos varían según la clase, el tamaño y el color de los sedimentos.

A veces, el movimiento del viento y las olas en los lagos, los océanos, los ríos y las dunas queda registrado en unas características de las rocas sedimentarias llamadas *rizaduras*, como se muestra en la **figura 5**. Las estructuras denominadas *grietas de desecación* se forman cuando los sedimentos de granos finos del fondo de una masa de agua poco profunda quedan expuestos al aire y se secan. Las grietas de desecación indican la ubicación de la costa de un océano, un lago o un río antiguos. Hasta las impresiones de las gotas de lluvia se pueden preservar en los sedimentos de granos finos en forma de pequeñas hendiduras con los bordes levantados.

✔ **Comprensión de lectura** ¿Qué son las rizaduras?

Figura 5 *Estas rizaduras se formaron por el flujo de agua y se preservaron cuando los sedimentos se transformaron en roca sedimentaria. Las rizaduras también pueden formarse por la acción del viento.*

estratificación el proceso por medio del cual las rocas sedimentarias se ordenan en capas

---

REPASO DE LA sección

Resumen

- Las rocas sedimentarias se forman en la superficie terrestre o cerca de ella.
- Las rocas sedimentarias clásticas se forman cuando se cementan fragmentos de minerales o rocas.
- Las rocas sedimentarias químicas se forman a partir de soluciones de minerales disueltos y agua.
- La piedra caliza orgánica se forma a partir de restos de plantas y animales.
- Entre las estructuras sedimentarias se encuentran las rizaduras, las grietas de desecación y las impresiones de gotas de lluvia.

Usar términos clave

1. Define los siguientes términos en tus propias palabras: *estratos* y *estratificación*.

Comprender las ideas principales

2. ¿Cuál de las siguientes opciones es una roca sedimentaria orgánica?
   a. piedra caliza química
   b. lutita
   c. piedra caliza fosilífera
   d. conglomerado

3. Explica el proceso por el cual se forman las rocas sedimentarias.

4. Describe las tres categorías principales de rocas sedimentarias.

Destrezas matemáticas

5. Una capa de roca sedimentaria tiene 2 m de espesor. ¿Cuántos años tardó en formarse esta capa si se acumuló un promedio de 4 mm de sedimentos por año?

Razonamiento crítico

6. **Identificar relaciones** Las rocas se clasifican según su textura y composición. ¿Cuál de estas dos propiedades es más importante a la hora de clasificar las rocas sedimentarias clásticas?

7. **Analizar procesos** ¿Por qué piensas que las impresiones de gotas de lluvia tienen mayores probabilidades de conservarse en rocas sedimentarias de granos finos que en rocas sedimentarias de granos gruesos?

SCILINKS®

NSTA
Desarrollo y mantenimiento a cargo de la Asociación Nacional de Maestros de Ciencias

Para ver diversos enlaces relacionados con este capítulo, visita www.scilinks.org

Tema*: Rocas sedimentarias
Código de SciLinks: HSM1365

*(Sólo en inglés)

Rocas metamórficas

¿Has visto alguna vez cómo una oruga se transforma en mariposa? Algunas orugas pasan por un proceso biológico llamado metamorfosis que las hace cambiar de forma.

Las rocas también pueden atravesar un proceso llamado *metamorfismo*. La palabra *metamorfismo* proviene de las palabras griegas *meta*, que significa "cambio", y *morphos*, que significa "forma". Las rocas metamórficas son rocas que cambiaron su estructura, textura o composición. Los tres tipos de roca pueden cambiar debido al calor, la presión o una combinación de ambos.

Origen de las rocas metamórficas

La textura o la composición mineral de una roca puede cambiar cuando cambia su entorno. Si la temperatura o la presión del nuevo ambiente es distinta a la del ambiente en que la roca se formó, ésta experimentará metamorfismo.

La temperatura a la que se produce la mayor parte del metamorfismo oscila entre los 50°C y los 1,000°C. Sin embargo, el metamorfismo de algunas rocas se produce a temperaturas superiores a los 1,000°C. Tal vez pienses que a esas temperaturas la roca se funde, pero no sucede así con las rocas metamórficas. La profundidad y la presión a las que se forman permiten que se calienten a esa temperatura y mantengan su naturaleza sólida. La mayoría de los cambios metamórficos ocurren a profundidades superiores a los 2 km. Pero a profundidades mayores de 16 km, la presión puede ser 4,000 veces mayor que la presión de la atmósfera en la superficie terrestre.

Los grandes movimientos en el interior de la corteza terrestre hacen que se ejerza una presión adicional sobre las rocas durante el metamorfismo. Esta presión puede hacer que los granos minerales de una roca se alineen en determinadas direcciones. El alineamiento de los granos minerales en bandas paralelas puede verse en la roca metamórfica de la **figura 1.**

Lo que aprenderás

● Describe dos maneras en que una roca puede experimentar metamorfismo.
● Explica cómo cambia la composición mineral de las rocas cuando éstas experimentan metamorfismo.
● Describe la diferencia entre las rocas metamórficas foliadas y no foliadas.
● Explica cómo se relaciona la estructura de las rocas metamórficas con la deformación.

Vocabulario

foliada
no foliada

ESTRATEGIA DE LECTURA

Comentar Lee esta sección en silencio. Escribe las preguntas que tengas sobre la sección y coméntalas en un grupo pequeño.

Figura 1 *Esta roca metamórfica es un ejemplo de cómo los granos minerales se alinearon en bandas bien diferenciadas cuando la roca experimentó metamorfismo.*

Figura 2 *El metamorfismo ocurre en áreas pequeñas, cerca de las masas de magma, por ejemplo, y en áreas grandes, como los cinturones de montañas.*

Metamorfismo de contacto

Roca sedimentaria

Magma

Metamorfismo regional

Metamorfismo de contacto

Las rocas pueden experimentar metamorfismo cuando se calientan en contacto con el magma cercano. Cuando el magma atraviesa la corteza, calienta la roca que lo rodea y la modifica. Algunos minerales de esa roca se transforman en otros minerales debido al aumento de la temperatura. El cambio mayor se produce cuando el magma entra en contacto directo con la roca cercana. El efecto del calor en la roca disminuye de manera gradual a medida que aumenta la distancia entre la roca y el magma y disminuye la temperatura. El *metamorfismo de contacto* se produce cerca de las intrusiones ígneas, como se muestra en la **figura 2.**

Metamorfismo regional

Cuando la presión se acumula en las rocas enterradas bajo otras formaciones rocosas, o cuando grandes fragmentos de la corteza terrestre chocan entre sí, se produce el *metamorfismo regional*. El aumento de la temperatura y la presión deforma la roca y produce un cambio químico. A diferencia del metamorfismo de contacto, que se produce cerca de las masas de magma, el metamorfismo regional ocurre en una extensión de miles de kilómetros cúbicos dentro de la corteza terrestre. Las rocas que experimentaron metamorfismo regional se encuentran debajo de la mayoría de las formaciones rocosas continentales.

✔ **Comprensión de lectura** Explica cómo y dónde se produce el metamorfismo regional. (*Consulta en el Apéndice las respuestas de comprensión de lectura.*)

Experimento rápido

Estiramiento

1. Dibuja los cristales de una roca de granito sobre un **trozo de papel** con un **bolígrafo de tinta negra**. Asegúrate de incluir el contorno de la roca y de rellenarlo con diferentes formas de cristales.

2. Aplana un poco de **plastilina** sobre tu dibujo y retírala lentamente.

3. Después de asegurarte de que el contorno del granito se transfirió a la plastilina, aprieta y estira la plastilina. ¿Qué pasó con los cristales del granito? ¿Y con el granito?

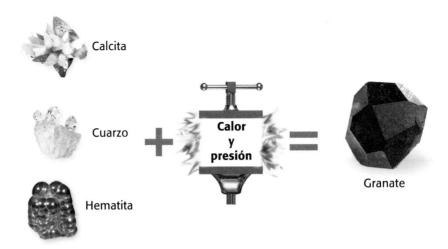

Calcita

Cuarzo

Hematita

Calor y presión

Granate

Figura 3 *Minerales como la calcita, el cuarzo y la hematita se combinan y recristalizan para formar el granate, un mineral metamórfico.*

Composición de las rocas metamórficas

El metamorfismo se produce cuando cambian la temperatura y la presión dentro de la corteza terrestre. Es posible que los minerales que estaban presentes en la roca cuando ésta se formó no permanezcan estables en las nuevas condiciones de temperatura y presión. Los minerales originales se transforman en minerales más estables en estas nuevas condiciones. Observa la **figura 3** y verás un ejemplo de cómo ocurre este cambio.

Muchos de estos nuevos minerales se forman solamente en las rocas metamórficas. Como se muestra en la **figura 4,** algunos minerales metamórficos se forman únicamente a determinada temperatura y presión. Estos minerales, conocidos como *minerales guía,* se usan para calcular la temperatura, la profundidad y la presión a las que la roca experimenta metamorfismo. Los minerales guía son la mica biotita, la clorita, el granate, la cianita, la mica moscovita, la silimanita y la estaurolita.

✔ **Comprensión de lectura** ¿Qué es un mineral guía?

Figura 4 *Los científicos comprenden la historia de una roca metamórfica al observar los minerales que contiene. Por ejemplo, una roca metamórfica que contiene granate se formó a mayor profundidad y en condiciones de mayor calor y presión que una roca que sólo contiene clorita.*

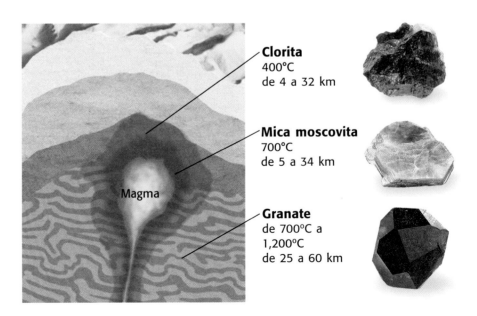

Magma

Clorita
400°C
de 4 a 32 km

Mica moscovita
700°C
de 5 a 34 km

Granate
de 700°C a 1,200°C
de 25 a 60 km

Textura de las rocas metamórficas

Ya aprendiste que la textura ayuda a los científicos a clasificar las rocas ígneas y sedimentarias. Lo mismo pasa con las rocas metamórficas. Todas las rocas metamórficas tienen una de dos texturas: foliada o no foliada. Observa con más detenimiento cada uno de estos tipos de roca para descubrir cómo se forma cada una.

Rocas metamórficas foliadas

La textura de la roca metamórfica en la que los granos de los minerales se ordenan en planos o bandas se llama **foliada.** Por lo general, la roca metamórfica foliada contiene granos alineados de minerales planos, como la mica biotita o la clorita. Observa la **figura 5.** La lutita es una roca sedimentaria compuesta por capas de minerales arcillosos. Cuando la lutita queda expuesta a presión y calor leves, los minerales arcillosos se transforman en minerales de mica. La lutita se transforma entonces en una roca metamórfica foliada llamada *pizarra*.

Las rocas metamórficas pueden transformarse en otras rocas metamórficas si el ambiente vuelve a cambiar. Si la pizarra queda expuesta a más calor y presión, puede transformarse en una roca llamada *filita*. Cuando la filita se expone al calor y la presión, puede transformarse en *esquisto*.

Si el metamorfismo continúa, cambia la disposición de los minerales de la roca. El aumento de la presión y el calor hace que los minerales de una roca metamórfica se separen en bandas bien diferenciadas llamadas *gneis*.

foliada la textura de una roca metamórfica en la que los granos de mineral se ordenan en planos y bandas

Lutita sedimentaria

Pizarra

Filita

Figura 5 *Los efectos del metamorfismo dependen del calor y la presión que afectan a una roca. Aquí puedes ver lo que le pasa a la lutita, una roca sedimentaria, cuando se expone a más calor y más presión.*

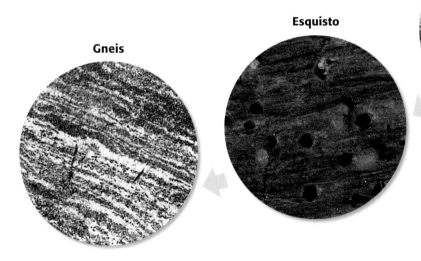

Gneis   **Esquisto**

DESTREZA DE REDACCIÓN

Metamorfosis
El término *metamorfosis* significa "cambio de forma". Cuando algunos animales sufren un cambio drástico en la forma de su cuerpo, se dice que experimentan una metamorfosis. Como parte de su ciclo de vida natural, las polillas y las mariposas pasan por cuatro etapas. Después de salir del huevo, pasan al estado larval con forma de oruga. En la etapa siguiente, forman un capullo o se transforman en crisálida. Esta etapa se llama *etapa de pupa*. ¡Finalmente, entran en la etapa adulta de su vida y desarrollan alas, antenas y patas! Investiga sobre otros animales que experimentan metamorfosis y escribe un breve informe con tus conclusiones.

Rocas metamórficas no foliadas

La textura de una roca metamórfica en la que los granos de mineral no están ordenados en planos ni bandas se denomina **no foliada.** Fíjate que las rocas de la **figura 6** no tienen granos de mineral alineados. Como no tienen granos de mineral alineados, estas rocas se llaman *rocas no foliadas.*

Normalmente, las rocas no foliadas están formadas por uno o unos pocos minerales. Durante el metamorfismo, los cristales de estos minerales pueden cambiar de tamaño o el mineral puede cambiar su composición en un proceso llamado *recristalización.* La cuarcita y el mármol que se muestran en la **figura 6** son ejemplos de rocas sedimentarias que se recristalizaron durante el metamorfismo.

La arenisca de cuarzo es una roca sedimentaria compuesta por granos de arena de cuarzo que se unieron entre sí por cementación. Cuando la arenisca de cuarzo se expone al calor y la presión, los espacios entre los granos de arena desaparecen a medida que los granos se recristalizan para formar la cuarcita. La cuarcita tiene un aspecto brillante y lustroso. Al igual que la arenisca de cuarzo, está compuesta por cuarzo. Pero durante la recristalización, los granos de mineral crecen más que los granos originales de la arenisca.

Cuando la piedra caliza experimenta metamorfismo, la calcita pasa por el mismo proceso que el cuarzo, y la piedra caliza se transforma en mármol. Los cristales de calcita del mármol son más grandes que los granos de calcita de la piedra caliza original.

no foliada la textura de una roca metamórfica en la que los granos de mineral no están ordenados en planos ni bandas

Figura 6 **Dos ejemplos de roca metamórfica no foliada**

El mármol y la cuarcita son rocas metamórficas no foliadas. Como puedes ver en estas imágenes de microscopio, los cristales minerales no están bien alineados.

Mármol

Cuarcita

Estructura de las rocas metamórficas

Al igual que las rocas ígneas y sedimentarias, las rocas metamórficas tienen características que nos revelan su historia. En las rocas metamórficas, estas características se producen por la deformación. La *deformación* es un cambio en la forma de una roca provocado por una fuerza ejercida sobre ella. Estas fuerzas pueden hacer que la roca se comprima o se estire.

Los pliegues o dobleces de las rocas metamórficas son estructuras que indican que una roca sufrió una deformación. Algunos pliegues no se ven a simple vista; otros pueden medir kilómetros o cientos de kilómetros, como se muestra en la **figura 7.**

✓ **Comprensión de lectura** ¿Qué relación hay entre la estructura de las rocas metamórficas y la deformación?

Figura 7 *Estos grandes pliegues se produjeron en rocas sedimentarias que experimentaron metamorfismo a lo largo de Saglek Fiord en Labrador (Canadá).*

REPASO DE LA sección

Resumen

- Las rocas metamórficas son rocas cuya estructura, textura o composición ha cambiado.

- Dos maneras en que las rocas pueden experimentar metamorfismo son el metamorfismo de contacto y el metamorfismo regional.

- Cuando las rocas experimentan metamorfismo, los minerales originales se transforman en nuevos minerales que son más estables en las nuevas condiciones de presión y temperatura.

- Las rocas metamórficas foliadas tienen cristales minerales alineados en planos o bandas. Los cristales minerales de las rocas no foliadas no están alineados.

- Las estructuras de las rocas metamórficas son causadas por la deformación.

Usar términos clave

1. Define los siguientes términos en tus propias palabras: *foliada* y *no foliada*.

Comprender las ideas principales

2. ¿Cuál de las siguientes opciones no es un tipo de roca metamórfica foliada?

   a. gneis

   b. pizarra

   c. mármol

   d. esquisto

3. Explica la diferencia entre metamorfismo de contacto y metamorfismo regional.

4. Explica de qué manera los minerales guía ayudan a los científicos a comprender la historia de una roca metamórfica.

Destrezas matemáticas

5. Por cada 3.3 km de profundidad a la que está enterrada una roca, la presión que se ejerce sobre ella aumenta 0.1 gigapascales (100 millones de pascales). Si una roca que está experimentando una metamorfosis está enterrada a 16 km, ¿cuál es la presión ejercida sobre ella? (Pista: la presión en la superficie terrestre es igual a 0.101 gigapascales.)

Razonamiento crítico

6. **Inferir** Imagina que tienes dos rocas metamórficas, una con cristales de granate y otra con cristales de clorita. ¿Cuál piensas que se formó a mayor profundidad en la corteza terrestre? Explica tu respuesta.

7. **Aplicar conceptos** ¿Cuál piensas que sería más fácil de romper: una roca foliada, como la pizarra, o una roca no foliada, como la cuarcita? Explica tu respuesta.

8. **Analizar procesos** Un cinturón de montañas está ubicado en el límite entre dos placas tectónicas que se chocan. ¿La mayoría de las rocas metamórficas del cinturón se formarán por metamorfismo de contacto o por metamorfismo regional? Explica tu respuesta.

SCiLINKS®

NSTA
Desarrollo y mantenimiento a cargo de la Asociación Nacional de Maestros de Ciencias

Para ver diversos enlaces relacionados con este capítulo, visita www.scilinks.org

Tema*: Rocas metamórficas
Código de SciLinks: HSM0949

*(Sólo en inglés)

Pongámonos sedimentales

¿Cómo determinamos si las capas de una roca sedimentaria cambiaron? La mejor manera de hacerlo es asegurarse de que los sedimentos de granos finos que se encuentran cerca de la parte superior de una capa estén encima de los sedimentos de granos gruesos cercanos a la parte inferior de la capa. En esta actividad de laboratorio, aprenderás a interpretar las características que te ayudarán a diferenciar las capas individuales de una roca sedimentaria. Luego, podrás buscar esas características en las capas de roca verdaderas.

Procedimiento

OBJETIVOS

Representa el proceso de sedimentación.

Determina si las capas de roca sedimentaria cambian o no.

MATERIALES

- agua
- arcilla
- arena
- botella de refresco de plástico de 2 L con tapa
- grava
- lupa
- pipeta con gotero
- tazón para mezclar, 2 qt
- tierra rica en arcilla si es posible
- tijeras

SEGURIDAD

1. Mezcla bien la arena, la grava y la tierra en el tazón. Llena un tercio de la botella de refresco con esa mezcla.

2. Agrega agua hasta llenar dos tercios de la botella. Coloca la tapa y agita la botella con fuerza hasta que todos los sedimentos se mezclen bien con el agua.

3. Coloca la botella sobre una mesa. Con las tijeras, corta con cuidado la parte superior de la botella a unos pocos centímetros del agua, como se muestra abajo. Como la botella quedará abierta, el agua podrá evaporarse.

4. Inmediatamente después de colocar la botella sobre la mesa, describe lo que ves desde arriba y a través de los lados de la botella.

5. No toques la botella. Deja que el agua se evapore. (Para acelerar el proceso, retira parte del agua limpia mediante la pipeta con gotero después de dejar descansar la botella durante 24 horas como mínimo.) También puedes poner la botella al sol o debajo de una lámpara de escritorio para acelerar la evaporación.

6. Cuando el sedimento se haya secado y endurecido, describe su superficie.

7. Acuesta el recipiente con cuidado y corta una tira vertical ancha del plástico a lo largo de la botella para que los sedimentos del recipiente queden expuestos. Tal vez te resulte más fácil si colocas trozos de arcilla a cada lado del recipiente para que no se mueva. (Si la botella es transparente, este paso no será necesario.)

8. Retira el material suelto del sedimento y sopla suavemente sobre la superficie hasta que quede limpia. Examina la superficie y anota tus observaciones.

Analiza los resultados

1 **Identificar patrones** ¿Ves algo a través de los lados de la botella que te sirva para determinar si una roca sedimentaria cambia o no? Explica tu respuesta.

2 **Identificar patrones** ¿Observas un patrón de deposición? Si es así, describe el patrón de deposición de sedimentos de arriba a abajo.

3 **Explicar sucesos** Explica cómo pueden usarse esas características para identificar la parte superior de una capa sedimentaria en una roca verdadera y decidir si esa capa cambió o no.

4 **Identificar patrones** ¿Ves alguna estructura a través de los lados de la botella que pueda indicar cuál es la parte de arriba, como por ejemplo, un cambio en la densidad o el tamaño de las partículas?

5 **Identificar patrones** Examina los límites entre la grava, la arena y el limo con la lupa. ¿El tamaño de las partículas y el tipo de sedimento cambian drásticamente en cada capa?

Saca conclusiones

6 **Predecir** Imagina que se depositó una capa sobre el sedimento de la botella. Describe la composición de esa nueva capa. ¿Tendrá la misma composición que la mezcla en los pasos 1 a 5 del procedimiento?

Aplicar los datos

Con tu clase o con uno de tus padres, visita un afloramiento de roca sedimentaria. Aplica la información que aprendiste en esta actividad de laboratorio para determinar si las capas de roca sedimentaria cambiaron o no.

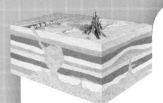

Repaso del capítulo

USAR TÉRMINOS CLAVE

1 Define el término *ciclo de las rocas* en tus propias palabras.

Escoge el término correcto del banco de palabras para completar las siguientes oraciones.

estratificación   foliada
roca ígnea extrusiva   textura

2 La ___ de una roca está determinada por el tamaño, la forma y la posición de los minerales que contiene.

3 Una roca metamórfica ___ contiene minerales ordenados en placas o bandas.

4 La propiedad más característica de las rocas sedimentarias es la ___.

5 La ___ forma llanuras denominadas *mesetas de lava*.

COMPRENDER LAS IDEAS PRINCIPALES

Opción múltiple

6 Las rocas sedimentarias se clasifican en las siguientes categorías principales, excepto

  a. rocas sedimentarias clásticas.

  b. rocas sedimentarias químicas.

  c. rocas sedimentarias no foliadas.

  d. rocas sedimentarias orgánicas.

7 Una roca ígnea que se enfría muy lentamente tiene una textura

  a. foliada.

  b. de granos finos.

  c. no foliada.

  d. de granos gruesos.

8 Las rocas ígneas se forman cuando

  a. los minerales se cristalizan a partir de una solución.

  b. los granos de arena se unen unos con otros.

  c. el magma se enfría y se solidifica.

  d. los granos de minerales de una roca se vuelven a cristalizar.

9 Un/Una ___ es una estructura común que se encuentra en las rocas metamórficas.

  a. rizadura

  b. pliegue

  c. muro transversal sumergido

  d. capa

10 El proceso que desplaza los sedimentos de su fuente de origen y los transporta se denomina

  a. deposición.

  b. erosión.

  c. meteorización.

  d. levantamiento.

11 Las rocas máficas son

  a. rocas de color claro ricas en calcio, hierro y magnesio.

  b. rocas de color oscuro ricas en aluminio, potasio, sílice y sodio.

  c. rocas de color claro ricas en aluminio, potasio, sílice y sodio.

  d. rocas de color oscuro ricas en calcio, hierro y magnesio.

Respuesta breve

12 Explica de qué manera los científicos utilizan la composición y la textura para clasificar las rocas.

13 Describe dos maneras en que las rocas pueden experimentar metamorfismo.

14 Explica por qué algunos minerales sólo se encuentran en las rocas metamórficas.

15 Describe cómo cambia cada tipo de roca a medida que atraviesa el ciclo de las rocas.

16 Describe dos maneras en que los seres humanos primitivos y las civilizaciones antiguas utilizaron las rocas.

RAZONAMIENTO CRÍTICO

17 Mapa de conceptos Haz un mapa de conceptos con los siguientes términos: *rocas, metamórficas, sedimentarias, ígneas, foliadas, no foliadas, orgánicas, clásticas, químicas, intrusivas* y *extrusivas*.

18 Inferir Si estuvieras buscando fósiles en las rocas que se encuentran en los alrededores de tu casa y el tipo de roca más cercana fuera metamórfica, ¿crees que encontrarías muchos fósiles? Explica tu respuesta.

19 Aplicar conceptos Imagina que deseas explotar una mina de granito. Tienes todo el equipo, pero debes elegir entre dos terrenos. Un terreno se encuentra sobre un batolito de granito y el otro, sobre un muro transversal sumergido también de granito. Si ambos cuerpos intrusivos están a la misma profundidad, ¿cuál sería el mejor terreno para explotar la mina? Explica tu respuesta.

20 Aplicar conceptos La roca sedimentaria coquina está compuesta por fragmentos de conchas marinas. ¿A cuál de las tres clases de roca sedimentaria pertenece? Explica tu respuesta.

21 Analizar procesos Si una roca está enterrada a gran profundidad en el interior de la Tierra, ¿qué procesos geológicos no pueden transformarla? Explica tu respuesta.

INTERPRETAR GRÁFICAS

La siguiente gráfica de barras muestra el porcentaje de minerales por masa que componen una muestra de granito. Consulta la gráfica para contestar las siguientes preguntas.

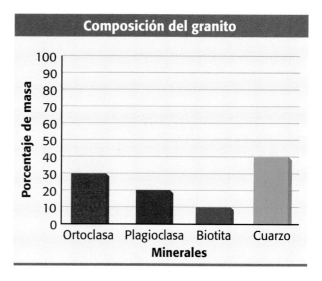

Composición del granito

22 Tu muestra de roca está formada por cuatro minerales. ¿Qué porcentaje de cada mineral compone tu muestra?

23 La plagioclasa y la ortoclasa son feldespatos. ¿Qué porcentaje de los minerales de tu muestra de granito no son feldespatos?

24 Si tu muestra de roca tiene una masa de 10 g, ¿cuántos gramos de cuarzo contiene?

25 Usa papel, un compás y un transportador o una computadora para hacer una gráfica circular. Muestra el porcentaje de cada uno de los cuatro minerales que contiene tu muestra de granito. (Si necesitas ayuda para hacer una gráfica circular, consulta el Apéndice de este libro.)

LECTURA

Lee los siguientes pasajes. Luego, contesta las preguntas correspondientes.

Pasaje 1 La textura y la composición de una roca pueden dar pistas sobre cómo y dónde se formó la roca. Los científicos usan tanto la textura como la composición para comprender el <u>origen</u> y la historia de las rocas. Por ejemplo, el mármol es una roca que se forma cuando la piedra caliza experimenta metamorfismo. Sólo la piedra caliza contiene calcita, el mineral que puede transformarse en mármol. Por lo tanto, cuando los científicos encuentran mármol, saben que el sedimento que creó la piedra caliza original se depositó en ambientes cálidos de océanos o lagos.

1. ¿Qué significa la palabra *origen* en el pasaje?

  A tamaño o aspecto

  B edad

  C ubicación o entorno

  D fuente o formación

2. Basándose en el pasaje, ¿qué conclusión puede sacar el lector?

  F El mármol es una roca sedimentaria.

  G La piedra caliza se crea a partir de sedimentos depositados en ambientes cálidos de océanos o lagos.

  H El mármol es una roca que se forma cuando la arenisca experimenta metamorfismo.

  I Para identificar una roca, es más importante la textura que la composición.

3. ¿Cuál es la idea principal del pasaje?

  A Los científicos creen que el mármol es el tipo de roca más importante para estudiar.

  B Los científicos estudian la composición y la textura de una roca para determinar cómo se formó y que pasó después.

  C Algunos sedimentos se depositan en océanos y lagos cálidos.

  D Cuando la piedra caliza experimenta metamorfismo, crea el mármol.

Pasaje 2 Las fulguritas son un tipo raro de vidrio natural que se encuentran en áreas con sedimentos ricos en cuarzo, como las playas y los desiertos. La fulgurita <u>tubular</u> se forma cuando un rayo cae sobre un material como la arena y funde el cuarzo, transformándolo en líquido. El cuarzo líquido se enfría y se solidifica rápidamente, y forma un tubo delgado parecido al vidrio. Por lo general, las fulguritas tienen una superficie exterior áspera y una superficie interior suave. Debajo de la tierra, pueden tener una forma parecida a las raíces de un árbol. La fulgurita presenta varias ramificaciones que dibujan la forma zigzagueante del rayo. Algunas fulguritas son cortas como el dedo meñique, pero otras alcanzan una profundidad de 20 m.

1. ¿Qué significa la palabra *tubular* en el pasaje?

  A plana y filosa

  B redonda y larga

  C en forma de embudo

  D en forma de pirámide

2. Según la información del pasaje, ¿qué conclusión puede sacar el lector?

  F Las fulguritas se forman sobre el nivel del suelo.

  G La arena tiene una gran cantidad de cuarzo.

  H Las fulguritas suelen ser muy pequeñas.

  I Es fácil encontrar fulguritas en lugares arenosos.

3. ¿Cuál de las siguientes oraciones es la mejor descripción de una fulgurita?

  A Las fulguritas son rayos congelados.

  B Las fulguritas son rocas con forma de raíz.

  C Las fulguritas son tubos parecidos al vidrio que se encuentran en los desiertos.

  D Las fulguritas son tubos de vidrio natural formados por los rayos.

Consulta el diagrama para contestar las siguientes preguntas.

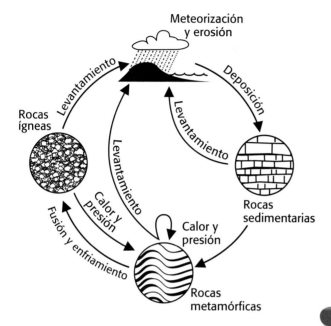

1. Según el diagrama del ciclo de las rocas, ¿cuál de las siguientes oraciones es verdadera?

A Sólo las rocas sedimentarias se desgastan y erosionan.

B Las rocas sedimentarias están formadas por minerales y fragmentos de rocas metamórficas, ígneas y sedimentarias.

C Las rocas ígneas se crean por acción del calor y la presión.

D Las rocas metamórficas se crean por fusión y enfriamiento.

2. Hay rocas en la superficie terrestre. ¿Cuál es el siguiente paso del ciclo de las rocas?

F enfriamiento

G meteorización

H fusión

I metamorfismo

3. ¿Cuál de los siguientes procesos transporta las rocas a la superficie terrestre, donde pueden erosionarse?

A enterramiento

B deposición

C levantamiento

D meteorización

4. ¿Cuál de las siguientes opciones resume mejor el ciclo de las rocas?

F Cada tipo de roca se funde. Luego, el magma se transforma en rocas ígneas, sedimentarias y metamórficas.

G El magma se enfría y forma las rocas ígneas. Luego, las rocas ígneas se transforman en rocas sedimentarias. Las rocas sedimentarias se calientan y forman las rocas metamórficas. Las rocas metamórficas se funden y forman el magma.

H Los tres tipos de roca se desgastan y crean las rocas sedimentarias. Los tres tipos de roca se funden y forman el magma. El magma forma las rocas ígneas. Los tres tipos de roca forman las rocas metamórficas debido al calor y la presión.

I Las rocas ígneas se desgastan y crean las rocas sedimentarias. Las rocas sedimentarias se funden y crean las rocas ígneas. Las rocas metamórficas se desgastan y forman las rocas ígneas.

Lee las siguientes preguntas y escoge la mejor respuesta.

1. Eric juntó 25 rocas para un proyecto de ciencias de la escuela. 9 rocas son sedimentarias, 10 son ígneas y 6 son metamórficas. Si Eric elige una roca al azar, ¿cuál es la probabilidad de que elija una roca ígnea?

A 1/2

B 2/5

C 3/8

D 1/15

2. En una exhibición de minerales y fósiles, Elizabeth compró dos cristales de cuarzo a $2.00 cada uno y cuatro fósiles de trilobites a $3.50 cada uno. ¿Qué ecuación puedes aplicar para describir c, el costo total de la compra?

F $c = (2 \times 4) + (2.00 \times 3.50)$

G $c = (2 \times 2.00) + (4 \times 3.50)$

H $c = (4 \times 2.00) + (2 \times 3.50)$

I $c = (2 + 2.00) + (4 + 3.50)$

La ciencia en acción

Ciencia, tecnología y sociedad

Los moai de la isla de Pascua

La isla de Pascua está en el océano Pacífico, a más de 3,200 km de la costa de Chile. En la isla, hay unas misteriosas estatuas que fueron esculpidas a partir de ceniza volcánica. Estas estatuas, llamadas *moai*, tienen cabeza humana y un torso enorme. El moai promedio pesa 14 toneladas y mide más de 4.5 m de altura, ¡aunque algunos miden 10 m! Se descubrieron 887 moai en total. ¿Cuántos años tienen los moai? Los científicos creen que los moai se construyeron entre 500 y 1,000 años atrás. ¿Con qué fin se crearon los moai? Es probable que hayan sido símbolos religiosos o dioses.

ACTIVIDAD de estudios sociales

DESTREZA DE REDACCIÓN Investiga otra sociedad o civilización antigua, como los antiguos egipcios, que usaba la piedra para construir monumentos a sus dioses o a personas importantes. Escribe un breve informe con tus conclusiones.

Descubrimientos científicos

Metamorfismo de impacto

Cuando un gran asteroide, meteoroide o cometa choca con la Tierra, las rocas de la superficie terrestre experimentan una presión y una temperatura extremas que hacen que los minerales se desintegren y recristalicen. Los nuevos minerales que surgen como resultado de la recristalización no pueden crearse en otras condiciones. Este proceso se denomina *metamorfismo de impacto*.

Cuando grandes objetos del espacio chocan con la Tierra, se forman cráteres debido al impacto. Sin embargo, no es fácil encontrar cráteres de impacto en la Tierra. Los científicos usan el metamorfismo de impacto como una pista para ubicar antiguos cráteres de impacto.

ACTIVIDAD de artes del lenguaje

DESTREZA DE REDACCIÓN El sitio de impacto del asteroide que cayó en la península del Yucatán hace 65 millones de años lleva el nombre de estructura Chicxulub. Investiga el origen del nombre Chicxulub y escribe un breve informe con tus conclusiones.

Robert L. Folk

Petrólogo Para el doctor Robert Folk, el estudio de las rocas se realiza a nivel microscópico. Él busca en la roca formas de vida diminutas a las que llama nanobacterias, o bacterias enanas. Como las nanobacterias son increíblemente pequeñas (miden apenas de 0.05 a 0.2 μm de diámetro), Folk debe usar un microscopio muy poderoso de 100,000 aumentos, llamado *microscopio electrónico de barrido*, para ver la forma de las bacterias en la roca. Folk ya descubrió que cierto tipo de piedra caliza italiana se forma a partir de bacterias. Las bacterias consumieron los minerales y sus desechos formaron la piedra caliza. Nuevas investigaciones lo llevaron a descubrir las diminutas nanobacterias. Las nanobacterias esféricas u ovaladas aparecieron como cadenas y grupos parecidos a racimos de uvas. A partir de esta investigación, Folk planteó la hipótesis de que las nanobacterias son las responsables de muchas reacciones inorgánicas que ocurren en las rocas. Muchos científicos son escépticos respecto de las nanobacterias de Folk. Algunos creen que el diminuto tamaño de las nanobacterias no permite que contengan la química de la vida. Otros creen que las nanobacterias en realidad representan estructuras que no provienen de seres vivos.

ACTIVIDAD de matemáticas

Si una nanobacteria equivale al 1/10 de la longitud, 1/10 del ancho y 1/10 de la altura de una bacteria común, ¿cuántas nanobacterias caben en una bacteria común? (Pista: haz diagramas de flujo de las nanobacterias y de las bacterias comunes.)

Para aprender más sobre los temas de "La ciencia en acción", visita **go.hrw.com** y escribe la palabra clave **HZ5RCKF**. (Disponible sólo en inglés)

Ciencia actual

Visita **go.hrw.com** y consulta **los artículos de Ciencia actual** (*Current Science*) **relacionados con este capítulo. Sólo escribe la palabra clave HZ5CS04.** (Disponible sólo en inglés)

3

El registro de las rocas y el registro fósil

La idea principal

El estudio del registro fósil y de las rocas nos ayuda a entender la historia de la Tierra y la historia de la vida en la Tierra.

Acerca de la FOTO

Este fósil de cocodrilo, muy bien conservado, esuvo fuera del agua durante 49 millones de años. Su esqueleto se descubrió en una mina abandonada en Messel (Alemania).

ACTIVIDAD PARA ANTES DE LEER

NOTAS PLEGADAS **Cuaderno engrapado**
Antes de leer el capítulo, prepara las notas plegadas en forma de "Cuaderno engrapado", tal y como se explica en la sección **Destrezas de estudio** del Apéndice. Titula las pestañas del cuaderno "Historia de la Tierra", "Datación relativa", "Datación absoluta", "Fósiles" y "Tiempo geológico". Mientras lees el capítulo, escribe lo que vayas aprendiendo sobre cada categoría en la página correspondiente.

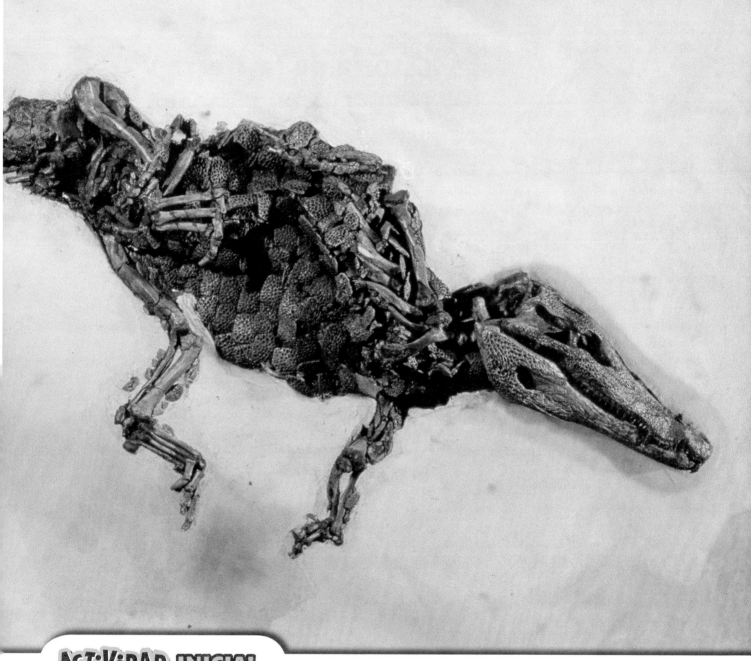

ACTIVIDAD INICIAL

Hacer fósiles

¿Cómo aprenden los científicos acerca de los fósiles? En esta actividad, estudiarás "fósiles" e identificarás el objeto que los hizo.

Procedimiento

1. Junto con tres o cuatro de tus compañeros de clase, recibirás **varios trozos** de **plastilina** y una **bolsa de papel** con algunos **objetos pequeños.**

2. Presionen con fuerza cada uno de los objetos contra un trozo de plastilina. Traten de dejar una huella "fósil" con la mayor cantidad de detalles posible.

3. Después de hacer una huella de cada objeto, intercambien sus modelos de fósiles con otro grupo.

4. En una **hoja de papel,** describan los fósiles que recibieron. Mencionen la mayor cantidad de detalles posible. ¿Qué formas y texturas observan?

5. Trabajen en grupo para identificar cada fósil y luego verifiquen sus resultados. ¿Lo hicieron bien?

Análisis

1. ¿Qué clase de detalles fueron importantes para identificar los fósiles? ¿Qué clase de detalles no se conservaron en las huellas? Por ejemplo, ¿puedes decir de qué materiales están hechos los objetos o de qué color son?

2. Explica cómo los científicos siguen métodos similares para estudiar los fósiles.

La historia de la Tierra y los primeros en escucharla

¿Alguna vez te has preguntado cómo se forman las montañas, cómo se crean rocas nuevas o cuántos años tiene la Tierra? Son las preguntas que se hizo hace aproximadamente 250 años un granjero y científico escocés llamado James Hutton.

Para encontrar respuestas a sus preguntas, Hutton pasó más de 30 años estudiando formaciones rocosas en Escocia e Inglaterra. Sus observaciones formaron la base de la geología moderna.

El principio del uniformitarianismo

En 1788, James Hutton reunió sus notas y escribió *Teoría de la Tierra*. En ese libro, afirmó que la clave para comprender la historia de la Tierra estaba a nuestro alrededor. En otras palabras, los procesos que observamos en el presente, como la erosión y la deposición, permanecen uniformes, o no cambian, a lo largo del tiempo. Esta hipótesis se conoce actualmente como uniformitarianismo. El **uniformitarianismo** es la idea de que los procesos geológicos que dan forma a la Tierra en la actualidad son los mismos que han intervenido a lo largo de la historia del planeta. La **figura 1** muestra cómo Hutton desarrolló la idea del uniformitarianismo.

Lo que aprenderás

● Compara el uniformitarianismo con el catastrofismo.

● Describe cómo cambió la geología en los últimos 200 años.

● Explica el papel de la paleontología en el estudio de la historia de la Tierra.

Vocabulario

uniformitarianismo
catastrofismo
paleontología

ESTRATEGIA DE LECTURA

Organizador de lectura Mientras lees esta sección, haz una tabla para comparar el uniformitarianismo con el catastrofismo.

Figura 1 *Hutton observó el cambio geológico gradual y uniforme.*

1 Observó que la roca se rompe en partículas más pequeñas.

2 Observó que las partículas de roca eran transportadas corriente abajo.

3 Vio que las partículas de roca se depositan y forman nuevas capas de sedimentos. Predijo que, con el tiempo, esos depósitos formarían rocas nuevas.

4 Hutton pensaba que, con el paso del tiempo, las rocas nuevas se elevarían creando nuevos accidentes geográficos y el ciclo volvería a comenzar.

Figura 2 *Esta fotografía muestra Siccar Point, en la costa de Escocia. Siccar Point es uno de los lugares donde Hutton observó los resultados de procesos geológicos que lo llevarían a formular el principio del uniformitarianismo.*

El uniformitarianismo y el catastrofismo

Las teorías de Hutton desataron un debate científico al sugerir que la Tierra era mucho más antigua de lo que se pensaba. En la época de Hutton, la mayoría de las personas pensaban que la Tierra tenía sólo algunos miles de años. Pero esto no era ni remotamente tiempo suficiente para que ocurrieran los procesos geológicos graduales que, según Hutton, habían formado nuestro planeta. Las rocas que observó en Siccar Point, como se muestra en la **figura 2,** se habían depositado y plegado, lo cual indicaba una larga historia geológica. Para explicar la historia de la Tierra, muchos científicos apoyaban la teoría del catastrofismo. El **catastrofismo** es el principio que establece que todos los cambios geológicos ocurren de repente. Sus defensores pensaban que las características de la Tierra, como las montañas, los cañones y los mares, se habían formado debido a sucesos excepcionales y repentinos, llamados *catástrofes*. Estos sucesos impredecibles provocaron rápidos cambios geológicos en grandes superficies, a veces, en todo el mundo.

✓ Comprensión de lectura Según los catastrofistas, ¿con qué ritmo ocurrían los cambios geológicos? (*Consulta en el Apéndice las respuestas de comprensión de lectura.*)

Una victoria para el uniformitarianismo

Pese al trabajo de Hutton, el catastrofismo siguió siendo el principio que guió la geología durante décadas. Fue sólo después del trabajo del geólogo británico Charles Lyell que se consideró seriamente el uniformitarianismo como el principio rector de la geología.

De 1830 a 1833, Lyell publicó tres volúmenes con el título común de *Principios de la geología,* en los que volvió a introducir el concepto del uniformitarianismo. Armado con las notas de Hutton y con sus propias pruebas, Lyell desafió con éxito el principio del catastrofismo. Lyell no veía razones para dudar de que los principales cambios geológicos ocurrían en el pasado al mismo ritmo que ocurren en el presente, es decir, gradualmente.

uniformitarianismo un principio que establece que es posible explicar los procesos geológicos que ocurrieron en el pasado en función de los procesos geológicos actuales

catastrofismo un principio que establece que los cambios geológicos ocurren de repente

CONEXIÓN CON la biología

DESTREZA DE REDACCIÓN **Darwin y Lyell** La teoría de la evolución se desarrolló poco tiempo después de que Lyell diera a conocer sus ideas, lo cual no fue una coincidencia. Lyell y Charles Darwin eran buenos amigos y sus conversaciones influyeron mucho en las teorías de Darwin. De forma similar al uniformitarianismo, la teoría de la evolución de Darwin propone que las especies cambian gradualmente durante largos períodos de tiempo. Escribe un breve informe en el que compares el uniformitarianismo con la evolución.

Geología moderna: el término medio

A fines del siglo XX, científicos como Stephen J. Gould se opusieron al uniformitarianismo de Lyell, ya que creían que a veces las catástrofes desempeñan un papel importante en la historia de la Tierra.

Actualmente, los científicos comprenden que ni el uniformitarianismo ni el catastrofismo, por sí solos, explican todos los cambios geológicos que ocurrieron en la historia de la Tierra. Aunque la mayoría de los cambios geológicos son graduales y uniformes, durante la larga existencia del planeta hubo catástrofes que causaron cambios geológicos. Por ejemplo, se han encontrado cráteres enormes donde se cree que asteroides y cometas impactaron en el pasado. Algunos científicos creen que es posible que uno de esos impactos provocara la extinción de los dinosaurios hace aproximadamente 65 millones de años. La **figura 3** es una recreación imaginaria del impacto del asteroide que, según se piensa, provocó la extinción de los dinosaurios. Se cree que el impacto de ese asteroide arrojó detritos a la atmósfera. La nube de detritos se extendió alrededor de todo el planeta y cayó sobre la Tierra durante décadas. Probablemente, esta nube global de detritos bloqueó los rayos del Sol y provocó grandes cambios en el clima global que condenaron a los dinosaurios a la extinción.

✔ Comprensión de lectura ¿Cómo puede una catástrofe afectar la vida sobre la Tierra?

Figura 3 *Actualmente, los científicos creen que sucesos repentinos produjeron algunos cambios en el pasado. Un asteroide que impactó sobre la Tierra, por ejemplo, pudo haber provocado la extinción de los dinosaurios hace aproximadamente 65 millones de años.*

Paleontología: el estudio de la vida en el pasado

La historia de la Tierra estaría incompleta sin el conocimiento de los organismos que habitaron nuestro planeta y las condiciones en que vivieron. La ciencia que estudia la vida en el pasado se llama **paleontología.** Los científicos que se dedican a esta ciencia se llaman *paleontólogos.* Los datos que los paleontólogos usan son los fósiles, los restos de organismos preservados por procesos geológicos. Algunos paleontólogos se especializan en el estudio de determinados organismos. Los paleontólogos de invertebrados estudian animales sin columna vertebral, mientras que los paleontólogos de vertebrados, como el científico que se muestra en la **figura 4,** estudian animales con columna vertebral. Los paleobotánicos estudian los fósiles de plantas. Otros paleontólogos reconstruyen ecosistemas del pasado, estudian los rastros dejados por animales y recrean las condiciones en que se formaron los fósiles. Como ves, el estudio de la vida en el pasado es tan variado y complejo como la misma historia de la Tierra.

Figura 4 *Edwin Colbert fue un paleontólogo de vertebrados del siglo XX que hizo aportes importantes al estudio de los dinosaurios.*

paleontología el estudio científico de los fósiles

REPASO DE LA sección

Resumen

- El uniformitarianismo asume que el cambio geológico es gradual. El catastrofismo se basa en la idea de que el cambio geológico es repentino.

- La geología moderna se basa en la idea de que las catástrofes interrumpen el cambio geológico gradual.

- El estudio de la vida en el pasado por medio de fósiles se denomina *paleontología.*

Usar términos clave

1. Escribe una oración distinta con cada uno de los siguientes términos: *uniformitarianismo, catastrofismo* y *paleontología.*

Comprender las ideas principales

2. ¿Cuál de las siguientes palabras describe el cambio según el principio del uniformitarianismo?

   a. súbito

   b. poco frecuente

   c. global

   d. gradual

3. ¿Qué diferencia hay entre el uniformitarianismo y el catastrofismo?

4. Explica cómo cambió la geología.

5. Da un ejemplo de cambio global catastrófico.

6. Describe el trabajo de tres tipos de paleontólogos.

Destrezas matemáticas

7. El cráter producido por el impacto de un asteroide tiene un radio de 85 km. ¿Qué área tiene el cráter? (Pista: el área de un círculo es πr^2.)

Razonamiento crítico

8. **Analizar ideas** ¿Por qué se considera que el uniformitarianismo es la base de la geología moderna?

9. **Aplicar conceptos** Da un ejemplo de un tipo de catástrofe reciente.

SCLINKS.

NSTA
Desarrollo y mantenimiento a cargo de la Asociación Nacional de Maestros de Ciencias

Para ver diversos enlaces relacionados con este capítulo, visita www.scilinks.org

Tema*: La historia de la Tierra
Código de SciLinks: HSM0450

*(Sólo en inglés)

Datación relativa: ¿qué ocurrió primero?

Imagina que eres un detective que está investigando la escena de un crimen. ¿Qué es lo primero que harías?

Es posible que empieces buscando huellas digitales o testigos. Como detective, debes deducir la secuencia de sucesos que ocurrieron antes de que llegaras a la escena del crimen.

Los geólogos tienen un objetivo similar cuando investigan la Tierra. Intentan determinar en qué orden ocurrieron los sucesos durante la historia de la Tierra. Pero en lugar de contar con huellas y testigos, los geólogos utilizan rocas y fósiles en su investigación. Por medio de la **datación relativa,** se determina si un objeto o un suceso es más antiguo o más reciente que otros objetos o sucesos.

El principio de la superposición

Imagina que tienes un hermano mayor que toma muchas fotografías de tu familia, las pone una sobre otra y las guarda en una caja. Con los años, sigue agregando nuevas fotografías a la pila. Piensa acerca de la historia familiar registrada en esas fotografías. ¿Dónde están las fotografías más viejas, que se tomaron cuando eras un bebé? ¿Dónde están las fotografías más recientes, que se tomaron la semana pasada?

Las capas de rocas sedimentarias, como las que se muestran en la **figura 1,** son como fotografías apiladas, es decir, puestas una sobre otra. Las capas son más viejas cuanto más abajo estén. El principio que establece que, en secuencias que no han sido alteradas, las rocas más jóvenes se encuentran sobre las más viejas se llama **superposición.**

Lo que aprenderás

- Explica cómo se usa la datación relativa en la geología.
- Explica el principio de la superposición.
- Describe cómo se usa la columna geológica en la datación relativa.
- Identifica dos sucesos y dos características que producen una ruptura en las capas de roca.
- Explica cómo se determina la edad relativa por medio de las características físicas.

Vocabulario

datación relativa
superposición
columna geológica
discordancia

ESTRATEGIA DE LECTURA

Organizador de lectura Mientras lees esta sección, haz un esquema. Usa los encabezados de la sección en tu esquema.

Figura 1 *Las capas de roca son como fotos apiladas durante un largo tiempo: las más recientes se encuentran sobre las más viejas.*

Fuerzas que alteran la secuencia

No todas las secuencias de roca están dispuestas con las capas más viejas en la parte inferior y las más jóvenes en la parte superior. A veces, las fuerzas del interior de la Tierra alteran algunas capas de roca. Estas fuerzas pueden empujar otras rocas e introducirlas dentro de una secuencia, inclinar o plegar capas de roca y dividir secuencias en partes móviles. ¡Es más, a veces, los geólogos encuentran secuencias de roca que están al revés! La ruptura de las secuencias de roca plantea un desafío para los científicos que intentan determinar la edad relativa de las rocas. Afortunadamente, los geólogos cuentan con una herramienta muy valiosa: la columna geológica.

La columna geológica

Para facilitar su trabajo, los geólogos combinan los datos de todas las secuencias de roca que no han sido alteradas. A partir de esta información, crean la columna geológica, como se ilustra en la **figura 2**. La **columna geológica** es una secuencia ideal de capas de roca que contiene todas las formaciones rocosas y los fósiles conocidos sobre la Tierra, dispuestos según su edad, del más antiguo al más reciente.

Los geólogos usan la columna geológica para interpretar las secuencias de roca e identificar las capas en secuencias de roca que les llaman la atención.

Comprensión de lectura Menciona dos maneras en que los geólogos usan la columna geológica. (*Consulta en el Apéndice las respuestas de comprensión de lectura.*)

datación relativa cualquier método que sirve para determinar si un suceso o un objeto es más antiguo o más reciente que otros

superposición un principio que establece que las rocas más jóvenes se encuentran sobre las rocas más viejas si las capas no han sido alteradas

columna geológica disposición de las capas de roca en la que las rocas más antiguas están en la parte inferior

---

Figura 2 Construir la columna geológica

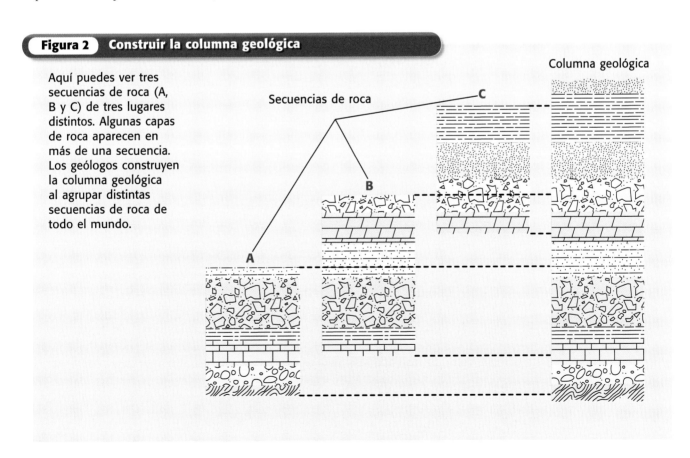

Aquí puedes ver tres secuencias de roca (A, B y C) de tres lugares distintos. Algunas capas de roca aparecen en más de una secuencia. Los geólogos construyen la columna geológica al agrupar distintas secuencias de roca de todo el mundo.

Secuencias de roca

Columna geológica

Figura 3 Cómo se alteran las capas de roca

Falla Una *falla* es una grieta en la corteza terrestre a lo largo de la cual unos bloques se deslizan con respecto a otros.

Intrusión Una *intrusión* es roca fundida del interior de la Tierra que se introduce en la roca existente y se enfría.

Plegamiento El *plegamiento* ocurre cuando las capas de roca se doblan y curvan debido a las fuerzas internas de la Tierra.

Inclinación La *inclinación* ocurre cuando las fuerzas internas de la Tierra ladean las capas de roca.

Alteración de las capas de roca

Muchas veces, los geólogos encuentran características que atraviesan las capas de roca existentes. Las relaciones entre las capas de roca y las características que las atraviesan permiten a los geólogos asignar edades relativas a las características y a las capas. Ellos saben que las características son más jóvenes que las capas de roca porque estas últimas debieron estar presentes para que las características pudieran atravesarlas. Las fallas y las intrusiones son ejemplos de características que atraviesan las capas de roca. En la **figura 3** se ilustra una falla y una intrusión.

Sucesos que alteran las capas de roca

Los geólogos suponen que la forma en que los sedimentos se depositan para formar las capas de roca (o sea, en capas horizontales) no ha cambiado con el tiempo. Según este principio, si las capas de roca no son horizontales, algo debió de alterarlas luego de su formación. Este principio permite a los geólogos determinar las edades relativas de las capas de roca y los sucesos que las alteraron.

El plegamiento y la inclinación son dos tipos de sucesos que alteran las capas de roca. Estos sucesos son siempre más recientes que las capas de roca a las que afectan. En la **figura 3** se muestran los resultados del plegamiento y la inclinación.

Lagunas en el registro: discordancias

Debido a las fallas, las intrusiones y los efectos del plegamiento y la inclinación, determinar la edad de las capas de roca puede ser un verdadero desafío. A veces, faltan capas enteras de roca, lo cual crea un vacío en la información del registro geológico. Para pensarlo de otra forma, digamos que pones los periódicos uno sobre otro todos los días después de leerlos. Ahora, supongamos que quieres ver un periódico que leíste hace 10 días. Sabes que el periódico tendría que estar en el décimo lugar de la pila, pero, cuando miras, el periódico no está allí. ¿Qué pasó? Quizá te olvidaste de colocarlo en la pila. Ahora, imagina que lo que falta es una capa de roca en lugar de un periódico.

Pruebas perdidas

Las capas de roca perdidas crean rupturas en las secuencias de capas de roca que se llaman discordancias. Una **discordancia** es una superficie que representa una parte perdida de la columna geológica. Las discordancias también representan tiempo perdido: tiempo que no se registró en las capas de roca. Cuando los geólogos encuentran una discordancia, deben preguntarse si la "capa perdida" nunca existió o si se eliminó de alguna forma. La **figura 4** muestra cómo se crean discordancias con la *falta de deposición*, o el cese de la deposición cuando se interrumpe el suministro de sedimentos, y la *erosión*.

discordancia una ruptura en el registro geológico que se crea cuando las capas de roca se erosionan o cuando no se depositan sedimentos durante un largo período de tiempo

✔ **Comprensión de lectura** Define el término discordancia.

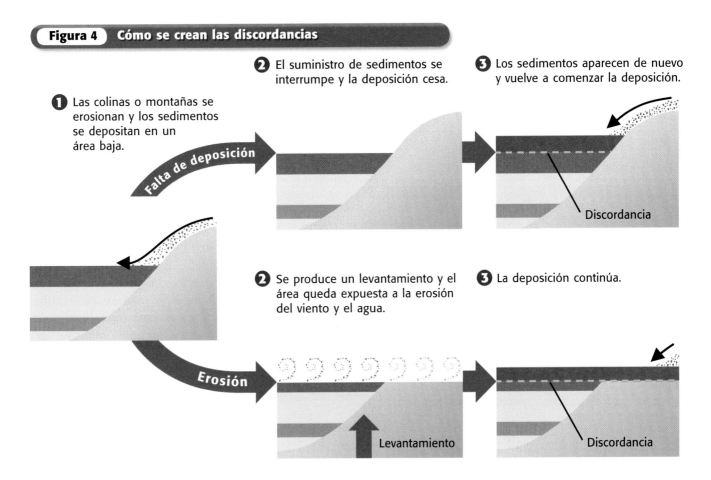

Figura 4 Cómo se crean las discordancias

❶ Las colinas o montañas se erosionan y los sedimentos se depositan en un área baja.

Falta de deposición

❷ El suministro de sedimentos se interrumpe y la deposición cesa.

❸ Los sedimentos aparecen de nuevo y vuelve a comenzar la deposición.

Discordancia

Erosión

❷ Se produce un levantamiento y el área queda expuesta a la erosión del viento y el agua.

Levantamiento

❸ La deposición continúa.

Discordancia

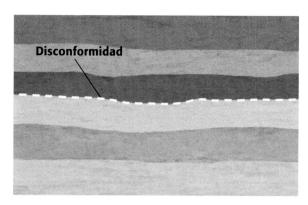

Figura 5 *Existe una disconformidad cuando falta parte de una secuencia de capas de roca paralelas.*

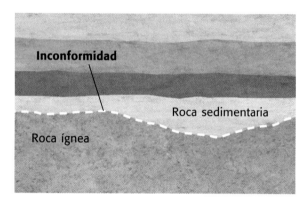

Figura 6 *Existe una inconformidad cuando capas de roca sedimentaria se depositan sobre una superficie erosionada de rocas ígneas o metamórficas no estratificadas.*

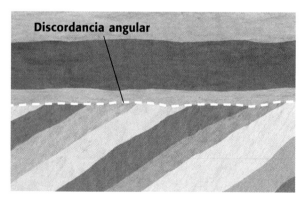

Figura 7 *Existe una discordancia angular entre capas de roca horizontales y capas de roca inclinadas o plegadas.*

Tipos de discordancias

La mayoría de las discordancias se forman tanto por la erosión como por la falta de deposición. Sin embargo, hay otros factores que pueden complicar las cosas. Para simplificar el estudio de las discordancias, los geólogos las clasifican en tres categorías principales: disconformidades, inconformidades y discordancias angulares. Los tres diagramas de la izquierda ilustran estas tres categorías.

Disconformidades

El tipo más común de discordancia es la disconformidad, que se ilustra en la **figura 5**. Las *disconformidades* se encuentran donde falta parte de una secuencia de capas de roca paralelas. Una disconformidad puede crearse de la siguiente manera. Se produce el levantamiento de una secuencia de capas de roca. La erosión elimina las capas más jóvenes en la parte superior de la secuencia y el material erosionado se deposita en otro lugar. Con el paso del tiempo, la deposición comienza nuevamente y los sedimentos entierran la capa vieja erosionada. La disconformidad resultante indica el lugar donde se produjo la erosión y donde faltan capas de roca. Una disconformidad representa de miles a muchos millones de años de tiempo perdido.

Inconformidades

La **figura 6** ilustra una inconformidad. Las *inconformidades* se encuentran donde las capas horizontales de roca sedimentaria se depositan sobre una superficie erosionada de rocas ígneas o metamórficas intrusivas más viejas. Las rocas ígneas y metamórficas intrusivas se forman en las profundidades de la Tierra. Cuando estas rocas se elevan a la superficie terrestre, se erosionan. La deposición hace que la superficie erosionada quede enterrada. Las inconformidades representan millones de años de tiempo perdido.

Discordancias angulares

En la **figura 7** se muestra una discordancia angular. Las *discordancias angulares* se encuentran entre capas horizontales de roca sedimentaria y capas de roca inclinadas o plegadas. Las capas inclinadas o plegadas se erosionaron antes de que las capas horizontales se formaran sobre ellas. Las discordancias angulares representan millones de años de tiempo perdido.

✓ **Comprensión de lectura** Describe cada una de las tres categorías principales de discordancias.

Rompecabezas de capas de roca

Con frecuencia, los geólogos encuentran secuencias de capas de roca que fueron afectadas por más de uno de los sucesos y características mencionados en esta sección. Por ejemplo, como se muestra en la **figura 8,** las intrusiones pueden penetrar en capas de roca que contienen una discordancia. Determinar el orden de los sucesos que produjeron esa secuencia es como armar un rompecabezas. Al conocer los sucesos que alteraron o eliminaron secuencias de capas de roca, los geólogos arman la historia de la Tierra según la cuenta el registro de las rocas.

Figura 8 *Con frecuencia, son más de una las características que alteran las secuencias de capas de roca.*

REPASO DE LA sección

Resumen

- Los geólogos usan la datación relativa para determinar el orden en que ocurren los sucesos.

- El principio de la superposición establece que, en secuencias de roca que no han sufrido cambios, las capas más jóvenes se encuentran encima de las más viejas.

- Los plegamientos y las inclinaciones son dos sucesos que pueden alterar las capas de roca. Las fallas y las intrusiones son dos alteraciones que pueden sufrir las capas de roca.

- La columna geológica indica el registro de las rocas y el registro fósil que se conocen hasta ahora.

- Los geólogos investigan las relaciones entre las capas de roca y las estructuras que las atraviesan con el fin de determinar su edad relativa.

Usar términos clave

1. Define los siguientes términos en tus propias palabras: *datación relativa, superposición* y *columna geológica.*

Comprender las ideas principales

2. La roca fundida que se introduce en otras rocas y luego se enfría se denomina

   a. pliegue.

   b. falla.

   c. intrusión.

   d. discordancia.

3. ¿Qué diferencia hay entre el uniformitarianismo y el catastrofismo?

4. Explica cómo cambió la geología.

Razonamiento crítico

5. **Analizar conceptos** ¿Existe algún lugar de la Tierra que tenga todas las capas de la columna geológica? Explica tu respuesta.

6. **Analizar métodos** A diferencia de otros tipos de discordancias, las disconformidades son difíciles de reconocer porque todas sus capas son horizontales. ¿Cómo puede entonces un geólogo distinguir una disconformidad?

Interpretar gráficas

Consulta la ilustración para contestar la siguiente pregunta.

7. Si la capa superior de roca se erosiona y luego continúa la deposición, ¿qué tipo de discordancia marcará el límite entre las capas de roca más antiguas y las capas depositadas más recientemente?

SCLINKS® NSTA

Desarrollo y mantenimiento a cargo de la Asociación Nacional de Maestros de Ciencias

Para ver diversos enlaces relacionados con este capítulo, visita www.scilinks.org

Tema*: Datación relativa

Código de SciLinks: HSM1288

*(Sólo en inglés)

SECCIÓN 3

Datación absoluta: una medida del tiempo

¿Alguna vez has oído la expresión "retroceder en el tiempo"? Con el descubrimiento de la desintegración natural del uranio en 1896, el físico francés Henri Becquerel halló una forma de hacer justamente eso. Los geólogos usan los elementos radiactivos como un reloj para medir el tiempo geológico.

El proceso de establecer la edad de un objeto al determinar la cantidad de años que ha existido se llama **datación absoluta.** En esta sección, aprenderás acerca de la datación radiométrica, que es el método más común de datación absoluta.

Lo que aprenderás

● Describe cómo ocurre la desintegración radiactiva.

● Explica cómo se relacionan la desintegración radiactiva y la datación radiométrica.

● Identifica cuatro tipos de datación radiométrica.

● Determina cuál es el mejor tipo de datación radiométrica para datar un objeto.

Vocabulario

datación absoluta
isótopo
desintegración radiactiva
datación radiométrica
vida media

ESTRATEGIA DE LECTURA

Organizador de lectura Mientras lees esta sección, haz un mapa de conceptos con los términos de la lista anterior.

Desintegración radiactiva

Para determinar la edad absoluta de los fósiles y las rocas, los científicos analizan los isótopos de elementos radiactivos. Los átomos del mismo elemento con la misma cantidad de protones pero diferente cantidad de neutrones se llaman **isótopos.** La mayoría de los isótopos son estables, lo cual significa que conservan su forma original. Pero algunos isótopos son inestables. Los científicos denominan *radiactivos* a los isótopos inestables. Los isótopos radiactivos tienden a descomponerse en isótopos estables de los mismos elementos o de otros elementos en un proceso llamado **desintegración radiactiva.** La **figura 1** muestra un ejemplo de cómo ocurre la desintegración radiactiva. Como ocurre a una tasa constante, los científicos pueden determinar la edad de un objeto por medio de las cantidades relativas de isótopos estables e inestables presentes en el objeto.

 **Figura 1** **Desintegración radiactiva**

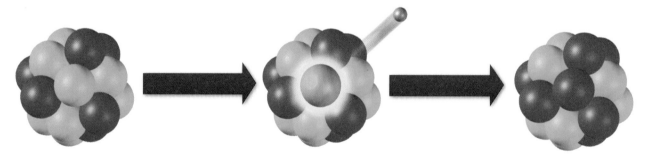

Isótopo inestable
6 protones, 8 neutrones

Desintegración radiactiva
Cuando el isótopo radiactivo se desintegra, un neutrón se convierte en un protón. En el proceso, se libera un electrón.

Isótopo estable
7 protones, 7 neutrones

Datar rocas: ¿cómo se hace?

En el proceso de desintegración radiactiva, un isótopo radiactivo inestable de un elemento se descompone en un isótopo estable. El isótopo estable puede ser del mismo elemento o, lo que es más común, de un elemento distinto. El isótopo radiactivo inestable se llama *isótopo precursor.* El isótopo estable que resulta de la desintegración radiactiva del isótopo precursor se llama *isótopo hijo.* La desintegración radiactiva de un isótopo precursor en un isótopo hijo estable puede ocurrir en un solo paso o en una serie de pasos. En ambos casos, la tasa de desintegración es constante. Por lo tanto, para datar rocas, los científicos comparan la cantidad de material precursor con la cantidad de material hijo. Cuanto mayor es la cantidad de isótopos hijos, más vieja es la roca.

Datación radiométrica

Si conoces la tasa de desintegración del elemento radiactivo de una roca, puedes averiguar la edad absoluta de la roca. La determinación de la edad absoluta de una muestra, basada en la relación entre el material precursor y el material hijo, se llama **datación radiométrica.** Por ejemplo, digamos que una muestra de roca contiene un isótopo con una vida media de 10,000 años. La **vida media** es el tiempo que tarda en desintegrarse la mitad de una muestra radiactiva. Por lo tanto, en 10,000 años, la mitad del material precursor de esta muestra de roca se habrá desintegrado y transformado en material hijo. Analizas la muestra y encuentras cantidades iguales de material precursor y material hijo. Esto significa que la mitad del isótopo radiactivo original se desintegró y que la muestra puede tener 10,000 años aproximadamente.

¿Qué sucede si una cuarta parte de tu muestra es material precursor y las otras tres cuartas partes son material hijo? Sabrías que la mitad de la muestra original tardó 10,000 años en desintegrarse y que la mitad de lo que quedaba tardó otros 10,000 años. La edad de tu muestra sería 2 × 10,000 ó 20,000 años. La **figura 2** muestra cómo ocurre esta desintegración constante.

✓ Comprensión de lectura ¿Qué es una vida media? (*Consulta en el Apéndice las respuestas de comprensión de lectura.*)

---

datación absoluta cualquier método que sirve para medir la edad de un objeto o un suceso en años

isótopo un átomo que tiene el mismo número de protones (o el mismo número atómico) que otros átomos del mismo elemento, pero un número diferente de neutrones (y por lo tanto, una masa atómica diferente)

desintegración radiactiva el proceso por el cual un isótopo radiactivo tiende a descomponerse en un isótopo estable del mismo elemento o de otro elemento

datación radiométrica un método para determinar la edad de un objeto estimando los porcentajes relativos de un isótopo radiactivo (precursor) y un isótopo estable (hijo)

vida media el tiempo necesario para que la mitad de una muestra de una sustancia radiactiva experimente desintegración radiactiva

---

Figura 2 *Después de cada vida media, la cantidad de material precursor disminuye a la mitad.*

1/1	1/2	1/4	1/8	1/16
0 años	**10,000 años**	**20,000 años**	**30,000 años**	**40,000 años**

Figura 3 *Este túmulo de Effigy Mounds se parece a una serpiente.*

Tipos de datación radiométrica

Imagina que viajas al pasado a través de los siglos a un momento anterior a la llegada de Colón a América. Estás parado en los riscos de lo que un día se llamará el río Mississippi. Ves a decenas de personas construyendo grandes montículos. ¿Quiénes son estas personas y qué están construyendo?

Las personas que viste en tu viaje en el tiempo eran indígenas norteamericanos, y las estructuras que estaban construyendo eran túmulos. La zona que imaginaste es ahora un sitio arqueológico llamado *Effigy Mounds National Monument* (Monumento Nacional de Effigy Mounds). La **figura 3** muestra uno de esos túmulos.

Según los arqueólogos, Effigy Mounds estuvo habitado entre 2,500 y 600 años atrás. ¿Cómo saben estas fechas? Con la datación radiométrica, dataron huesos y otros objetos de los montículos. Los científicos usan distintas técnicas de datación radiométrica basadas en la edad estimada de un objeto. Mientras sigues leyendo, piensa cómo se relaciona la vida media de un isótopo con la edad del objeto datado. ¿Con qué técnica datarías los túmulos?

Método del potasio-argón

Uno de los isótopos que se usan en la datación radiométrica es el potasio 40. El potasio 40 tiene una vida media de 1,300 millones de años y se desintegra en argón y calcio. Los geólogos miden el argón como material hijo. Con este método se datan principalmente rocas de más de 100,000 años.

Método del uranio-plomo

El uranio 238 es un isótopo radiactivo que se desintegra en una serie de pasos hasta formar plomo 206. La vida media del uranio 238 es de 4,500 millones de años. Cuanto más vieja es la roca, más material hijo (plomo 206) tiene. La datación por uranio-plomo puede usarse con rocas de más de 10 millones de años. Las rocas más jóvenes no tienen suficiente material hijo para poder medirlas en forma exacta con este método.

Método del rubidio-estroncio

Mediante la desintegración radiactiva, el isótopo precursor inestable rubidio 87 forma el isótopo hijo estable estroncio 87. La vida media del rubidio 87 es de 49,000 millones de años. Con este método, se datan rocas de más de 10 millones de años.

✓ *Comprensión de lectura* ¿Cuál es el isótopo hijo del rubidio 87?

Método del carbono 14

El elemento carbono se encuentra normalmente en tres formas: los isótopos estables carbono 12 y carbono 13 y el isótopo radiactivo carbono 14. Estos isótopos de carbono se combinan con el oxígeno para formar el gas dióxido de carbono, que las plantas absorben durante la fotosíntesis. Mientras una planta está viva, absorbe continuamente nuevo dióxido de carbono con una relación constante de carbono 14 a carbono 12. Los animales que se alimentan de plantas contienen la misma relación de isótopos de carbono.

Sin embargo, cuando una planta o un animal muere, ya no absorbe carbono. La cantidad de carbono 14 comienza a disminuir a medida que la planta o el animal se descompone, y disminuye la relación de carbono 14 a carbono 12. Esta disminución puede medirse en un laboratorio, como el que se muestra en la **figura 4.** Como la vida media del carbono 14 es de sólo 5,730 años, con este método de datación se datan principalmente fósiles y rocas que vivieron durante los últimos 50,000 años.

Figura 4 *Algunas muestras que contienen carbono deben limpiarse y quemarse para poder determinar su edad.*

REPASO DE LA sección

Resumen

- Durante la desintegración radiactiva, un isótopo inestable se desintegra a una tasa constante y se convierte en un isótopo estable del mismo elemento o de un elemento distinto.

- La datación radiométrica, basada en la proporción entre material precursor y material hijo, se utiliza para determinar la edad absoluta de una muestra.

- Entre los métodos de datación radiométrica, se encuentran el uranio-plomo, el potasio-argón, el rubidio-estroncio y el carbono 14.

Usar términos clave

1. Escribe una oración distinta con cada uno de los siguientes términos: *datación absoluta, isótopos* y *vida media*.

Comprender las ideas principales

2. El rubidio 87 tiene una vida media de

   a. 5,730 años.

   b. 4,500 millones de años.

   c. 49,000 millones de años.

   d. 1,300 millones de años.

3. Explica cómo ocurre la desintegración radiactiva.

4. ¿Qué relación hay entre la desintegración radiactiva y la datación radiométrica?

5. Menciona cuatro tipos de datación radiométrica.

Destrezas matemáticas

6. Un isótopo radiactivo tiene una vida media de 1,300 millones de años. ¿Cuánto material precursor quedará al cabo de 3,900 millones de años?

Razonamiento crítico

7. **Analizar métodos** Explica por qué la desintegración radiactiva tiene que ser constante para que la datación radiométrica sea exacta.

8. **Aplicar conceptos** ¿Qué método de datación radiométrica sería el más apropiado para determinar la antigüedad de los objetos encontrados en Effigy Mounds? Explica tu respuesta.

SCI LINKS

NSTA
Desarrollo y mantenimiento a cargo de la Asociación Nacional de Maestros de Ciencias

Para ver diversos enlaces relacionados con este capítulo, visita www.scilinks.org

Tema*: Datación absoluta
Código de SciLinks: HSM0003

*(Sólo en inglés)

Análisis de los fósiles

Al descender de un cerro en la Patagonia argentina, tu equipo de expedición se detiene de repente. Miran hacia abajo y se dan cuenta de que están caminando sobre cáscaras de huevos... ¡de dinosaurio!

Esta fue la experiencia del paleontólogo Luis Chiappe. Había encontrado un enorme nido de dinosaurio.

Organismos fosilizados

Un **fósil** son los restos o las pruebas físicas de un organismo preservados por los procesos geológicos. Los fósiles se conservan con más frecuencia en la roca sedimentaria. Pero, como verás, otros materiales también pueden conservar pruebas de la vida en el pasado.

Fósiles en las rocas

Cuando un organismo muere, comienza a descomponerse inmediatamente o es consumido por otros organismos. A veces, sin embargo, los sedimentos entierran rápidamente a los organismos cuando mueren y retardan la descomposición. Las partes duras de los organismos, como las conchas y los huesos, son más resistentes a la descomposición que los tejidos blandos. Por lo tanto, cuando los sedimentos se transforman en roca, es mucho más común que se conserven las partes duras de los animales que los tejidos blandos.

Fósiles en ámbar

Imagina que un insecto queda atrapado en la savia suave y pegajosa de un árbol. Luego, el insecto es cubierto por una mayor cantidad de savia que se endurece rápidamente y lo conserva en su interior. La savia endurecida de un árbol se llama *ámbar*. Algunos de los mejores fósiles de insectos se encuentran en ámbar, como se muestra en la **figura 1.** También se han encontrado ranas y lagartijas preservadas de esta forma.

✔ *Comprensión de lectura* **Describe cómo se conservan los organismos en ámbar.** (*Consulta en el Apéndice las respuestas de comprensión de lectura.*)

Lo que aprenderás

● Describe cinco maneras en que se forman distintos tipos de fósiles.

● Menciona tres tipos de fósiles que no forman parte de organismos.

● Explica cómo se determina la historia de los cambios en el ambiente y los organismos por medio de los fósiles.

● Explica cómo se datan las capas de roca con los fósiles guía.

Vocabulario

fósil
fósil traza
molde
contramolde
fósil guía

ESTRATEGIA DE LECTURA

Organizador de lectura Mientras lees esta sección, haz un esquema. Usa los encabezados de la sección en tu esquema.

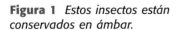

Figura 1 *Estos insectos están conservados en ámbar.*

Figura 2 *El científico Vladimir Eisner estudia los molares superiores de un mamut lanudo de 20,000 años de edad que se encontró en Siberia (Rusia). El mamut macho fue desenterrado de un bloque de hielo en octubre de 1999 en un estado de conservación casi perfecto.*

La petrificación

Otra forma de conservación de los organismos es la petrificación. La *petrificación* es un proceso por el cual los minerales reemplazan a los tejidos de un organismo. Una forma de petrificación es la permineralización. La *permineralización* es un proceso por el cual los espacios porosos del tejido duro de un organismo (por ejemplo, hueso o madera) se llenan de minerales. Otra forma de petrificación se llama *reemplazo:* los minerales reemplazan completamente a los tejidos del organismo. Por ejemplo, en algunos especímenes de madera petrificada, los minerales han reemplazado a toda la madera.

fósil los indicios o los restos de un organismo que vivió hace mucho tiempo, comúnmente preservados en las rocas sedimentarias

Fósiles en asfalto

Hay lugares donde el asfalto fluye a la superficie terrestre y forma yacimientos densos y pegajosos. Por ejemplo, los depósitos de asfalto de La Brea, en Los Ángeles (California), tienen por lo menos 38,000 años. Estos yacimientos de asfalto denso y pegajoso han atrapado y conservado muchas clases de organismos en los últimos 38,000 años. A partir de estos fósiles, los científicos aprendieron cómo era el medio ambiente del pasado en el sur de California.

Fósiles congelados

En octubre de 1999, los científicos recuperaron un mamut lanudo de 20,000 años de edad que estaba congelado en la tundra siberiana. Los restos de este mamut se muestran en la **figura 2.** El mamut lanudo, pariente de los elefantes actuales, se extinguió hace aproximadamente 10,000 años. Como las bajas temperaturas retardan la descomposición, se conservan muchos tipos de fósiles congelados desde la última edad de hielo. Los científicos esperan averiguar más acerca del mamut y el medio ambiente en que vivió.

CONEXIÓN CON las ciencias ambientales

DESTREZA DE REDACCIÓN **Conservación en hielo** Los climas que están por debajo del punto de congelación casi no contienen bacterias descomponedoras. El cuerpo bien conservado de John Torrington, uno de los miembros de una expedición que exploró el Pasaje del Noroeste en Canadá en la década de 1840, fue desenterrado en 1984. Su cuerpo estaba casi igual que al momento de su muerte, más de 160 años antes. Investiga sobre otro descubrimiento bien conservado y escribe un informe para tu clase.

Figura 3 *Estas huellas de dinosaurio se encuentran en Arizona. Son indicios de un dinosaurio que tenía miembros inferiores más largos que los de un ser humano.*

fósil traza una marca fosilizada que se forma en un sedimento blando debido al movimiento de un animal

molde una marca o cavidad hecha en una superficie sedimentaria por una concha u otro cuerpo

contramolde un tipo de fósil que se forma cuando un organismo descompuesto deja una cavidad que es llenada por sedimentos

Otros tipos de fósiles

Además de sus partes duras y, en muy pocos casos, sus partes blandas, ¿los organismos dejan algún otro indicio de su existencia? ¿Qué otra prueba de la vida pasada buscan los paleontólogos?

Fósiles traza

Cualquier prueba de actividad animal que se haya conservado naturalmente se llama **fósil traza.** Las huellas que se muestran en la **figura 3** son un ejemplo fascinante de un fósil traza. Estos fósiles se forman cuando las huellas de los animales se llenan de sedimentos y se conservan en roca. Las huellas revelan mucho del animal que las hizo, incluidos su tamaño y la velocidad de su movimiento. Los caminos de huellas paralelas que muestran que los dinosaurios se movían en la misma dirección han llevado a los paleontólogos a formular la hipótesis de que los dinosaurios se trasladaban en manadas.

Las madrigueras son otro ejemplo de fósil traza. Son refugios hechos por animales, como las almejas, por ejemplo, que quedan enterrados en sedimentos. Al igual que las huellas, las madrigueras se conservan cuando los sedimentos las llenan y las entierran rápidamente. El *coprolito,* un tercer tipo de fósil, es estiércol animal conservado.

Moldes y contramoldes

Los moldes y los contramoldes son otros dos ejemplos de fósiles. La cavidad de una roca donde una planta o un animal quedó enterrado se llama **molde.** Un **contramolde** es un objeto que se crea cuando los sedimentos llenan un molde y se transforman en roca. Un contramolde muestra cómo era el exterior del organismo. La **figura 4** muestra dos tipos de moldes del mismo organismo: un molde interno y un molde externo.

✓ Comprensión de lectura ¿Qué diferencia hay entre un contramolde y un molde?

Figura 4 *Esta fotografía muestra dos moldes de un ammonite. La imagen de la izquierda es el molde interno del ammonite, que se formó cuando el sedimento llenó la concha y luego se disolvió. La imagen de la derecha es el molde externo del ammonite, que conserva las características externas de la concha.*

Figura 5 *Este científico encontró fósiles marinos en la cima de las montañas del Parque Nacional de Yoho en Canadá. El fósil de* Marrella, *que se muestra arriba, indica que hace millones de años estas rocas se encontraban bajo el nivel del mar.*

Interpretar el pasado por medio de los fósiles

Piensa en tu lugar favorito al aire libre. Ahora, imagina que eres un paleontólogo que está en ese lugar dentro de 65 millones de años. ¿Qué tipo de fósiles desenterrarías? Basándote en los fósiles que encontraste, ¿cómo reconstruirías ese lugar?

La información del registro fósil

El registro fósil ofrece sólo un esquema aproximado de la historia de la vida en la Tierra. Algunas partes de la historia están más completas que otras. Por ejemplo, los científicos saben más de los organismos que tenían partes del cuerpo duras que de aquellos que tenían partes del cuerpo blandas. También saben más de los organismos que vivieron en ambientes que favorecían la fosilización. El registro fósil está incompleto porque la mayoría de los organismos nunca se transformaron en fósiles. Y, por supuesto, aún hay muchos fósiles por descubrir.

Historia de los cambios ambientales

¿Esperarías encontrar fósiles marinos en la cima de la montaña que se muestra en la **figura 5?** La presencia de fósiles marinos indica que las rocas en la cima de estas montañas de Canadá se formaron en un ambiente completamente distinto: el fondo de un océano.

El registro fósil revela una historia de cambios ambientales. Por ejemplo, los fósiles marinos permiten a los científicos reconstruir las costas y el nivel del agua en los mares antiguos. Con los fósiles de plantas y animales terrestres, los científicos reconstruyen los climas del pasado. Pueden decir si el clima de una zona era más frío o más húmedo que en la actualidad.

fósil guía un fósil que se encuentra en las capas de roca de una sola era geológica y que se usa para establecer la edad de las capas de roca

Historia de los organismos cambiantes

Al estudiar las relaciones entre los fósiles, los científicos pueden interpretar cómo cambió la vida a lo largo del tiempo. Por ejemplo, las capas de roca más viejas contienen organismos que con frecuencia difieren de los organismos que se encuentran en capas de roca más jóvenes.

Sólo se ha fosilizado una pequeña parte de los organismos que han existido en la historia de la Tierra. Como el registro fósil está incompleto, los paleontólogos no cuentan con un registro continuo del cambio. Por esa razón, buscan semejanzas entre los fósiles, o entre los organismos fosilizados y sus parientes vivos más cercanos, e intentan completar los espacios vacíos del registro fósil.

✓ **Comprensión de lectura** ¿Cómo hacen los paleontólogos para completar la información sobre los cambios de los organismos en el registro fósil?

Datación de rocas mediante fósiles

Los científicos descubrieron que determinados tipos de fósiles aparecen sólo en determinadas capas de roca. Al datar las capas de roca por encima y por debajo de estos fósiles, los científicos pueden determinar el período en el que vivieron los organismos que crearon los fósiles. Si un tipo de organismo existió únicamente durante un período breve, sus fósiles aparecerán en un rango limitado de capas de roca. Este tipo de fósiles se llaman fósiles guía. Los **fósiles guía** son fósiles de organismos que vivieron durante un período de tiempo geológico relativamente corto y bien definido.

Ammonites

Para ser considerado un fósil guía, un fósil debe encontrarse en capas de roca de todo el mundo. Un ejemplo de fósil guía es el fósil de un género de ammonites llamado *Tropites*, que se muestra en la **figura 6.** Los *Tropites* eran moluscos marinos parecidos a los calamares actuales. Vivían en conchas en espiral. Vivieron entre 230 y 208 millones de años atrás y son un fósil guía para ese período.

Figura 6 *Los* Tropites *son un género de ammonites con concha en espiral. Existieron sólo durante 20 millones de años aproximadamente, lo cual los convierte en buenos fósiles guía.*

Trilobites

Los fósiles de un género de trilobites llamado *Phacops* son otro ejemplo de fósil guía. Los trilobites se extinguieron. Su pariente vivo más cercano es el cangrejo bayoneta. Mediante la datación de rocas, los paleontólogos determinaron que el *Phacops* vivió hace aproximadamente 400 millones de años. Por lo tanto, cuando los científicos encuentran *Phacops* en capas de roca de cualquier lugar de la Tierra, suponen que estas capas de roca también tienen aproximadamente 400 millones de años. La **figura 7** muestra un ejemplo de un fósil de *Phacops*.

✓ Comprensión de lectura Explica cómo se establece la edad de capas de roca por medio de los fósiles de *Phacops*.

Figura 7 *Los paleontólogos suponen que cualquier capa de roca que contiene un fósil del trilobites* Phacops *tiene aproximadamente 400 millones de años.*

REPASO DE LA sección

Resumen

- Los fósiles son los restos o las pruebas físicas de un organismo conservados mediante procesos geológicos.

- Los fósiles pueden conservarse en roca, ámbar, asfalto, hielo y también por petrificación.

- Un fósil traza es una prueba de actividad animal conservada en forma natural. Las huellas, las madrigueras y los coprolitos son ejemplos de fósiles traza.

- Los fósiles pueden estudiarse para saber cómo se modificaron el ambiente y los organismos con el paso del tiempo.

- Un fósil guía es un fósil de un organismo que vivió durante un período de tiempo relativamente corto y bien definido. Los fósiles guía se pueden utilizar para determinar la edad de las capas de roca.

Usar términos clave

Escoge el término correcto del banco de palabras para completar las siguientes oraciones.

contramolde	fósiles guía
molde	fósiles traza

1. Un ___ es una cavidad en una roca en la que quedó enterrado un animal o una planta.

2. Los ___ sirven para determinar la antigüedad de las capas de roca.

Comprender las ideas principales

3. Los fósiles suelen encontrarse conservados en
   a. hielo.
   b. ámbar.
   c. asfalto.
   d. roca.

4. Describe tres tipos de fósiles traza.

5. Explica cómo se puede usar un fósil guía para determinar la antigüedad de una roca.

6. Explica por qué el registro fósil no tiene información completa sobre la historia de la vida en la Tierra.

7. Explica cómo pueden usarse los fósiles para determinar la historia de los cambios en los organismos y en el ambiente.

Destrezas matemáticas

8. Si un científico encuentra los restos de una planta entre una capa de roca que contiene fósiles de *Phacops* de 400 millones de años de antigüedad y otra capa que contiene fósiles de *Tropites* de 230 millones de años de antigüedad, ¿qué edad puede tener el fósil de la planta?

Razonamiento crítico

9. **Inferir** Si en un desierto encuentras capas de roca que contienen fósiles de peces, ¿qué puedes inferir acerca de la historia del desierto?

10. **Detectar la parcialidad** Dado que la información del registro fósil no es completa, el trabajo de los científicos en relación con la conservación de los fósiles siempre resulta parcial. Explica este problema con dos ejemplos.

SCILINKS. **NSTA**
Desarrollo y mantenimiento a cargo de la Asociación Nacional de Maestros de Ciencias

Para ver diversos enlaces relacionados con este capítulo, visita www.scilinks.org

Tema*: Análisis de los fósiles
Código de SciLinks: HSM0886

*(Sólo en inglés)

El tiempo pasa

¿Cuántos años tiene la Tierra? Bueno, si la Tierra festejara su cumpleaños cada millón de años, ¡habría 4,600 velas en su pastel! Los seres humanos han existido sólo lo suficiente como para encender la última de las velas.

Trata de pensar en la historia de la Tierra como si fuera una película que miraras en avance rápido. Si pudieras observar el cambio de la Tierra desde esta perspectiva, verías montañas que se levantan como arrugas en una tela y que desaparecen rápidamente. También verías aparecer formas de vida que luego se extinguen. En esta sección, aprenderás que los geólogos deben mirar la "película" de la historia terrestre en avance rápido cuando escriben o hablan sobre ella. También aprenderás sobre algunos sucesos increíbles en la historia de la vida sobre la Tierra.

El tiempo geológico

La **figura 1** muestra la pared de roca en el *Centro de Visitantes de la Cantera del Dinosaurio del Dinosaur National Monument* (Monumento Nacional del Dinosaurio), Utah. En esta pared, hay aproximadamente 1,500 huesos fósiles excavados por paleontólogos. Son los restos de dinosaurios que habitaron la zona hace aproximadamente 150 millones de años. Seguramente, 150 millones de años te parecen un período increíblemente largo. Sin embargo, en términos de la historia de la Tierra, 150 millones de años es un poco más que el 3% de la existencia del planeta. Es un poco más que el 4% del tiempo que representan las rocas más viejas conocidas en la Tierra.

Lo que aprenderás

● Explica cómo se registra el tiempo geológico en las capas de roca.
● Identifica fechas importantes en la escala de tiempo geológico.
● Explica cómo los cambios ambientales provocaron la extinción de algunas especies.

Vocabulario

escala de tiempo geológico
eón
era
período
época
extinción

ESTRATEGIA DE LECTURA

Lluvia de ideas La idea clave de esta sección es la escala de tiempo geológico. Piensa en palabras y frases relacionadas con la escala de tiempo geológico.

Figura 1 *En la pared de la cantera del Monumento Nacional del Dinosaurio en Utah, se ven huesos de dinosaurios de hace unos 150 millones de años.*

Figura 2 *Los fósiles de plantas y animales bien conservados son comunes en la formación de Green River. En el sentido de las manecillas del reloj, comenzando arriba a la derecha, se ven fósiles de una hoja, una libélula, un pez y una tortuga.*

El registro de las rocas y el tiempo geológico

Uno de los mejores lugares de América del Norte para ver el registro de la historia de la Tierra en capas de roca es el Parque Nacional del Gran Cañón. El río Colorado se adentró en el cañón hasta casi 2 km de profundidad en algunos lugares. En el transcurso de 6 millones de años, el río erosionó incontables capas de roca. Estas capas representan casi la mitad de la historia de la Tierra o aproximadamente 2 mil millones de años.

✓ ***Comprensión de lectura*** ¿Cuánto tiempo geológico representan las capas de roca del Gran Cañón? (*Consulta en el Apéndice las respuestas de comprensión de lectura.*)

El registro fósil y el tiempo geológico

La **figura 2** muestra las rocas sedimentarias que pertenecen a la formación de Green River. Estas rocas, que se encuentran en partes de Wyoming (Utah) y Colorado, tienen miles de metros de espesor y formaron parte, en algún momento, de un sistema de lagos antiguos que existió durante millones de años. Los fósiles de plantas y animales son comunes en estas rocas y están muy bien conservados. Los sedimentos de granos finos del lecho de los lagos conservaron hasta las estructuras más delicadas.

ACTIVIDAD EN INTERNET

Para hacer otra actividad relacionada con este capítulo, visita **go.hrw.com** y escribe la palabra clave **HZ5FOSW**. (Disponible sólo en inglés)

Eón Fanerozoico

(542 millones de años atrás hasta el presente)
El registro de las rocas y el registro fósil representan principalmente el eón Fanerozoico, el eón en el que vivimos.

Eón Proterozoico

(de 2,500 millones de años atrás a 542 millones de años atrás)
Los primeros organismos con células bien desarrolladas aparecieron durante este eón.

Eón Arcaico

(de 3,800 millones de años atrás a 2,500 millones de años atrás)
Las primeras rocas conocidas sobre la Tierra se formaron durante este eón.

Eón Hadeano

(de 4,600 millones de años atrás a 3,800 millones de años atrás)
Las únicas rocas de este eón que los científicos encontraron son meteoritos y rocas lunares.

Escala de tiempo geológico

Era	Período	Época	Millones de años atrás
Cenozoica	Cuaternario	Holoceno	0.01
		Pleistoceno	1.8
	Terciario	Plioceno	5.3
		Mioceno	23
		Oligoceno	33.9
		Eoceno	55.8
		Paleoceno	65.5
Mesozoica	Cretácico		146
	Jurásico		200
	Triásico		251
Paleozoica	Pérmico		299
	Pensilvaniano		318
	Mississippiano		359
	Devónico		416
	Silúrico		444
	Ordovícico		488
	Cámbrico		542

EÓN FANEROZOICO

EÓN PROTEROZOICO — 2,500

EÓN ARCAICO — 3,800

EÓN HADEANO — 4,600

Figura 3 *La escala de tiempo geológico explica toda la historia de la Tierra. Se divide en cuatro partes principales llamadas* eones. *Las fechas que se dan para los intervalos de la escala de tiempo geológico son estimativas.*

La escala de tiempo geológico

La columna geológica representa los miles de millones de años que pasaron desde que se formaron las primeras rocas sobre la Tierra. ¡En total, los geólogos estudian 4,600 millones de años de historia terrestre! Para facilitar su tarea, crearon la escala de tiempo geológico. La **escala de tiempo geológico,** que se muestra en la **figura 3,** es la escala que divide la historia de 4,600 millones de años de la Tierra en intervalos de tiempo diferenciados.

✓ **Comprensión de lectura** Define el término *escala de tiempo geológico.*

Las divisiones del tiempo

Los geólogos dividieron la historia de la Tierra en secciones de tiempo, como se muestra en la escala de tiempo geológico de la **figura 3.** Las divisiones más grandes de tiempo geológico son los **eones.** Hay cuatro eones: Hadeano, Arcaico, Proterozoico y Fanerozoico. El eón Fanerozoico se divide en tres **eras,** que son la segunda división más grande del tiempo geológico. A su vez, las tres eras se dividen en **períodos,** la tercera división más grande del tiempo geológico. Los períodos se dividen en **épocas,** la cuarta división más grande del tiempo geológico.

Los límites entre los intervalos de tiempo geológico representan intervalos más cortos en los cuales ocurrieron cambios visibles sobre la Tierra. Algunos cambios están marcados por la desaparición de especies de fósiles guía, mientras que otros son reconocidos sólo en estudios paleontológicos detallados.

Aparición y desaparición de especies

En determinados momentos de la historia de la Tierra, la cantidad de especies aumentó o disminuyó en forma notable. Un aumento en la cantidad de especies muchas veces es el resultado de un aumento o una disminución relativamente súbitos de la competencia entre especies. La **figura 4** muestra la *Hallucigenia,* que apareció durante el período Cámbrico, cuando la cantidad de especies marinas había aumentado mucho. Por otra parte, la cantidad de especies disminuye en forma notable en un período de tiempo relativamente corto durante una extinción masiva. La **extinción** es la muerte de todos los miembros de una especie. Los sucesos graduales, como, por ejemplo, el cambio del clima global o los cambios en las corrientes oceánicas, pueden causar extinciones masivas. Una combinación de estos sucesos también puede causar extinciones masivas.

escala de tiempo geológico el método estándar que divide la larga historia natural de la Tierra en partes más manejables

eón la división más grande del tiempo geológico

era una unidad de tiempo geológico que incluye dos o más períodos

período una unidad de tiempo geológico en que se dividen las eras

época una subdivisión de un período geológico

extinción la muerte de todos los miembros de una especie

Figura 4 *La* Hallucigenia, *llamada así por su "cualidad extraña e irreal", fue uno de los numerosos organismos marinos que aparecieron a comienzos del período Cámbrico.*

Figura 5 *Las selvas existían durante la era Paleozoica, pero no había aves que cantaran en los árboles ni monos que se balancearan de las ramas. Las aves y los mamíferos evolucionaron mucho tiempo después.*

Era Paleozoica: viejas formas de vida

La era Paleozoica empezó hace aproximadamente 542 millones y terminó hace 251 millones de años. Es la primera era bien representada por los fósiles.

La vida marina floreció a comienzos de la era Paleozoica. Los océanos se transformaron en el hábitat de organismos muy diversos. Sin embargo, había pocos organismos terrestres. A mediados de la era Paleozoica, aparecieron los grupos modernos de plantas terrestres. Hacia el final de la era, los anfibios y los reptiles vivían en la tierra y abundaban los insectos. La **figura 5** muestra el posible aspecto de la Tierra a fines de la era Paleozoica. La era Paleozoica finalizó con la extinción masiva más grande de la historia de la Tierra. Algunos científicos creen que los cambios oceánicos fueron una causa probable de esta extinción, que mató a casi el 90% de todas las especies marinas.

Era Mesozoica: la Edad de los Reptiles

La era Mesozoica comenzó hace aproximadamente 251 millones de años. Se conoce como la *Edad de los Reptiles* porque los reptiles, como los dinosaurios que se muestran en la **figura 6,** habitaban la tierra.

Durante esta era, dominaron los reptiles. Los mamíferos pequeños aparecieron al mismo tiempo que los dinosaurios, y las aves aparecieron a fines de la era Mesozoica. Muchos científicos creen que las aves evolucionaron directamente a partir de un tipo de dinosaurio. Al final de la era Mesozoica, se extinguieron aproximadamente entre el 15% y el 20% de todas las especies de la Tierra, incluidos los dinosaurios. El cambio del clima global pudo haber sido la causa.

✓ Comprensión de lectura ¿Por qué se conoce la era Mesozoica como la *Edad de los Reptiles*?

Figura 6 *¡Imagina que estás caminando en el desierto y te cruzas con estas feroces criaturas! Es bueno que los seres humanos no hayan evolucionado durante la era Mesozoica, en la que dominaban los dinosaurios.*

Era Cenozoica: la Edad de los Mamíferos

La era Cenozoica, como se muestra en la **figura 7,** comenzó hace aproximadamente 65.5 millones de años y continúa hasta el presente. Esta era se conoce como la *Edad de los Mamíferos.* Durante la era Cenozoica, los mamíferos tuvieron que competir con los dinosaurios y con otros mamíferos por el alimento y el hábitat. Después de la extinción masiva al final de la era Mesozoica, los mamíferos florecieron. Es posible que ciertas características exclusivas, como la regulación interna de la temperatura corporal y el desarrollo de las crías dentro del cuerpo de la madre, permitieran a los mamíferos sobrevivir a los cambios ambientales que probablemente causaron la extinción de los dinosaurios.

Figura 7 *Miles de especies de mamíferos evolucionaron durante la era Cenozoica. Esta escena muestra especies de comienzos de la era Cenozoica que ahora están extintas.*

REPASO DE LA sección

Resumen

- La escala de tiempo geológico divide los 4,600 millones de años de la historia de la Tierra en intervalos de tiempo diferenciados: eones, eras, períodos y épocas.

- Los límites entre los intervalos de tiempo geológico representan cambios visibles que ocurrieron en la Tierra.

- El registro de las rocas y el registro fósil representan fundamentalmente el eón Fanerozoico, que es el eón en el que vivimos.

- En determinados momentos de la historia de la Tierra, el número de formas de vida aumentó o disminuyó en forma notable.

Usar términos clave

1. Escribe una sola oración con los siguientes términos: *era, período* y *época.*

Comprender las ideas principales

2. La unidad de tiempo geológico que comenzó hace 65.5 millones de años y continúa en la actualidad se denomina
   a. época Holocena.
   b. era Cenozoica.
   c. eón Fanerozoico.
   d. período Cuaternario.

3. ¿Cuáles son los principales intervalos de tiempo representados en la escala de tiempo geológico?

4. Explica cómo queda registrado el tiempo geológico en las capas de roca.

5. ¿Qué tipos de cambios ambientales provocan extinciones masivas?

Razonamiento crítico

6. Inferir ¿Qué acontecimiento futuro señalará el final de la era Cenozoica?

7. Identificar relaciones ¿De qué modo una disminución de la competencia entre las especies podría conducir a la súbita aparición de muchas especies nuevas?

Interpretar gráficas

8. Observa la siguiente ilustración. En este reloj de la historia de la Tierra, 1 h equivale a 383 millones de años y 1 min, a 6.4 millones de años. ¿Cuánto tiempo más dura el eón Proterozoico que el eón Fanerozoico (en millones de años)?

Eón Fanerozoico
Eón Hadeano
Eón Proterozoico
Eón Arcaico

SCiLINKS®

NSTA
Desarrollo y mantenimiento a cargo de la Asociación Nacional de Maestros de Ciencias

Para ver diversos enlaces relacionados con este capítulo, visita www.scilinks.org
Tema*: Tiempo geológico
Código de SciLinks: HSM0668

*(Sólo en inglés)

Laboratorio
de construcción de modelos

¿Cómo apilas?

Según el principio de la superposición, en secuencias de roca sedimentaria que no han cambiado, las capas más viejas están en la base. Basándose en este principio, los geólogos determinan la edad relativa de las rocas en una zona pequeña. En esta actividad, representarás lo que hacen los geólogos dibujando secciones de distintos afloramientos de roca. Luego, crearás una parte de la columna geológica que muestre la historia geológica de la zona que contiene todos los afloramientos.

OBJETIVOS

Haz un modelo de una columna geológica.

Interpreta la historia geológica representada en la columna geológica que hiciste.

MATERIALES

- cinta adhesiva transparente
- lápices o crayones de varios colores
- lápiz
- papel blanco
- regla métrica
- tijeras

SEGURIDAD

Procedimiento

1 Con una regla métrica y un lápiz, dibuja cuatro recuadros en una hoja de papel en blanco. Cada uno de los recuadros debe medir 3 cm de ancho y al menos 6 cm de altura. (Puedes calcar los recuadros que se muestran en la siguiente página.)

2 Con lápices de colores, copia las ilustraciones de los cuatro afloramientos de la siguiente página. Copia una ilustración en cada uno de los cuatro recuadros. Usa colores y diseños similares a los que se muestran.

3 Presta mucha atención a la línea de contacto entre las capas, que puede ser recta u ondulada. Las líneas rectas representan planos de estratificación, donde la deposición fue continua. Las líneas onduladas representan discordancias, donde pueden faltar capas de roca. La parte superior de cada afloramiento está incompleta; por lo tanto, debe ser una línea dentada. (La parte inferior de la capa más baja es un plano de estratificación.)

4 Con un crayón o un lápiz negro, agrega a las capas de tus dibujos los símbolos que representan fósiles. Presta atención a las formas de los fósiles y a las capas en que están.

5 Escribe el número del afloramiento en el reverso de cada sección.

6 Con mucho cuidado, recorta los afloramientos y colócalos uno al lado del otro sobre el escritorio o la mesa.

7 Busca las capas que tengan las mismas rocas y los mismos fósiles. Mueve los afloramientos hacia arriba o hacia abajo para alinear las capas similares una al lado de la otra.

8 Si aparecen discordancias en cualquiera de los afloramientos, pueden faltar capas de roca. Quizá necesites examinar otras secciones para averiguar qué encaja entre las capas que están encima y debajo de las discordancias. Deja lugar para estas capas recortando los afloramientos a lo largo de las discordancias (líneas onduladas).

9 Finalmente, debes ser capaz de hacer una columna geológica que represente los cuatro afloramientos. La columna mostrará los tipos de roca y los fósiles de todas las capas conocidas de la zona.

10 Pega los trozos de papel con cinta adhesiva formando un diseño que represente la columna geológica completa.

Analiza los resultados

1 **Examinar datos** ¿Cuántas capas tiene la parte de la columna geológica que representaste?

2 **Examinar datos** ¿Cuál es la capa más vieja en tu columna? ¿Cuál es la más joven? ¿Cómo lo sabes? Describe estas capas según los tipos de roca o fósiles que contengan.

3 **Clasificar** Enumera los fósiles de tu columna del más viejo al más joven. Rotula el fósil más joven y el más viejo.

4 **Analizar datos** Observa la discordancia en el afloramiento 2. ¿Qué capas de roca faltan parcial o totalmente? ¿Cómo lo sabes?

Saca conclusiones

5 **Sacar conclusiones** ¿Qué fósiles (si es que hay alguno) podrían usarse como fósiles guía para una capa única? ¿Por qué estos fósiles se consideran fósiles guía? ¿Con qué método o métodos se podría determinar la edad absoluta de estos fósiles?

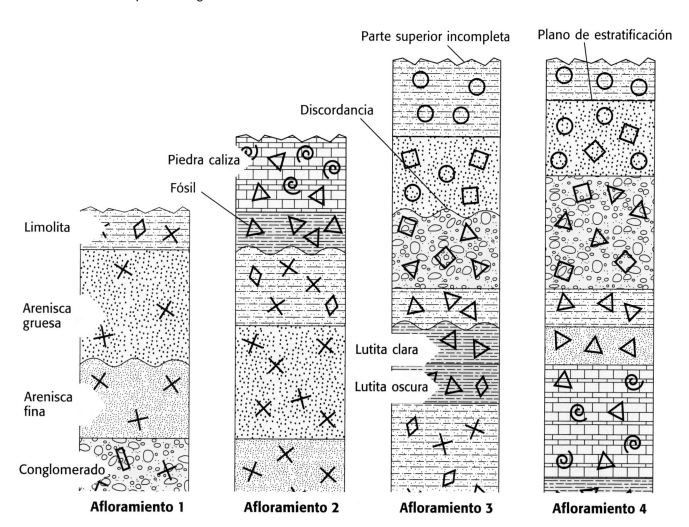

Parte superior incompleta

Plano de estratificación

Discordancia

Piedra caliza

Fósil

Limolita

Arenisca gruesa

Arenisca fina

Conglomerado

Lutita clara

Lutita oscura

Afloramiento 1   **Afloramiento 2**   **Afloramiento 3**   **Afloramiento 4**

Repaso del capítulo

USAR TÉRMINOS CLAVE

1 Define los siguientes términos en tus propias palabras: *superposición, columna geológica* y *escala de tiempo geológico.*

Explica la diferencia entre los siguientes pares de términos.

2 *uniformitarianismo* y *catastrofismo*

3 *datación relativa* y *datación absoluta*

4 *fósil traza* y *fósil guía*

COMPRENDER LAS IDEAS PRINCIPALES

Opción múltiple

5 ¿Cuál de las siguientes opciones no describe un cambio catastrófico?
- **a.** generalizado
- **b.** súbito
- **c.** poco frecuente
- **d.** gradual

6 Los científicos asignan edades relativas mediante
- **a.** la datación absoluta.
- **b.** el principio de superposición.
- **c.** la vida media radiactiva.
- **d.** la datación por carbono 14.

7 ¿Cuál de los siguientes es un fósil traza?
- **a.** un insecto conservado en ámbar
- **b.** un mamut congelado en hielo
- **c.** madera convertida en minerales
- **d.** el sendero marcado por un dinosaurio

8 Las divisiones más grandes de tiempo geológico se denominan
- **a.** períodos.
- **b.** eras.
- **c.** eones.
- **d.** épocas.

9 Las capas de roca cortadas por una falla se formaron
- **a.** después de la falla.
- **b.** antes de la falla.
- **c.** al mismo tiempo que la falla.
- **d.** Falta información para contestar la pregunta.

10 ¿Cuál de los siguientes isótopos es estable?
- **a.** uranio 238
- **b.** potasio 40
- **c.** carbono 12
- **d.** carbono 14

11 Una superficie que representa una parte que falta en la columna geológica se denomina
- **a.** intrusión.
- **b.** falla.
- **c.** discordancia.
- **d.** pliegue.

12 ¿Qué método de datación radiométrica se utiliza principalmente para determinar la antigüedad de los restos de organismos que vivieron en los últimos 50,000 años?
- **a.** datación por carbono 14
- **b.** datación por potasio-argón
- **c.** datación por uranio-plomo
- **d.** datación por rubidio-estroncio

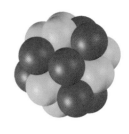

Respuesta breve

13 Describe tres procesos por los que se pueden formar fósiles.

14 Explica la importancia del uniformitarianismo en las ciencias de la Tierra.

15 Explica cómo ocurre la desintegración radiactiva.

16 Describe dos maneras en que los científicos utilizan los fósiles para determinar cambios ambientales.

17 Explica la importancia de la paleontología en el estudio de la historia de la Tierra.

RAZONAMIENTO CRÍTICO

18 **Mapa de conceptos** Haz un mapa de conceptos con los siguientes términos: *edad, vida media, datación absoluta, desintegración radiactiva, datación radiométrica, datación relativa, superposición, columna geológica* e *isótopos*.

19 **Aplicar conceptos** Da dos ejemplos de cómo un cambio en las condiciones ambientales puede afectar la supervivencia de una especie.

20 **Identificar relaciones** ¿Por qué los paleontólogos saben más sobre los organismos de cuerpo duro que sobre los de cuerpo blando?

21 **Analizar procesos** ¿Por qué un árbol fosilizado de 100 millones de años de antigüedad no es de madera?

INTERPRETAR GRÁFICAS

Consulta el diagrama para contestar las siguientes preguntas.

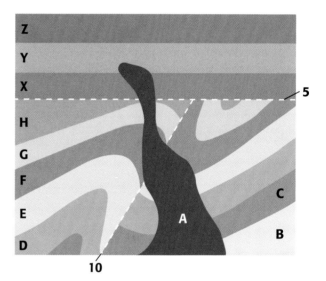

22 La intrusión **A** ¿es anterior o posterior a la capa **X**? Explica tu respuesta.

23 ¿Qué característica aparece indicada con el número **5**?

24 La intrusión **A** ¿es anterior o posterior a la falla **10**? Explica tu respuesta.

25 Además de una intrusión y una falla, ¿qué otro suceso ocurrió en las capas **B, C, D, E, F, G** y **H**? Numera este suceso, la intrusión y la falla según el orden en que ocurrieron.

LECTURA

Lee los siguientes pasajes. Luego, contesta las preguntas correspondientes.

Pasaje 1 Hace trescientos millones de años, la actual región de Illinois tenía un clima diferente al que tiene hoy. La mayor parte de esta zona estaba cubierta por ciénagas y bahías poco profundas. En este ambiente, vivían no menos de 500 especies de plantas y animales. Hoy en día, los restos de estos organismos se encuentran bellamente conservados dentro de nódulos. Los nódulos son estructuras circulares u oblongas compuestas de sedimentos cementados que a veces contienen las partes duras fosilizadas de plantas y animales. Los nódulos de Illinois son <u>excepcionales</u> porque las partes blandas de los organismos se encuentran junto a las partes duras. Por esta razón, estos nódulos se encuentran en colecciones de fósiles de todo el mundo.

1. ¿Qué significa la palabra *excepcionales* en el pasaje?

   A hermosos

   B extraordinarios

   C promedio

   D grandes

2. Según el pasaje, ¿cuál de las siguientes oraciones sobre los nódulos es correcta?

   F Rara vez los nódulos son circulares u oblongos.

   G Los nódulos generalmente se componen de sedimentos cementados.

   H Los nódulos no se encuentran actualmente en Illinois.

   I Los nódulos siempre contienen fósiles.

3. Según el pasaje, ¿cuál de las siguientes oraciones es verdadera?

   A Los nódulos de Illinois no son muy conocidos fuera de Illinois.

   B Illinois tuvo el mismo clima durante toda la historia de la Tierra.

   C En los nódulos de Illinois, se conservan las partes duras y blandas de los organismos.

   D En los nódulos de Illinois, se encontraron menos de 500 especies de plantas y animales.

Pasaje 2 En 1995, el paleontólogo Paul Sereno y su equipo estaban trabajando en una zona inexplorada de Marruecos cuando hicieron un descubrimiento <u>asombroso</u>: ¡un enorme cráneo de dinosaurio! El cráneo medía aproximadamente 1.6 m de largo, que equivale más o menos a la altura de un refrigerador. Dado el tamaño del cráneo, Sereno llegó a la conclusión de que el esqueleto del animal al que pertenecía probablemente medía 14 m de largo, casi como un autobús escolar. ¡El dinosaurio era aun más grande que el *Tyrannosaurus rex!* Muy probablemente, el recién descubierto depredador de 90 millones de años perseguía a otros dinosaurios sobre sus grandes y poderosas patas traseras, y sus dientes parecidos a cuchillas significaban la muerte segura para su presa.

1. ¿Qué significa la palabra *asombroso* en el pasaje?

   A importante

   B nuevo

   C increíble

   D único en su clase

2. ¿Cuál de las siguientes oraciones prueba que el dinosaurio descrito en el pasaje era un depredador?

   F Tenía dientes parecidos a cuchillas.

   G Tenía un esqueleto grande.

   H Se encontraron los huesos de un animal más pequeño en las proximidades.

   I Tiene 90 millones de años.

3. ¿Qué clase de información sobre un organismo crees que brindan los dientes fósiles?

   A el color de su piel

   B el tipo de alimento que comía

   C la velocidad a la que corría

   D su hábitos de apareamiento

Consulta la gráfica para contestar las siguientes preguntas.

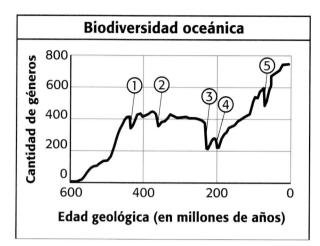

Biodiversidad oceánica

Cantidad de géneros

Edad geológica (en millones de años)

1. ¿En qué momento de la historia de la Tierra ocurrió la extinción masiva más grande?

   A en el punto 1, el límite Ordovícico-Silúrico

   B en el punto 3, el límite Pérmico-Triásico

   C en el punto 4, el límite Triásico-Jurásico

   D en el punto 5, el límite Cretácico-Terciario

2. Inmediatamente después de la extinción del Cretácico-Terciario, que representa el punto 5, ¿cuántos géneros de organismos marinos quedaron en los océanos de la Tierra?

   F 200 géneros marinos

   G 300 géneros marinos

   H 500 géneros marinos

   I 700 géneros marinos

3. ¿Hace cuántos millones de años, aproximadamente, ocurrió la extinción masiva del Ordovícico-Silúrico, que representa el punto 1?

   A 200 millones de años

   B 250 millones de años

   C 350 millones de años

   D 420 millones de años

Lee las siguientes preguntas y escoge la mejor respuesta.

1. El carbono 14 es un isótopo radiactivo con una vida media de 5,730 años. ¿Qué porcentaje de carbono 14 queda en una muestra de 11,460 años?

   A 12.5%

   B 25%

   C 50%

   D 100%

2. Una muestra contiene un isótopo con una vida media de 10,000 años. ¿Cuántos años tiene la muestra si conserva 1/8 del isótopo original?

   F 20,000 años

   G 30,000 años

   H 40,000 años

   I 50,000 años

3. Una muestra contiene un isótopo con una vida media de 5,000 años. ¿Cuántos años tiene la muestra si conserva 1/4 del isótopo original?

   A 10,000 años

   B 20,000 años

   C 30,000 años

   D 40,000 años

4. Si la historia de la Tierra abarca 4,600 millones de años y el eón Fanerozoico duró 543 millones de años, ¿qué porcentaje de la historia de la Tierra representa el Fanerozoico?

   F aproximadamente el 6%

   G aproximadamente el 12%

   H aproximadamente el 18%

   I aproximadamente el 24%

5. Los seres humanos viven en la época del Holoceno. Si la época del Holoceno ha durado aproximadamente 10,000 años, ¿qué porcentaje del período Cuaternario, que comenzó hace 1.8 millones de años, representa el Holoceno?

   A aproximadamente el 0.0055%

   B aproximadamente el 0.055%

   C aproximadamente el 0.55%

   D aproximadamente el 5.5%

Preparación para los exámenes estandarizados

La ciencia en acción

Debate científico

Dinosaurios con plumas

Un día de 1996, un granjero chino rompió una roca que había encontrado en el lecho de un antiguo lago seco. Lo que encontró dentro de la roca se transformó en uno de los descubrimientos paleontológicos más emocionantes del siglo XX. Dentro de la roca se habían conservado los restos de un dinosaurio. El dinosaurio tenía una gran cabeza, mandíbulas poderosas, dientes afilados y serrados y, lo más importante: una fila de estructuras parecidas a plumas a lo largo de la columna vertebral. Los científicos llamaron al dinosaurio *Sinosauropteryx* o "dragón chino con alas". El *Sinosauropteryx* y los restos de otros dinosaurios "con plumas" han llevado a los científicos a formular la hipótesis de que las plumas evolucionaron en los dinosaurios tridáctilos (con tres dedos). Hay paleontólogos que no están de acuerdo. Creen que las estructuras a lo largo de la columna vertebral de estos dinosaurios no son plumas, sino los restos de espinas alargadas, como las que tienen las iguanas a lo largo de la cabeza y el lomo.

Ciencia, tecnología y sociedad

El ADN y el descubrimiento de un mamut

En los últimos años, los científicos desenterraron varios ejemplares de mamut que habían estado sepultados en hielo en Siberia y otros lugares nórdicos alejados. Los huesos, la piel, la comida que había en el estómago e incluso el estiércol se encontraron en buen estado. Algunos científicos tenían la esperanza de que con el ADN extraído de estos mamuts podrían clonar este animal, que se extinguió hace aproximadamente 10,000 años. Pero es posible que los científicos no puedan duplicar el ADN. Sin embargo, las muestras de ADN podrán ayudarlos a comprender por qué se extinguió la especie. Una teoría acerca de por qué se extinguieron los mamuts es que una enfermedad los exterminó. Con el ADN extraído de los huesos, el pelo o el estiércol de los animales fosilizados, los científicos pueden verificar si hay indicios de un ADN patógeno causante de enfermedades que los llevó a la extinción.

ACTIVIDAD de artes del lenguaje

Muchas veces, los paleontólogos les ponen a los dinosaurios un nombre que describe algo poco común acerca de la cabeza, el cuerpo, los pies o el tamaño del animal. Estos nombres tienen raíces griegas o latinas. Investiga los nombres de algunos dinosaurios y averigua su significado. Haz una lista de nombres de dinosaurios y su significado.

ACTIVIDAD de matemáticas

El mamut siberiano macho alcanzaba una altura de aproximadamente 3 m hasta el lomo. Las hembras alcanzaban una altura de aproximadamente 2.5 m hasta el lomo. ¿Qué relación hay entre la altura máxima de un mamut siberiano hembra y la altura de un mamut siberiano macho?

Lizzie May

Paleontóloga aficionada Para Lizzie May, las vacaciones de verano siempre significaron viajes a las regiones silvestres de Alaska con su padrastro, el geólogo y paleontólogo Kevin May. Éstos no son viajes de placer. Kevin y Lizzie han estado explorando las regiones silvestres de Alaska en busca de restos de vida antigua, especialmente, dinosaurios.

A los 18 años, Lizzie May es la paleontóloga adolescente más famosa de Alaska. Esta reputación es muy merecida. Hasta el día de hoy, Lizzie ha reunido cientos de huesos de dinosaurios y ha ubicado importantes sitios con huellas de dinosaurios, aves y mamíferos. En su honor y por todo el trabajo hecho en el campo, los científicos llamaron "Lizzie" al esqueleto de un dinosaurio que descubrieron los May. "Lizzie" es un dinosaurio pico de pato, o hadrosaurio, que vivió hace aproximadamente 90 millones de años. Es el dinosaurio más antiguo que se ha encontrado en Alaska y uno de los primeros dinosaurios pico de pato que se conocieron en América del Norte.

Los May hicieron otros decubrimientos igualmente emocionantes. En un viaje de verano, Kevin y Lizzie descubrieron seis sitios con huellas de dinosaurios y aves de 97 a 144 millones de años de antigüedad. En otro viaje, los May encontraron el fósil de un reptil marino de más de 200 millones de años, un ictiosaurio, que tuvo que ser trasladado con la ayuda de un helicóptero militar. ¿Qué otras aventuras emocionantes vivirán Lizzie y Kevin en el futuro?

ACTIVIDAD de estudios sociales

DESTREZA DE REDACCIÓN Lizzie May no es la única persona joven que ha dejado una marca en la paleontología de los dinosaurios. Usa Internet u otro recurso para investigar sobre personas como Bucky Derflinger, Johnny Maurice, Brad Riney y Wendy Sloboda, que, de jóvenes, hicieron aportes al estudio de los dinosaurios. Resume tus conclusiones en un breve informe.

Para aprender más sobre los temas de "La ciencia en acción", visita **go.hrw.com** y escribe la palabra clave **HZ5FOSF**. (Disponible sólo en inglés)

Ciencia actual

Visita **go.hrw.com** y consulta **los artículos de Ciencia actual** (*Current Science*®) **relacionados con este capítulo. Sólo escribe la palabra clave HZ5CS06.** (Disponible sólo en inglés)

Tectónica de placas

La idea principal

La tectónica de placas permite explicar características importantes de la superficie de la Tierra y sucesos geológicos de gran importancia.

Acerca de la

La falla de San Andrés se extiende a lo largo del paisaje de California como una herida gigantesca. Esta falla, de 1,000 km de largo, es una grieta que atraviesa la corteza terrestre desde el norte de California hasta México. Debido a que la placa norteamericana y la placa del Pacífico se deslizan una sobre la otra a lo largo de la falla, se producen muchos terremotos.

ACTIVIDAD PARA ANTES DE LEER

NOTAS PLEGADAS

Pliego de términos clave Antes de leer el capítulo, prepara las notas plegadas en forma de "Pliego de términos clave", tal y como se explica en la sección **Destrezas de estudio** del Apéndice. Escribe un término clave del capítulo en cada pestaña del pliego. Debajo de cada pestaña, escribe la definición del término clave.

ACTIVIDAD INICIAL

Choques continentales

Como puedes ver, los continentes no sólo se mueven, sino también pueden chocar entre sí. En esta actividad, representarás el choque de dos continentes.

Procedimiento

1. Consigue **dos montones de hojas de papel** de 1 cm de espesor cada uno.
2. Coloca los dos montones de papel sobre una **superficie plana,** por ejemplo, un escritorio.
3. Lentamente, empuja los montones de papel uno hacia el otro de modo que choquen. Sigue empujándolos hasta que el papel de uno de los montones se doble.

Análisis

1. ¿Qué pasa con los montones de hojas de papel cuando chocan?
2. ¿Todas las hojas de papel se doblan hacia arriba? Si no es así, ¿qué pasa con las hojas que no se doblan hacia arriba?
3. ¿Qué tipo de accidente geográfico es probable que se produzca como consecuencia de este choque continental?

En el interior de la Tierra

Si haces un pozo que llega hasta el centro de la Tierra, ¿qué crees que encontrarás? ¿La Tierra será sólida o hueca? ¿Estará toda hecha del mismo material?

En realidad, la Tierra se compone de varias capas. Cada capa está formada por diferentes materiales que tienen propiedades diferentes. Los científicos dividen las capas físicas de dos maneras: según su composición química y según sus propiedades físicas.

Composición de la Tierra

Según los compuestos que la forman, la Tierra se divide en tres capas: la corteza, el manto y el núcleo. Un *compuesto* es una sustancia formada por dos o más elementos. Los compuestos menos densos forman la corteza y el manto, mientras que los más densos se encuentran en el núcleo. Las capas se forman porque los elementos más pesados son atraídos hacia el centro de la Tierra por la gravedad, y los de menor masa se encuentran más lejos del centro.

La corteza

La capa externa de la Tierra se llama **corteza.** La corteza tiene entre 5 y 100 km de espesor. Es la capa más delgada de la Tierra.

Como se muestra en la **figura 1,** hay dos tipos de corteza: la continental y la oceánica. Tanto la corteza continental como la oceánica están formadas principalmente por los elementos oxígeno, silicio y aluminio. Sin embargo, la corteza oceánica, más densa, tiene casi dos veces más hierro, calcio y magnesio, que forman minerales más densos que los de la corteza continental.

Lo que aprenderás

- Identifica las capas de la Tierra según su composición química.
- Identifica las capas de la Tierra según sus propiedades físicas.
- Describe una placa tectónica.
- Explica cómo los científicos han llegado a conocer la estructura del interior de la Tierra.

Vocabulario

corteza	astenosfera
manto	mesosfera
núcleo	placa tectónica
litosfera	

ESTRATEGIA DE LECTURA

Organizador de lectura Mientras lees esta sección, haz un esquema. Usa los encabezados de la sección en tu esquema.

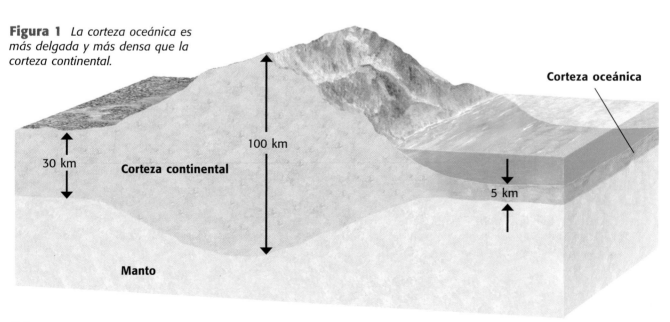

Figura 1 *La corteza oceánica es más delgada y más densa que la corteza continental.*

Corteza oceánica

100 km

30 km

Corteza continental

5 km

Manto

El manto

La capa de la Tierra que se encuentra entre la corteza y el núcleo se llama **manto.** El manto es mucho más grueso que la corteza y contiene la mayor parte de la masa de la Tierra.

Nadie ha llegado hasta el manto, porque la corteza es tan gruesa que no se puede perforar. Para sacar conclusiones acerca de la composición y otras propiedades físicas del manto, los científicos deben basarse en observaciones realizadas en la superficie terrestre. En algunos lugares, la roca del manto sube hasta la superficie, entonces los científicos pueden estudiar la roca en forma directa.

Como se muestra en la **figura 2,** otro lugar donde los científicos buscan pistas acerca del manto es el fondo del océano. El magma del manto fluye de los volcanes activos que se encuentran en el fondo del océano. Estos volcanes submarinos han dado a los científicos muchos indicios sobre la composición del manto. El manto es más denso que la corteza terrestre porque tiene más magnesio y menos aluminio y silicio.

El núcleo

La capa de la Tierra que se extiende desde debajo del manto hasta el centro de la Tierra es el **núcleo.** Los científicos creen que el núcleo de la Tierra está formado principalmente por hierro, y que contiene pequeñas cantidades de níquel y casi nada de oxígeno, silicio, aluminio y magnesio. Como se muestra en la **figura 3,** el núcleo constituye aproximadamente un tercio de la masa de la Tierra.

✓ Comprensión de lectura Describe brevemente las capas que forman la Tierra. (*Consulta en el Apéndice las respuestas de comprensión de lectura.*)

Figura 2 *Las chimeneas volcánicas del fondo del océano, como esta chimenea en la costa de Hawai, permiten que el magma se eleve desde el manto a través de la corteza.*

corteza la capa externa, delgada y sólida de la Tierra que se encuentra sobre el manto

manto la capa de roca que se encuentra entre la corteza y el núcleo

núcleo la parte central de la Tierra, debajo del manto

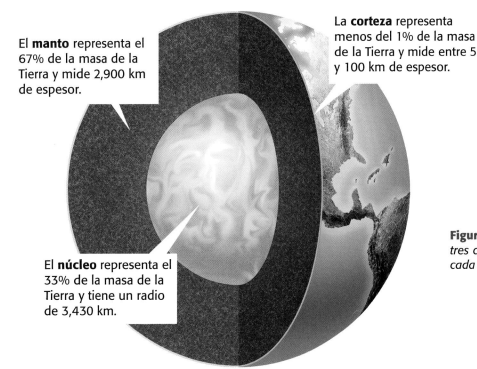

El **manto** representa el 67% de la masa de la Tierra y mide 2,900 km de espesor.

La **corteza** representa menos del 1% de la masa de la Tierra y mide entre 5 y 100 km de espesor.

El **núcleo** representa el 33% de la masa de la Tierra y tiene un radio de 3,430 km.

Figura 3 *La Tierra se divide en tres capas según la composición de cada capa.*

Usar modelos

Imagina que vas a construir un modelo de la Tierra que tendrá un radio de 1 m. Averiguas que el radio promedio de la Tierra es de 6,380 km y que el espesor de la litosfera es de aproximadamente 150 km. ¿Qué porcentaje del radio de la Tierra corresponde a la litosfera? ¿De qué espesor (en centímetros) harías la litosfera en tu modelo?

Estructura física de la Tierra

Otra forma de estudiar la Tierra es examinar las propiedades físicas de sus capas. La Tierra se divide en cinco capas físicas: la litosfera, la astenosfera, la mesosfera, el núcleo externo y el núcleo interno. Como se muestra en la siguiente figura, cada capa tiene su propio conjunto de propiedades físicas.

✓ *Comprensión de lectura*   ¿Cuáles son las cinco capas físicas de la Tierra?

Litosfera La capa externa y rígida de la Tierra se llama **litosfera.** La litosfera está formada por dos partes: la corteza y la parte superior rígida del manto. La litosfera se divide en bloques llamados *placas tectónicas.*

Astenosfera La **astenosfera** es la capa blanda del manto sobre la cual se desplazan los bloques de litosfera. Está compuesta por roca sólida que se mueve muy lentamente.

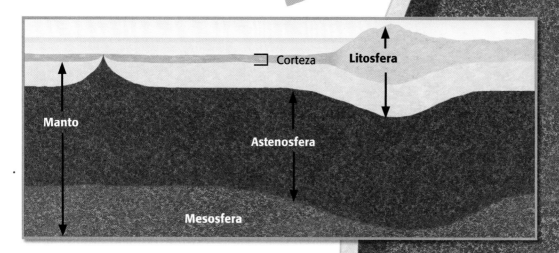

Mesosfera Debajo de la astenosfera se encuentra la parte inferior fuerte del manto, que se llama **mesosfera.** La mesosfera se extiende desde la parte inferior de la astenosfera hasta el núcleo de la Tierra.

litosfera la capa externa sólida de la Tierra que está formada por la corteza y la parte superior rígida del manto

astenosfera la capa blanda del manto sobre la que se mueven las placas tectónicas

mesosfera la parte inferior fuerte del manto que se encuentra entre la astenosfera y el núcleo externo

Litosfera
15-300 km

Astenosfera
250 km

Mesosfera
2,550 km

Núcleo externo El núcleo de la Tierra está dividido en dos partes: el núcleo externo y el núcleo interno. El núcleo externo es la capa líquida del núcleo que se encuentra debajo del manto y rodea al núcleo interno.

Núcleo interno El núcleo interno es el centro sólido y denso de nuestro planeta que se extiende desde la parte inferior del núcleo externo hasta el centro de la Tierra, a aproximadamente 6,380 km de profundidad.

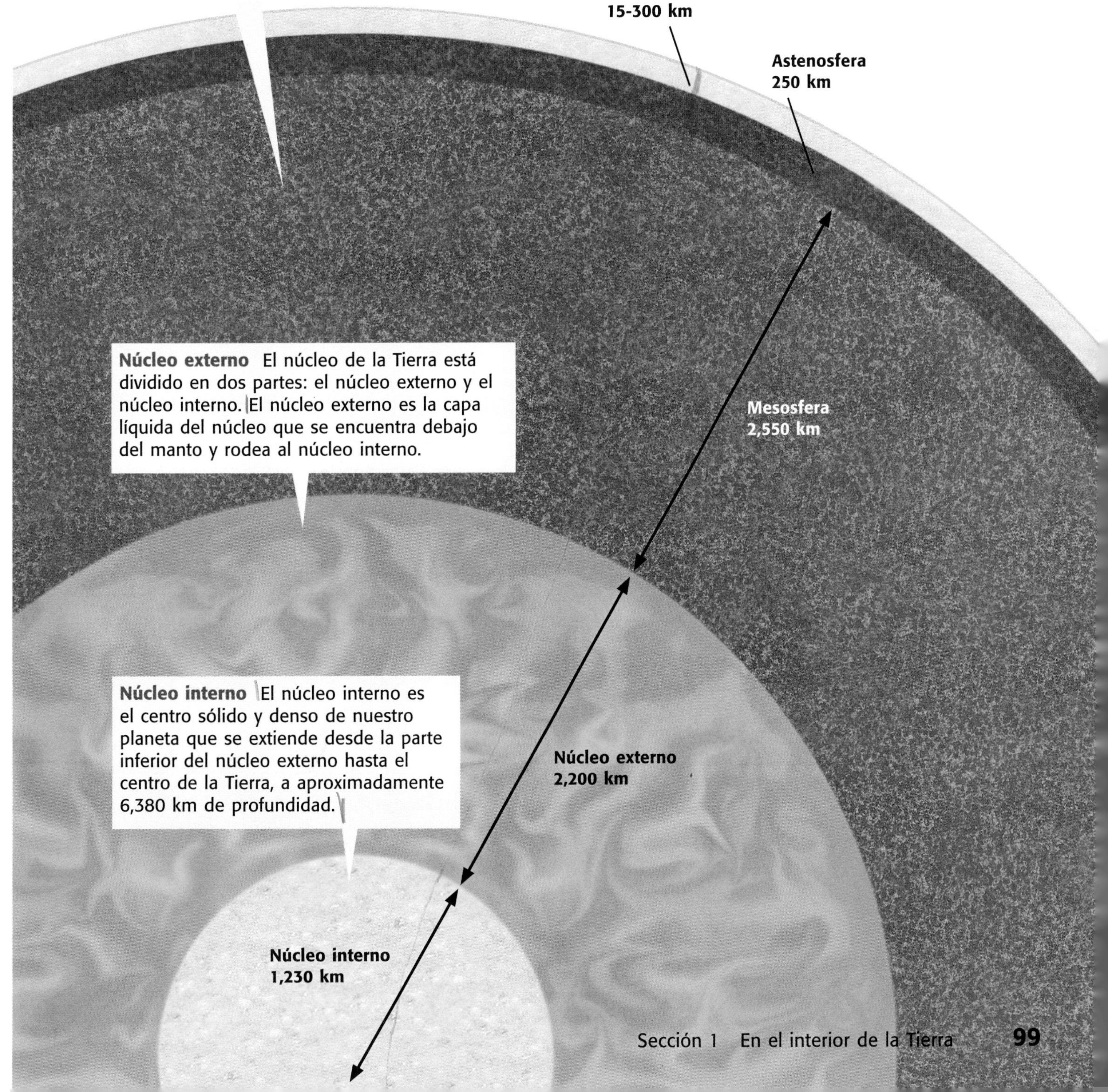

Núcleo externo
2,200 km

Núcleo interno
1,230 km

Las placas tectónicas

Los bloques de litosfera que se mueven sobre la astenosfera se llaman **placas tectónicas.** Pero, ¿cómo son exactamente las placas tectónicas? ¿Cuánto miden? ¿Cómo y por qué se mueven? Para contestar estas preguntas, comienza por imaginar que la litosfera es un rompecabezas gigante.

Un rompecabezas gigante

Todas las placas tectónicas tienen nombre y es posible que ya conozcas algunos. Puedes ver algunas de las principales placas tectónicas en el mapa que se muestra en la **figura 4.** Observa que cada placa tectónica encaja con la placa tectónica que la rodea. La litosfera es como un rompecabezas gigante, y las placas tectónicas son como las piezas de ese rompecabezas.

Observa que no todas las placas tectónicas son iguales. Compara, por ejemplo, el tamaño de la placa sudamericana con el de la placa de Cocos. Existen otras diferencias entre las placas: por ejemplo, la placa sudamericana tiene todo un continente encima, además de la corteza oceánica, pero la placa de Cocos sólo tiene corteza oceánica. Algunas placas tectónicas, como la placa sudamericana, tienen tanto corteza continental como corteza oceánica.

Principales placas tectónicas

1 Placa del Pacífico

2 Placa norteamericana

3 Placa de Cocos

4 Placa de Nazca

5 Placa sudamericana

6 Placa africana

7 Placa euroasiática

8 Placa de la India

9 Placa australiana

10 Placa antártica

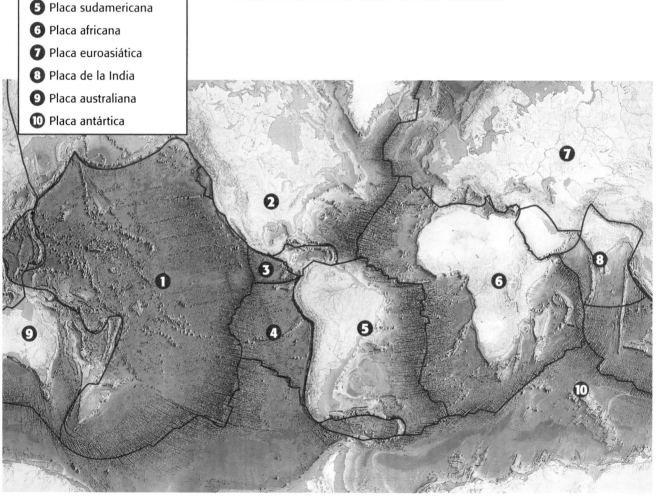

Figura 4 *Las placas tectónicas encajan entre sí como las piezas de un rompecabezas gigante.*

Figura 5 La placa sudamericana

La imagen muestra lo que verías si pudieras separar la placa sudamericana del resto de las placas tectónicas.

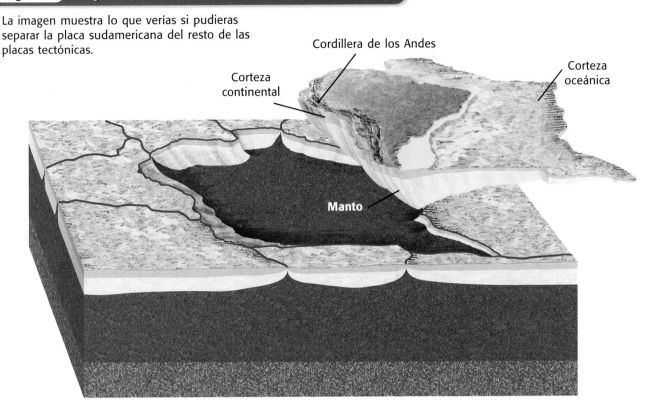

Las placas tectónicas de cerca

¿Qué aspecto tendría una placa tectónica si la pudieras sacar de su lugar? La **figura 5** muestra cómo se vería la placa sudamericana si eso fuera posible. Observa que esta placa tectónica no sólo está compuesta por la parte superior del manto sino también por corteza oceánica y corteza continental. La parte más gruesa de la placa sudamericana es la corteza continental. La parte más delgada de esta placa se encuentra en la mitad del océano Atlántico.

Como cubitos de hielo en una ponchera

Imagina una ponchera con cubitos de hielo. Si hay suficientes cubitos, éstos cubrirán la superficie de la ponchera y chocarán unos contra otros. Parte de los cubitos está bajo la superficie del ponche y lo desplaza; los grandes desplazan más ponche que los pequeños. Con las placas tectónicas pasa lo mismo. Las placas cubren la superficie de la astenosfera, chocan unas con otras y se mueven. La litosfera desplaza a la astenosfera. Las placas tectónicas gruesas, como las que están formadas por corteza continental, desplazan más astenosfera que las placas delgadas, como las formadas por litosfera oceánica.

Comprensión de lectura ¿Por qué las placas tectónicas formadas por litosfera continental desplazan más astenosfera que las formadas por litosfera oceánica?

Experimento rápido

Cubitos de hielo tectónicos

1. Toma la mitad inferior de una **botella de refresco de 2 L** transparente cortada por la mitad y sin etiqueta.

2. Llénala con **agua** hasta aproximadamente 1 cm por debajo del borde superior.

3. Toma **tres trozos de hielo de forma irregular:** uno pequeño, uno mediano y uno grande.

4. Coloca el hielo en el agua, y observa qué proporción de cada trozo de hielo queda debajo del agua.

5. ¿Todos los trozos flotan con la mayor parte debajo de la superficie? ¿Qué trozo tiene la mayor parte debajo del agua? ¿Por qué?

Construye un sismógrafo

Los sismógrafos son instrumentos utilizados por los sismólogos (los científicos que estudian los terremotos) para detectar las ondas sísmicas. Con ayuda de uno de tus padres, investiga sobre modelos de sismógrafos. Por ejemplo, se puede construir un sismógrafo sencillo colgando una pesa de un resorte junto a una regla. Con uno de tus padres, trata de construir un sismógrafo casero basado en un modelo que hayas escogido. Haz un esquema de los pasos que seguiste para construir el sismógrafo y presenta el esquema a tu maestro.

Hacer mapas del interior de la Tierra

¿Cómo hicieron los científicos para aprender sobre las partes más profundas de la Tierra, adonde nunca fue nadie? Los científicos ni siquiera han podido atravesar la corteza, que es sólo una delgada piel en la superficie terrestre. Entonces, ¿cómo sabemos tanto acerca del manto y el núcleo?

¿Te sorprendería saber que algunas de las respuestas las dieron los terremotos? Los terremotos producen vibraciones llamadas *ondas sísmicas,* que viajan a diferentes velocidades a través de la Tierra. Su velocidad depende de la densidad y la composición del material que atraviesan. Por ejemplo, una onda sísmica irá a mayor velocidad a través de un sólido que a través de un líquido.

Cuando ocurre un terremoto, unas máquinas denominadas *sismógrafos* miden en qué momento llegan las ondas sísmicas a diferentes distancias de un terremoto. Con estas distancias y tiempos de propagación, los sismólogos calculan la densidad y el espesor de cada capa física de la Tierra. La **figura 6** muestra cómo viajan las ondas sísmicas a través de la Tierra.

✓ *Comprensión de lectura* ¿Cuáles son algunas de las propiedades de las ondas sísmicas?

Figura 6 *Los sismólogos midieron los cambios en la rapidez de las ondas sísmicas que viajan por el interior de la Tierra y descubrieron que nuestro planeta está formado por diferentes capas.*

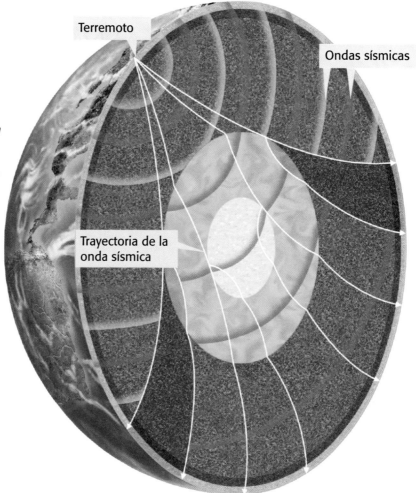

Terremoto

Ondas sísmicas

Trayectoria de la onda sísmica

Resumen

- Según su composición química, la Tierra está formada por tres capas: la corteza, el manto y el núcleo. Los compuestos menos densos forman la corteza y el manto y los más densos componen el núcleo.

- La Tierra está compuesta por cinco capas físicas principales: la litosfera, la astenosfera, la mesosfera, el núcleo externo y el núcleo interno.

- Las placas tectónicas son grandes bloques de la litosfera que se desplazan sobre la superficie terrestre.

- La corteza de algunas placas tectónicas es principalmente continental. Otras placas tienen sólo corteza oceánica. Hay placas con corteza continental y oceánica.

- Las placas tectónicas gruesas, como las compuestas principalmente por corteza continental, desplazan más astenosfera que las delgadas, como las compuestas principalmente por corteza oceánica.

- El conocimiento de las capas de la Tierra proviene del estudio de las ondas sísmicas producidas por los terremotos.

Usar términos clave

Explica la diferencia entre los siguientes pares de términos.

1. *corteza* y *manto*

2. *litosfera* y *astenosfera*

Comprender las ideas principales

3. La parte fundida de la Tierra es
  a. la corteza.
  b. el manto.
  c. el núcleo externo.
  d. el núcleo interno.

4. La parte de la Tierra sobre la que se mueven las placas tectónicas es la
  a. litosfera.
  b. astenosfera.
  c. mesosfera.
  d. corteza.

5. Identifica las capas de la Tierra según su composición química.

6. Identifica las capas de la Tierra según sus propiedades físicas.

7. Describe una placa tectónica.

8. Explica cómo estudian los científicos la estructura del interior de la Tierra.

Interpretar gráficas

9. Según la rapidez de las ondas que muestra la siguiente tabla, ¿cuáles son las dos capas físicas más densas de la Tierra?

Rapidez de las ondas sísmicas en el interior de la Tierra	
Capa física	**Rapidez de las ondas**
Litosfera	7 a 8 km/s
Astenosfera	7 a 11 km/s
Mesosfera	11 a 13 km/s
Núcleo externo	8 a 10 km/s
Núcleo interno	11 a 12 km/s

Razonamiento crítico

10. Comparar Explica la diferencia entre la corteza y la litosfera.

11. Analizar ideas ¿Por qué una onda sísmica se desplaza con mayor rapidez a través de una roca sólida que a través del agua?

SCiLINKS

NSTA
Desarrollo y mantenimiento a cargo de la
Asociación Nacional de Maestros de Ciencias

Para ver diversos enlaces relacionados con este capítulo, visita www.scilinks.org

Tema*: Composición de la Tierra; Estructura de la Tierra

Código de SciLinks: HSM0329; HSM1468

*(Sólo en inglés)

Los continentes inquietos

¿Te diste cuenta, al mirar un planisferio, de que la costa de los continentes que se encuentran en lados opuestos de los océanos parece encajar como las piezas de un rompecabezas? ¿Es sólo una coincidencia que las costas encajen tan bien? ¿Es posible que en el pasado los continentes hayan estado unidos?

La hipótesis de la deriva continental de Wegener

Un científico llamado Alfred Wegener prestó atención a las piezas de este rompecabezas. A principios de la década de 1900, escribió sobre la hipótesis de la *deriva continental*. La **deriva continental** es la hipótesis que establece que alguna vez los continentes formaron una sola masa de tierra, luego se separaron y flotaron a la deriva hasta su ubicación actual. Esta hipótesis explicaba muchas observaciones desconcertantes, incluyendo lo bien que encajan los continentes.

La deriva continental también explicaba por qué se encuentran fósiles de las mismas especies animales y vegetales en continentes que están en lados opuestos del océano Atlántico. Muchas de estas especies antiguas nunca podrían haber cruzado el océano Atlántico. Como puedes ver en la **figura 1,** sin la deriva continental, sería difícil explicar este patrón en la ubicación de los fósiles. Además de fósiles, en varios continentes se han encontrado tipos similares de rocas y pruebas de que en el pasado existieron las mismas condiciones climáticas.

✓ **Comprensión de lectura** ¿Cómo contribuyeron los fósiles a probar la hipótesis de la deriva continental de Wegener? (*Consulta en el Apéndice las respuestas de comprensión de lectura.*)

Lo que aprenderás

● Describe la hipótesis de la deriva continental de Wegener.
● Explica de qué manera la expansión del suelo marino permite el movimiento de los continentes.
● Describe cómo se forma nueva litosfera oceánica en las dorsales oceánicas.
● Explica por qué las inversiones magnéticas prueban la expansión del suelo marino.

Vocabulario
deriva continental
expansión del suelo marino

ESTRATEGIA DE LECTURA

Resumen en parejas Lee esta sección en silencio. Túrnate con un compañero para resumir el material. Hagan pausas para comentar las ideas que les resulten confusas.

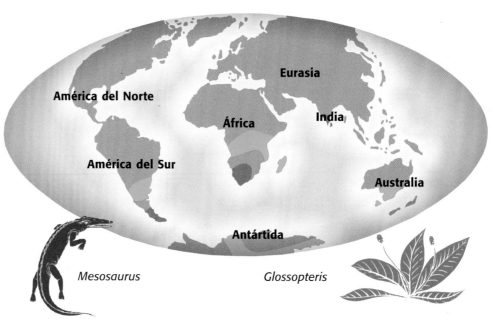

Figura 1 *Se han encontrado fósiles de* Mesosaurus, *un pequeño reptil acuático, y de* Glossopteris, *una antigua especie vegetal, en varios continentes.*

Eurasia
América del Norte
África
India
América del Sur
Australia
Antártida
Mesosaurus
Glossopteris

Figura 2   **Los continentes a la deriva**

Hace 245 millones de años
Pangea existía cuando algunos de los primeros dinosaurios habitaban la Tierra. El continente estaba rodeado por un mar llamado *Panthalassa*, que significa "todo mar".

Hace 180 millones de años
Gradualmente, Pangea se dividió en dos grandes bloques. El bloque que quedó al norte se llama *Laurasia*, y el bloque del sur se llama *Gondwana*.

Hace 65 millones de años
Cuando los dinosaurios se extinguieron, Laurasia y Gondwana ya se habían dividido en bloques más pequeños.

La división de Pangea

Wegener hizo muchas observaciones antes de proponer la hipótesis de la deriva continental. Él creía que todos los continentes actuales estuvieron unidos alguna vez en un enorme y único continente. Wegener llamó a este continente *Pangea,* que en griego quiere decir "todo tierra". Ahora sabemos, por la hipótesis de la tectónica de placas, que Pangea existió hace aproximadamente 245 millones de años. También sabemos que Pangea se dividió en dos grandes continentes, Laurasia y Gondwana, hace aproximadamente 180 millones de años. Como se muestra en la **figura 2,** estos dos continentes volvieron a dividirse y formaron los continentes actuales.

deriva continental la hipótesis que establece que alguna vez los continentes formaron una sola masa de tierra, se dividieron y flotaron a la deriva hasta su ubicación actual

Expansión del suelo marino

Muchos científicos no aceptaron la hipótesis de la deriva continental de Wegener. No creían que fuera posible, teniendo en cuenta la fuerza calculada de las rocas, que la corteza pudiera moverse de esa forma. Mientras Wegener vivió, nadie supo la respuesta. No fue sino hasta muchos años después que las pruebas obtenidas dieron algunas pistas sobre las fuerzas que impulsaban el movimiento de los continentes.

Figura 3 Expansión del suelo marino

La expansión del suelo marino crea nueva litosfera oceánica en las dorsales oceánicas.

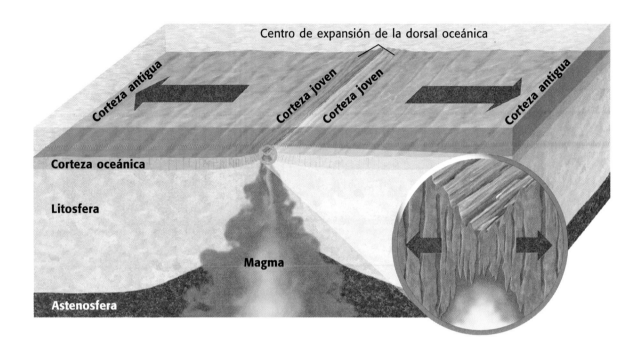

Centro de expansión de la dorsal oceánica

Corteza antigua

Corteza joven

Corteza joven

Corteza antigua

Corteza oceánica

Litosfera

Magma

Astenosfera

expansión del suelo marino el proceso por medio del cual se forma nueva litosfera oceánica a medida que el magma se eleva hacia la superficie y se solidifica

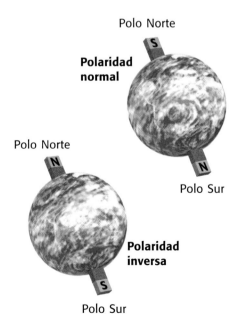

Polo Norte

Polaridad normal

Polo Norte

Polo Sur

Polaridad inversa

Polo Sur

Figura 4 *La polaridad del campo magnético de la Tierra cambia con el tiempo.*

Las dorsales oceánicas y la expansión del suelo marino

En el centro del océano Atlántico, se extiende una cadena de montañas submarinas. Esta cadena es parte de un sistema mundial de dorsales oceánicas. Las dorsales oceánicas son cadenas de montañas submarinas que se extienden a lo largo de las cuencas oceánicas de la Tierra.

En las *dorsales oceánicas* se produce la expansión del suelo marino. La **expansión del suelo marino** es el proceso por medio del cual se forma nueva litosfera oceánica a medida que el magma se eleva hacia la superficie y se solidifica. Cuando se separan las placas tectónicas, el suelo marino se agrieta y el magma llena los espacios vacíos. A medida que se forma esta nueva corteza, la corteza más antigua se va alejando de la dorsal oceánica. Como se muestra en la **figura 3,** la corteza antigua está más lejos de la dorsal oceánica que la nueva.

Una prueba de la expansión del suelo marino: las inversiones magnéticas

Las inversiones magnéticas que se registran en el fondo del océano son una de las pruebas más importantes de la expansión del suelo marino. A lo largo de la historia de la Tierra, el polo norte magnético y el polo sur magnético han cambiado de lugar muchas veces. Cuando los polos intercambian lugares, cambia su polaridad, como se muestra en la **figura 4.** El cambio de lugar de los polos magnéticos de la Tierra se llama *inversión magnética.*

Las inversiones magnéticas y la expansión del suelo marino

La roca fundida de las dorsales oceánicas contiene pequeños granos de minerales magnéticos. Estos granos de minerales contienen hierro y funcionan como brújulas: se alinean con el campo magnético de la Tierra. Cuando la roca fundida se enfría, el registro de estas pequeñísimas brújulas permanece en la roca. Luego, a medida que el suelo marino se expande, este registro se aleja lentamente del centro de expansión de la dorsal.

Como se muestra en la **figura 5,** cuando se invierte el campo magnético de la Tierra, los granos de minerales magnéticos se alinean en la dirección opuesta. La nueva roca registra la dirección del campo magnético de la Tierra. A medida que el suelo marino se aleja de una dorsal oceánica, lleva consigo un registro de las inversiones magnéticas. Este registro fue la prueba definitiva de que el suelo marino realmente se expande.

✓ Comprensión de lectura ¿Cómo queda registrada una inversión magnética en la roca fundida de las dorsales oceánicas?

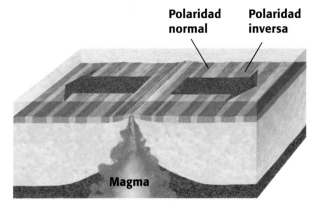

Figura 5 *Las inversiones magnéticas en la corteza oceánica aparecen como bandas de corteza oceánica de color celeste y azul. Las bandas celestes indican polaridad normal y las azules, polaridad inversa.*

REPASO DE LA sección

Resumen

- Según Wegener, los continentes se separan y esto sucedió en el pasado.
- El proceso por el cual se forma nueva litosfera oceánica en las dorsales oceánicas es la expansión del suelo marino.
- Al separarse las placas tectónicas, el suelo marino se expande y el magma se deposita en el espacio entre las placas.
- Con el paso del tiempo, las inversiones magnéticas dejan un registro en la corteza oceánica.

Usar términos clave

1. Define los siguientes términos en tus propias palabras: *deriva continental* y *expansión del suelo marino*.

Comprender las ideas principales

2. En las dorsales oceánicas,
   a. la corteza es más antigua.
   b. se produce la expansión del suelo marino.
   c. se destruye la litosfera oceánica.
   d. chocan las placas tectónicas.

3. Explica cómo se forma la litosfera oceánica en las dorsales oceánicas.

4. ¿Qué es la inversión magnética?

Destrezas matemáticas

5. Si una parte del suelo marino se movió 50 km en 5 millones de años, ¿cuál es la tasa anual de movimiento del suelo marino?

Razonamiento crítico

6. **Identificar relaciones** Explica de qué manera las inversiones magnéticas demuestran la expansión del suelo marino.

7. **Aplicar conceptos** ¿Por qué las bandas que indican las inversiones magnéticas parecen tener un ancho similar a ambos lados de una dorsal oceánica?

8. **Aplicar conceptos** ¿Por qué crees que casi no hay rocas antiguas en el fondo del océano?

SCiLINKS® NSTA
Desarrollo y mantenimiento a cargo de la Asociación Nacional de Maestros de Ciencias

Para ver diversos enlaces relacionados con este capítulo, visita www.scilinks.org

Tema*: Placas tectónicas
Código de SciLinks: HSM1497

*(Sólo en inglés)

La teoría de la tectónica de placas

¡Se necesita una fuerza increíble para mover una placa tectónica! Pero, ¿de dónde proviene esa fuerza?

Cuando los científicos obtuvieron más conocimientos sobre las dorsales oceánicas y las inversiones magnéticas, formularon una teoría para explicar cómo se mueven las placas tectónicas. La **tectónica de placas** es la teoría que sostiene que la litosfera de la Tierra está dividida en placas tectónicas que se mueven sobre la astenosfera. En esta sección, aprenderás por qué se mueven las placas tectónicas. Pero antes aprenderás cuáles son los diferentes tipos de límites entre las placas tectónicas.

Límites de las placas tectónicas

Un límite es el lugar donde las placas tectónicas se tocan. Todas las placas tectónicas comparten límites con otras placas tectónicas. Estos límites se dividen en tres tipos: convergentes, divergentes y de transformación. El tipo de límite depende de cómo se mueven unas placas respecto de otras. Las placas tectónicas pueden chocar, separarse o deslizarse unas sobre otras. En los tres tipos de límites, pueden ocurrir terremotos. La siguiente figura muestra ejemplos de límites entre placas tectónicas.

Lo que aprenderás

- Describe los tres tipos de límites entre las placas tectónicas.
- Describe las tres fuerzas que, según se cree, impulsan el movimiento de las placas tectónicas.
- Explica cómo miden los científicos la tasa a la que se mueven las placas tectónicas.

Vocabulario

tectónica de placas
límite convergente
límite divergente
límite de transformación

ESTRATEGIA DE LECTURA

Lluvia de ideas La idea clave de esta sección es la tectónica de placas. Piensa en palabras y frases relacionadas con la tectónica de placas.

Límites convergentes

Convergencia continental-continental Cuando chocan dos placas tectónicas con corteza continental, las placas se doblan, se hacen más gruesas y empujan la corteza continental hacia arriba.

Zona de subducción

Litosfera continental

Zona de subducción

Convergencia continental-oceánica Cuando una placa con corteza oceánica choca contra una placa con corteza continental, la corteza oceánica, más densa, se hunde en la astenosfera. Este límite convergente tiene un nombre especial: *zona de subducción*. La vieja corteza oceánica es empujada hacia la astenosfera, donde se vuelve a fundir y se recicla.

Convergencia oceánica-oceánica Cuando chocan dos placas tectónicas con litosfera oceánica, una de las placas sufre un proceso de subducción, es decir, se hunde, debajo de la otra placa.

Límites convergentes

Cuando dos placas tectónicas chocan, el límite entre ellas se llama **límite convergente.** Lo que sucede en un límite convergente depende del tipo de corteza que hay en el extremo delantero de cada placa tectónica. Los tres tipos de límites convergentes son: límite continental-continental, límite continental-oceánico y límite oceánico-oceánico.

Límites divergentes

Cuando dos placas tectónicas se separan, el límite entre ambas se llama **límite divergente.** En los límites divergentes, se forma nuevo suelo marino. Las dorsales oceánicas son el tipo más común de límite divergente.

Límites de transformación

Cuando dos placas tectónicas se deslizan horizontalmente una junto a otra, el límite entre ellas se llama **límite de transformación.** La falla de San Andrés en California es un buen ejemplo de un límite de transformación. Esta falla marca el lugar donde la placa del Pacífico y la placa norteamericana se están deslizando una junto a la otra.

Comprensión de lectura Define el término *límite de transformación.* (*Consulta en el Apéndice las respuestas de comprensión de lectura.*)

tectónica de placas la teoría que explica cómo se mueven y cambian de forma grandes bloques de la capa más externa de la Tierra llamados *placas tectónicas*

límite convergente el límite que se forma debido al choque de dos placas de la litosfera

límite divergente el límite entre dos placas tectónicas que se están separando

límite de transformación el límite entre placas tectónicas que se están deslizando horizontalmente una junto a otra

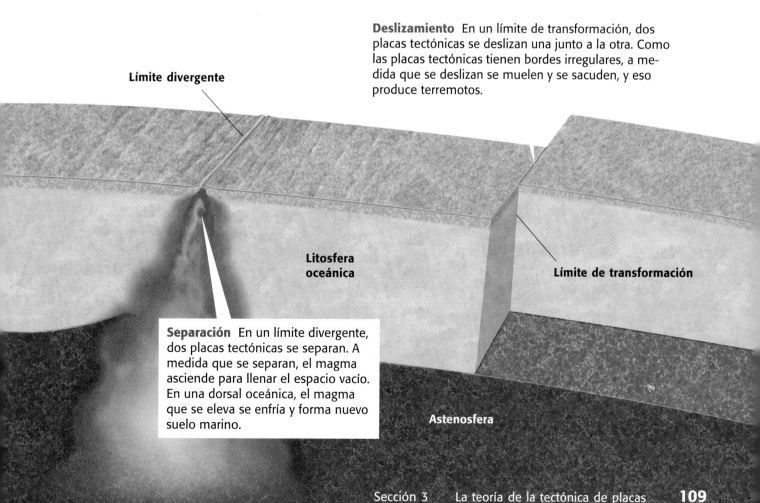

Límite divergente

Deslizamiento En un límite de transformación, dos placas tectónicas se deslizan una junto a la otra. Como las placas tectónicas tienen bordes irregulares, a medida que se deslizan se muelen y se sacuden, y eso produce terremotos.

Litosfera oceánica

Límite de transformación

Separación En un límite divergente, dos placas tectónicas se separan. A medida que se separan, el magma asciende para llenar el espacio vacío. En una dorsal oceánica, el magma que se eleva se enfría y forma nuevo suelo marino.

Astenosfera

Posibles causas del movimiento de las placas tectónicas

Ya aprendiste que la tectónica de placas es la teoría según la cual la litosfera se divide en placas tectónicas que se mueven en la parte superior de la astenosfera. ¿Por qué se mueven las placas tectónicas? Recuerda que la roca sólida de la astenosfera se mueve muy lentamente. Este movimiento se debe a cambios en la densidad de la astenosfera que son generados por la energía térmica que fluye hacia el exterior desde las profundidades de la Tierra. Cuando la roca se calienta, se expande, se vuelve menos densa y tiende a ascender hacia la superficie terrestre. Cuando la roca se acerca a la superficie, se enfría, se hace más densa y tiende a hundirse. La **figura 1** muestra tres posibles causas del movimiento de las placas tectónicas.

✓ Comprensión de lectura ¿A qué se deben los cambios en la densidad de la astenosfera?

Figura 1 Tres posibles fuerzas que impulsan el movimiento de las placas tectónicas

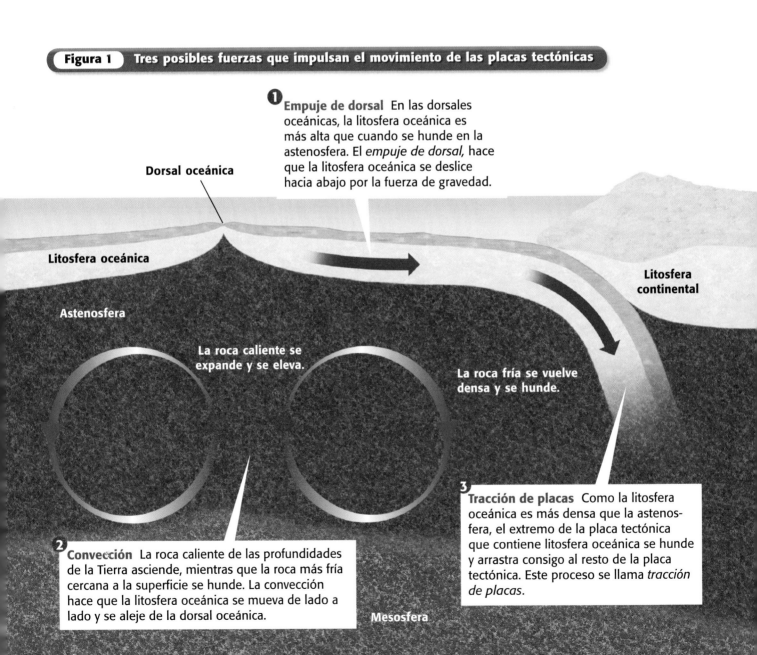

❶ Empuje de dorsal En las dorsales oceánicas, la litosfera oceánica es más alta que cuando se hunde en la astenosfera. El *empuje de dorsal,* hace que la litosfera oceánica se deslice hacia abajo por la fuerza de gravedad.

Dorsal oceánica

Litosfera oceánica

Litosfera continental

Astenosfera

La roca caliente se expande y se eleva.

La roca fría se vuelve densa y se hunde.

❷ Convección La roca caliente de las profundidades de la Tierra asciende, mientras que la roca más fría cercana a la superficie se hunde. La convección hace que la litosfera oceánica se mueva de lado a lado y se aleje de la dorsal oceánica.

❸ Tracción de placas Como la litosfera oceánica es más densa que la astenosfera, el extremo de la placa tectónica que contiene litosfera oceánica se hunde y arrastra consigo al resto de la placa tectónica. Este proceso se llama *tracción de placas.*

Mesosfera

Registrar el movimiento de las placas tectónicas

¿A qué velocidad se mueven las placas tectónicas? La respuesta a esta pregunta depende de muchos factores, como el tipo y la forma de la placa tectónica, y la manera en que ésta interactúa con las placas tectónicas que la rodean. El movimiento de las placas tectónicas es tan lento y gradual que no se puede ver ni sentir; se mide en centímetros por año.

El Sistema de Posicionamiento Global

Los científicos miden la tasa a la que se mueven las placas tectónicas con un sistema de satélites llamado *Sistema de Posicionamiento Global* (GPS, por sus siglas en inglés), que se muestra en la **figura 2.** Continuamente, los satélites emiten señales de radio hacia las estaciones terrestres del GPS, que registran la distancia exacta entre los satélites y esas estaciones. Con el tiempo, estas distancias tienen pequeñas variaciones. Los científicos registran el tiempo que tardan las estaciones terrestres del GPS en moverse una determinada distancia y así miden la velocidad a la que se mueve cada placa tectónica.

Satélite GPS

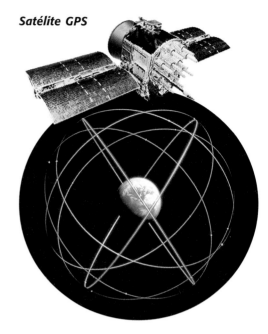

Figura 2 *Esta imagen muestra las órbitas de los satélites GPS.*

REPASO DE LA sección

Resumen

● Los límites entre las placas tectónicas se clasifican en convergentes, divergentes o de transformación.

● El empuje de dorsal, la convección y la tracción de placas son tres posibles fuerzas de la tectónica de placas.

● Los científicos utilizan los datos de una red de satélites denominada Sistema de Posicionamiento Global para medir la tasa de movimiento de las placas tectónicas.

Usar términos clave

1. Define el término *tectónica de placas* en tus propias palabras.

Comprender las ideas principales

2. La rapidez de movimiento de una placa tectónica en un año se mide en
   a. kilómetros por año.
   b. centímetros por año.
   c. metros por año.
   d. milímetros por año.

3. Describe brevemente tres fuerzas que impulsan el movimiento de las placas tectónicas.

4. Explica cómo los científicos usan el GPS para medir la tasa de movimiento de las placas tectónicas.

Destrezas matemáticas

5. Si un satélite en órbita tiene un diámetro de 60 cm, ¿cuál es su área superficial total? (Pista: *área superficial* $= 4\pi r^2$.)

Razonamiento crítico

6. **Identificar relaciones** Cuando se produce la convección en el manto, ¿por qué las rocas frías se hunden y las rocas calientes se elevan?

7. **Analizar procesos** ¿Por qué la corteza oceánica se hunde debajo de la corteza continental en los límites convergentes?

SCiLINKS

NSTA
Desarrollo y mantenimiento a cargo de la Asociación Nacional de Maestros de Ciencias

Para ver diversos enlaces relacionados con este capítulo, visita www.scilinks.org

Tema*: Tectónica de placas
Código de SciLinks: HSM1171

*(Sólo en inglés)

Deformación de la corteza terrestre

¿Alguna vez has roto algo al intentar doblarlo? Toma un puñado de espaguetis largos y dóblalos muy lentamente, pero sólo un poco. Ahora, vuelve a intentarlo, pero esta vez dóblalos con más fuerza y más rápidamente. ¿Qué sucede?

¿Cómo es posible que un material a veces se doble y otras veces se rompa? Todo depende del estrés que apliques sobre el material. El *estrés* es la cantidad de fuerza por unidad de área que se ejerce sobre un material determinado. El mismo principio se aplica a las rocas de la corteza terrestre. A las rocas les ocurren diferentes cosas según los diferentes tipos de estrés que experimentan.

Deformación

El proceso por el cual la forma de una roca cambia debido al estrés se llama *deformación*. En el ejemplo anterior, los espaguetis se deformaban de dos maneras diferentes: se doblaban y se rompían. La **figura 1** ilustra este concepto. Lo mismo pasa con las capas de roca. Las capas de roca se doblan por efecto del estrés. Pero cuando se aplica suficiente estrés, las rocas pueden alcanzar su límite elástico y romperse.

Compresión y tensión

El tipo de estrés que se produce cuando un objeto se estrecha, como cuando chocan dos placas tectónicas, se llama **compresión**. Cuando la compresión ocurre en un límite convergente, pueden formarse grandes cinturones de montañas.

Otra forma de estrés es la *tensión*. La **tensión** es el estrés que se produce cuando distintas fuerzas actúan para estirar un objeto. Como puedes imaginar, la tensión ocurre en los límites de placas divergentes, como las dorsales oceánicas, cuando dos placas tectónicas se apartan una de la otra.

✓ **Comprensión de lectura** ¿Cómo actúan las fuerzas de la tectónica de placas para deformar las rocas? (*Consulta en el Apéndice las respuestas de comprensión de lectura.*)

Lo que aprenderás

● Describe dos tipos de estrés que deforma las rocas.
● Describe los tres tipos principales de pliegues.
● Explica las diferencias entre los tres tipos de fallas principales.
● Identifica los tipos de montañas más comunes.
● Explica la diferencia entre levantamiento y hundimiento del terreno.

Vocabulario

compresión	falla
tensión	levantamiento
plegamiento	hundimiento del terreno

ESTRATEGIA DE LECTURA

Comentar Lee esta sección en silencio. Escribe las preguntas que tengas sobre la sección y coméntalas en un grupo pequeño.

Figura 1 *Cuando se ejerce un poco de estrés sobre los espaguetis crudos, los espaguetis se doblan. Si se aplica más estrés, los espaguetis se quiebran.*

Figura 2 Plegamiento: cuando las capas de roca se doblan debido al estrés

Sin estrés	Estrés horizontal	Estrés vertical

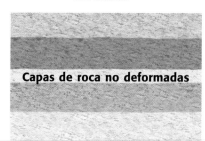
Capas de roca no deformadas

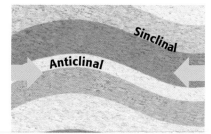
Sinclinal
Anticlinal

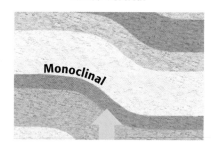
Monoclinal

Plegamiento

El fenómeno que ocurre cuando las capas de roca se doblan debido al estrés en la corteza terrestre se llama **plegamiento.** Los científicos suponen que, en un principio, todas las capas de roca eran horizontales. Por eso, cuando observan un plegamiento, saben que se ha producido una deformación.

Tipos de pliegues

Según cómo se deforman las capas de roca, se producen diferentes tipos de pliegues. La **figura 2** muestra los dos tipos de pliegue más comunes: los *anticlinales*, o pliegues curvados hacia arriba, y los *sinclinales,* pliegues descendientes que forman una especie de depresión. Existe otro tipo de pliegue llamado *monoclinal*. En un monoclinal, las capas de roca se pliegan de modo que ambos extremos del pliegue quedan horizontales. Imagina que tomas una pila de papel y la colocas sobre una mesa. Las hojas de papel son como diferentes capas de roca. Ahora, coloca un libro debajo de un extremo de la pila. Puedes ver que ambos extremos de las hojas están horizontales, pero todas las hojas están dobladas en el medio.

Los pliegues pueden ser grandes o pequeños. Los pliegues más grandes se miden en kilómetros. Hay otros pliegues que también son visibles pero que son mucho más pequeños. Estos pliegues pequeños se pueden medir en centímetros. La **figura 3** muestra ejemplos de pliegues grandes y pequeños.

compresión estrés que se produce cuando distintas fuerzas actúan para estrechar un objeto

tensión estrés que se produce cuando distintas fuerzas actúan para estirar un objeto

plegamiento fenómeno que ocurre cuando las capas de roca se doblan debido al estrés

Figura 3 *La fotografía más grande muestra pliegues del tamaño de montañas en las montañas Rocallosas. La fotografía pequeña muestra una roca con pliegues más pequeños que una navaja.*

Falla

Muro de falla

Pared superior

Figura 4 *La posición de un bloque de falla determina si es una pared superior o un muro de falla.*

Fallas

Algunas capas de roca se rompen cuando se les aplica estrés. La superficie a lo largo de la cual las rocas se rompen y se deslizan una respecto a otra se llama **falla.** Los bloques de corteza a cada lado de la falla se llaman *bloques de falla.*

Cuando una falla no es vertical, es útil diferenciar sus dos lados: la *pared superior* y el *muro de falla.* La **figura 4** muestra la diferencia entre una pared superior y un muro de falla. Se pueden formar dos tipos principales de fallas. El tipo de falla que se forme depende de cómo se muevan la pared superior y el muro de falla una respecto al otro.

falla una grieta en un cuerpo rocoso a lo largo de la cual un bloque se desliza respecto a otro

Fallas normales

En la **figura 5** se muestra una *falla normal.* Cuando una falla normal se mueve, hace que la pared superior se mueva hacia abajo en relación con el muro de falla. Las fallas normales habitualmente ocurren cuando las fuerzas tectónicas generan una tensión que hace que las rocas se separen.

Fallas inversas

En la **figura 5** se muestra una *falla inversa.* Cuando una falla inversa se mueve, hace que la pared superior se mueva hacia arriba en relación con el muro de falla. Este movimiento es inverso al que ocurre en una falla normal. Las fallas inversas generalmente se producen cuando las fuerzas tectónicas generan una compresión que empuja una roca contra otra.

✓ *Comprensión de lectura* ¿Cómo se mueve la pared superior de una falla normal en relación con la de una falla inversa?

Figura 5 **Fallas normales e inversas**

Falla normal Cuando la tensión hace que las rocas se separen, a menudo se forman fallas normales.

Falla inversa Cuando la compresión empuja una roca contra otra, a menudo se forman fallas inversas.

Figura 6 La fotografía de la izquierda muestra una falla normal. La fotografía de la derecha muestra una falla inversa.

Cómo diferenciar las fallas

Es fácil darse cuenta de cuál es la diferencia entre una falla normal y una falla inversa cuando se mira una ilustración con flechas. Pero, ¿qué tipo de fallas se muestran en la **figura 6?** Sin duda puedes ver las fallas pero, ¿cuál es una falla normal y cuál es una falla inversa? En la fotografía izquierda de la **figura 6,** un lado se ha movido visiblemente respecto del otro. Puedes afirmar que esta falla es una falla normal observando el orden de las capas de roca sedimentaria. Si comparas las dos capas oscuras cercanas a la superficie, puedes ver que la pared superior ha descendido en relación con el muro de falla.

Fallas transformantes

Un tercer gran grupo de fallas son las *fallas transformantes*. En la **figura 7,** se muestra una falla transformante. Las *fallas transformantes* se forman cuando, debido a fuerzas opuestas, la roca se rompe y se mueve horizontalmente. Si estuvieras de pie al costado de una falla transformante y miraras al otro lado cuando se mueve, el suelo del otro lado parecería moverse hacia tu izquierda o hacia tu derecha. La falla de San Andrés en California es un ejemplo espectacular de falla transformante.

Experimento rápido

Representar una falla transformante

1. Construye un bloque de 6 pulg × 6 pulg × 4 pulg con **plastilina.** Usa diferentes colores de plastilina para representar diferentes capas horizontales.

2. Con unas **tijeras,** corta el bloque por la mitad. Coloca **dos tarjetas de 4 pulg × 6 pulg** en el corte de modo que los dos lados del bloque se deslicen libremente.

3. Presiona con suavidad para que los dos lados se deslicen horizontalmente uno junto al otro.

4. ¿Cómo ilustra este modelo el movimiento que se produce a lo largo de una falla transformante?

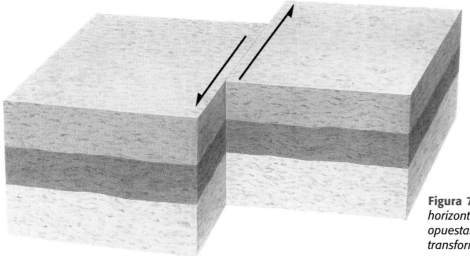

Figura 7 Cuando las rocas se mueven horizontalmente debido a fuerzas opuestas, a menudo se forman fallas transformantes.

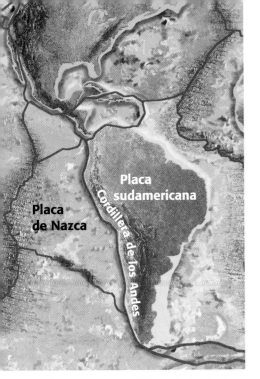

Figura 8 *La cordillera de los Andes se formó sobre el borde de la placa sudamericana, donde ésta converge con la placa de Nazca.*

Placa sudamericana

Cordillera de los Andes

Placa de Nazca

Tectónica de placas y formación de las montañas

Ya conoces varias maneras en que la corteza terrestre cambia debido a las fuerzas de la tectónica de placas. Cuando las placas tectónicas chocan, algunas características del terreno que comienzan como pliegues y fallas pueden convertirse, con el tiempo, en grandes cinturones de montañas. Las montañas existen porque las placas tectónicas están siempre en movimiento y chocan unas con otras. Como se muestra en la **figura 8,** la cordillera de los Andes se formó sobre la zona de subducción donde convergen dos placas tectónicas.

Cuando las placas tectónicas experimentan compresión o tensión, pueden formar montañas de varias maneras. Observa tres de los tipos más comunes de montañas: montañas de plegamiento, montañas de bloques de falla y montañas volcánicas.

Montañas de plegamiento

Los cinturones de montañas más altos del mundo están formados por montañas de plegamiento. Estos cinturones se forman en límites convergentes donde chocaron continentes. Las *montañas de plegamiento* se forman cuando las capas de roca se comprimen y son empujadas hacia arriba. Si colocas una pila de papel sobre una mesa y empujas los extremos opuestos de la pila, observarás cómo se forman las montañas de plegamiento.

La **figura 9** muestra un ejemplo de un cinturón de montañas de plegamiento que se formó en un límite convergente. Los montes Apalaches se formaron hace aproximadamente 390 millones de años, cuando chocaron las masas de tierra que actualmente son América del Norte y África. Otros ejemplos de cinturones de montañas formados por pliegues muy grandes y complejos son los Alpes en Europa central, los montes Urales en Rusia, y los montes Himalaya en Asia.

✔ Comprensión de lectura Explica cómo se forman las montañas de plegamiento.

Figura 9 *Los montes Apalaches fueron alguna vez tan altos como los montes Himalaya, pero se han ido desgastando después de cientos de millones de años de meteorización y erosión.*

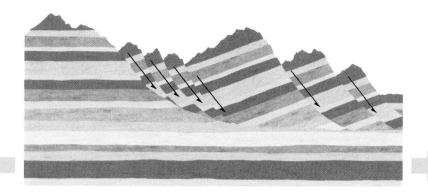

Figura 10 *Cuando la corteza experimenta tensión, la roca puede romperse a lo largo de una serie de fallas normales, lo cual forma montañas de bloques de falla.*

Montañas de bloques de falla

Cuando las fuerzas tectónicas ejercen suficiente tensión sobre la corteza terrestre, se puede producir una gran cantidad de fallas normales. Las *montañas de bloques de falla* se forman cuando esta tensión hace que grandes bloques de corteza terrestre desciendan en relación con otros bloques. La **figura 10** muestra una de las maneras en que se forman las montañas de bloques de falla.

Cuando las fallas hacen que las capas de roca sedimentaria se inclinen hacia arriba, se pueden formar montañas con cumbres puntiagudas e irregulares. Como se muestra en la **figura 11,** los Tetons, en el oeste de Wyoming, son un espectacular ejemplo de montañas de bloques de falla.

Montañas volcánicas

La mayoría de las montañas volcánicas más importantes del mundo se encuentran en límites convergentes donde la corteza oceánica se hunde en la astenosfera en zonas de subducción. La roca que se funde en las zonas de subducción forma magma, que se eleva hacia la superficie terrestre y, al emerger, forma *montañas volcánicas.* Las montañas volcánicas también pueden formarse bajo el mar. A veces, estas montañas emergen sobre la superficie del océano y forman islas. La mayoría de las montañas volcánicas de la Tierra con actividad tectónica se formaron alrededor del borde tectónicamente activo del océano Pacífico. Este borde se conoce como *Cinturón de Fuego.*

CONEXIÓN CON los estudios sociales

DESTREZA DE REDACCIÓN **Origen del nombre de los montes Apalaches** ¿Por qué los Apalaches se llaman así? Se cree que los montes Apalaches fueron bautizados por los exploradores españoles que llegaron a América del Norte en el siglo XVI. Supuestamente, el nombre fue tomado de una tribu indígena llamada los *appalachee,* que habitaba en el norte de Florida. Investiga sobre otras características geológicas de Estados Unidos, incluyendo montañas y ríos, cuyos nombres sean de origen indígena. Escribe un breve informe con los resultados de tu investigación.

Figura 11 *Los Tetons se formaron cuando fuerzas tectónicas estiraron la corteza terrestre e hicieron que se rompiera en una serie de fallas normales.*

levantamiento el ascenso de regiones de la corteza terrestre a elevaciones más altas

hundimiento del terreno el descenso de regiones de la corteza terrestre a elevaciones más bajas

Levantamiento y hundimiento

Los movimientos verticales de la corteza se dividen en dos tipos: levantamiento y hundimiento. El ascenso de regiones de la corteza terrestre a elevaciones más altas se llama **levantamiento.** Las rocas que experimentan levantamiento pueden o no sufrir una gran deformación. El descenso de regiones de la corteza terrestre se conoce como **hundimiento del terreno.** A diferencia de algunas rocas sometidas a levantamiento, las rocas que se hunden casi no se deforman.

Levantamiento de rocas hundidas

La formación de montañas es un tipo de levantamiento. También puede producirse levantamiento cuando grandes áreas de tierra se elevan sin deformarse. Una forma en que el terreno se eleva sin deformarse es el proceso conocido como *rebote*. Cuando la corteza rebota, vuelve lentamente a su elevación anterior. El levantamiento a menudo se produce cuando se elimina un peso de la corteza.

Hundimiento de rocas más frías

Las rocas calientes ocupan más espacio que las más frías. Por ejemplo, la litosfera es relativamente caliente en las dorsales oceánicas. Cuanto más lejos está la litosfera de la dorsal, más fría y densa se vuelve. Como la litosfera oceánica entonces ocupa un volumen menor, el fondo del océano se hunde.

Descenso de las placas tectónicas

También puede producirse hundimiento cuando la litosfera se estira en las zonas de rift. Una *zona de rift* es un conjunto de grietas profundas que se forman entre dos placas tectónicas que se están alejando. Cuando las placas tectónicas se alejan, el estrés entre las placas hace que se formen una serie de fallas a lo largo de la zona de rift. Como se muestra en la **figura 12,** los bloques de corteza en el centro de la zona de rift se hunden.

Figura 12 *El rift de África Oriental, que se extiende desde Etiopía hasta Kenia, es parte de un límite divergente, pero puedes observar cómo la corteza se hundió en relación con los bloques del borde de la zona de rift.*

Resumen

- La compresión y la tensión son dos fuerzas de la tectónica de placas que pueden producir la deformación de las rocas.

- El plegamiento se produce cuando las capas de roca se doblan debido al estrés.

- Las fallas se producen cuando las capas de roca se rompen debido al estrés y luego se desplazan a ambos lados de la grieta.

- Según la manera en que se forman, las montañas se clasifican en montañas de plegamiento, montañas de bloque de falla o montañas volcánicas.

- La formación de las montañas se debe al movimiento de las placas tectónicas. Las montañas de plegamiento y las montañas volcánicas se forman en los límites convergentes. Las montañas de bloque de falla se forman en los límites divergentes.

- El levantamiento y el hundimiento son dos tipos de movimiento vertical de la corteza terrestre. El levantamiento se produce cuando ascienden regiones de la corteza. El hundimiento se produce cuando descienden regiones de la corteza.

Usar términos clave

Explica la diferencia entre los siguientes pares de términos.

1. *compresión* y *tensión*

2. *levantamiento* y *hundimiento*

Comprender las ideas principales

3. El tipo de falla en la que la pared superior se mueve hacia arriba con respecto al muro de falla se denomina

  a. falla transformante.

  b. falla de bloque de falla.

  c. falla normal.

  d. falla inversa.

4. Describe tres tipos de pliegue.

5. Describe tres tipos de falla.

6. Identifica los tipos más comunes de montañas.

7. ¿Qué es el rebote?

8. ¿Qué son las zonas de rift y cómo se forman?

Razonamiento crítico

9. **Predecir consecuencias** ¿Qué tipo de falla es probable que ocurra en un área donde se plegaron las capas de roca? ¿Por qué?

10. **Identificar relaciones** ¿Es posible encontrar un cinturón de montañas de plegamiento en una dorsal oceánica? Explica tu respuesta.

Interpretar gráficas

Consulta el diagrama para contestar las siguientes preguntas.

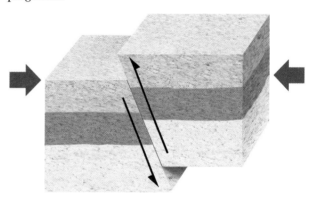

11. ¿Qué tipo de falla muestra el diagrama?

12. ¿En qué clase de límite tectónico es probable que encuentres esta falla?

SCiLINKS®
NSTA
Desarrollo y mantenimiento a cargo de la
Asociación Nacional de Maestros de Ciencias

Para ver diversos enlaces relacionados con este capítulo, visita www.scilinks.org

Tema*: Fallas; Formación de montañas
Código de SciLinks: HSM0566; HSM0999

*(Sólo en inglés)

Aplicar métodos científicos

Laboratorio
de construcción de modelos

OBJETIVOS

Haz un modelo de las corrientes de convección para simular el movimiento de las placas tectónicas.

Saca conclusiones sobre el papel de la convección en la tectónica de placas.

MATERIALES

- agua fría
- bloques de madera
- colorante de alimentos
- guantes resistentes al calor
- lápiz
- molde de aluminio rectangular
- paletas para manualidades (2)
- placas calentadoras pequeñas (2)
- regla métrica
- termómetros (3)

SEGURIDAD

Conexión de convección

Algunos científicos creen que las corrientes de convección del interior del manto de la Tierra hacen que las placas tectónicas se muevan. Como estas corrientes de convección no pueden observarse directamente, los científicos usan modelos para simular el proceso. En esta actividad, crearás tu propio modelo para simular el movimiento de las placas tectónicas.

Haz una pregunta

1 ¿Cómo puedo construir un modelo de las corrientes de convección en el manto de la Tierra?

Formula una hipótesis

2 Transforma la pregunta anterior en una afirmación en la que digas qué factores tendrán, en tu opinión, un mayor efecto en tu modelo de convección.

Comprueba la hipótesis

3 Coloca dos placas calentadoras, una al lado de la otra, en el centro de la mesa del laboratorio. Asegúrate de que estén alejadas del borde de la mesa.

4 Coloca el molde sobre las placas calentadoras. Desliza los bloques de madera debajo del molde de modo que sostengan los extremos. Asegúrate de que el molde quede nivelado y firme.

5 Llena el molde con agua fría. El agua debe tener al menos 4 cm de profundidad. Enciende las placas calentadoras y ponte los guantes.

6 Después de uno o dos minutos, empezarán a aparecer pequeñas burbujas en el agua, sobre las placas calentadoras. Con cuidado, coloca dos paletas para manualidades sobre la superficie del agua.

7 Alinea las paletas con el lápiz, de modo que queden paralelas a los lados más cortos del molde. Las paletas deben estar a una distancia de aproximadamente 3 cm y cerca del centro del molde.

8 En cuanto las paletas se empiecen a mover, echa una gota de colorante en el centro del molde. Observa qué sucede con el colorante.

9. Con la ayuda de un compañero, sostén un termómetro apenas por debajo del agua en el centro del molde. Sumerge los otros dos termómetros apenas por debajo del agua, cerca de los extremos del molde. Anota las temperaturas.

10. Cuando hayas terminado, apaga las placas calentadoras. Después de que el agua se enfríe, vacía el molde en el fregadero con cuidado.

Analiza los resultados

1. **Explicar sucesos** Basándote en tus observaciones del movimiento del colorante de alimentos, ¿qué efecto tiene la temperatura del agua sobre la dirección en que se mueven las paletas para manualidades?

Saca conclusiones

2. **Sacar conclusiones** ¿Qué relación hay entre el movimiento de las paletas y el movimiento del agua?

3. **Aplicar conclusiones** ¿Cómo se relaciona este modelo con la tectónica de placas y el movimiento de los continentes?

4. **Aplicar conclusiones** Basándote en tus observaciones, ¿qué conclusión puedes sacar acerca de la función de la convección en la tectónica de placas?

Aplicar los datos

Sugiere otra sustancia que pueda usarse en lugar del agua para hacer un modelo de la convección en el manto. Piensa en una sustancia que fluya más lentamente que el agua.

Repaso del capítulo

USAR TÉRMINOS CLAVE

1 Escribe una sola oración con los siguientes términos: *corteza, manto* y *núcleo*.

Escoge el término correcto del banco de palabras para completar las siguientes oraciones.

astenosfera   levantamiento

tensión   deriva continental

2 La hipótesis de que los continentes pueden separarse y que, de hecho, eso ocurrió en el pasado se denomina ___.

3 El/La ___ es la capa blanda del manto sobre la que se mueven las placas tectónicas.

4 El/La ___ es el estrés que se produce cuando ciertas fuerzas actúan para estirar un objeto.

5 El ascenso de regiones de la corteza terrestre a mayores elevaciones se denomina ___.

COMPRENDER LAS IDEAS PRINCIPALES

Opción múltiple

6 La parte inferior fuerte del manto es una capa física denominada
- **a.** litosfera.
- **b.** mesosfera.
- **c.** astenosfera.
- **d.** núcleo externo.

7 El tipo de límite entre placas tectónicas que se forma cuando dos placas tectónicas chocan una contra otra se denomina
- **a.** límite divergente.
- **b.** límite de transformación.
- **c.** límite convergente.
- **d.** límite normal.

8 El fenómeno que ocurre cuando las capas de roca se doblan debido al estrés en la corteza terrestre se conoce como
- **a.** levantamiento.
- **b.** plegamiento.
- **c.** falla.
- **d.** hundimiento del terreno.

9 El tipo de falla en la que la pared superior se mueve hacia arriba con respecto al muro de falla se denomina
- **a.** falla transformante.
- **b.** falla de bloque de falla.
- **c.** falla normal.
- **d.** falla inversa.

10 El tipo de montaña que se forma cuando las capas de roca se comprimen y son empujadas hacia arriba se denomina
- **a.** montaña de plegamiento.
- **b.** montaña de bloque de falla.
- **c.** montaña volcánica.
- **d.** montaña de falla transformante.

11 Los conocimientos sobre el interior de la Tierra se obtienen principalmente mediante el
- **a.** estudio de las inversiones magnéticas en la corteza oceánica.
- **b.** uso de una red de satélites llamada *Sistema de Posicionamiento Global*.
- **c.** estudio de las ondas sísmicas generadas por los terremotos.
- **d.** estudio del patrón de fósiles en distintos continentes.

Respuesta breve

12 Explica cómo los científicos hacen mapas del interior de la Tierra mediante el uso de las ondas sísmicas.

13 ¿De qué manera las inversiones magnéticas demuestran la expansión del suelo marino?

14 Explica cómo la expansión del suelo marino facilita el desplazamiento de los continentes.

15 Describe dos tipos de estrés que deforman las rocas.

16 ¿Qué es el Sistema de Posicionamiento Global, GPS, y de qué manera permite a los científicos medir la tasa de movimiento de las placas tectónicas?

RAZONAMIENTO CRÍTICO

17 **Mapa de conceptos** Haz un mapa de conceptos con los siguientes términos: *expansión del suelo marino, límite convergente, límite divergente, zona de subducción, límite de transformación* y *placas tectónicas*.

18 **Aplicar conceptos** ¿Por qué la litosfera oceánica se hunde en las zonas de subducción pero no en las dorsales oceánicas?

19 **Identificar relaciones** En los límites divergentes, se forma constantemente nuevo material tectónico. El material de las placas tectónicas también se destruye continuamente en las zonas de subducción de los límites convergentes. ¿Piensas que la cantidad total de litosfera que se forma en la Tierra equivale aproximadamente a la cantidad que se destruye? ¿Por qué?

20 **Aplicar conceptos** Las montañas de plegamiento normalmente se forman en el borde de una placa tectónica. ¿Cómo explicas la existencia de cinturones de montañas de plegamiento en el centro de una placa tectónica?

INTERPRETAR GRÁFICAS

Imagina que puedes viajar al centro de la Tierra. Consulta el diagrama para contestar las siguientes preguntas.

Composición	Estructura
Corteza (50 km)	Litosfera (150 km)
Manto (2,900 km)	Astenosfera (250 km)
	Mesosfera (2,550 km)
Núcleo (3,430 km)	Núcleo (2,200 km) externo
	Núcleo (1,228 km) interno

21 ¿Cuántos kilómetros tienes que descender bajo la superficie terrestre para pasar la roca compuesta por granito?

22 ¿Cuántos kilómetros tienes que descender bajo la superficie terrestre para encontrar material líquido en el núcleo?

23 ¿A qué profundidad encontrarás material del manto sin salir de la litosfera?

24 ¿Cuántos kilómetros tienes que descender bajo la superficie terrestre para encontrar hierro y níquel sólidos en el núcleo?

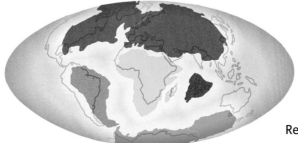

Preparación para los exámenes estandarizados

Lee los siguientes pasajes. Luego, contesta las preguntas correspondientes.

Pasaje 1 El *Deep Sea Drilling Project* (Proyecto de Perforación en Aguas Profundas) fue un programa destinado a extraer e investigar rocas del fondo del océano para comprobar la hipótesis de la expansión del suelo marino. Durante 15 años, los científicos que estudiaban la expansión del suelo marino <u>efectuaron</u> investigaciones a bordo del barco *Glomar Challenger*. Se perforaron pozos en el suelo marino y se extrajeron trozos largos y cilíndricos de roca llamados *núcleos*. Al examinar los fósiles que se hallaban en los núcleos, los científicos descubrieron que la roca más cercana a las dorsales oceánicas era la más joven. Cuanto más lejos de la dorsal se perforaban los pozos, más vieja era la roca de los núcleos. Esta prueba confirmó la idea de que la expansión del suelo marino crea nueva litosfera en las dorsales oceánicas.

1. ¿Qué significa *efectuaron* en el pasaje?

A dirigieron

B realizaron

C continuaron

D guiaron

2. ¿Por qué se perforaron núcleos en el suelo marino desde el *Glomar Challenger?*

F para determinar la profundidad de la corteza

G para encontrar minerales en la roca del suelo marino

H para examinar fósiles en la roca del suelo marino

I para buscar petróleo y gas en la roca del suelo marino

3. Según el pasaje, ¿cuál de las siguientes oraciones es verdadera?

A La roca cercana a las dorsales oceánicas es más vieja que la roca más alejada.

B Los científicos del *Glomar Challenger* buscaban probar la expansión del suelo marino.

C Los fósiles examinados por los científicos provenían directamente del suelo marino.

D Las pruebas reunidas por los científicos no demostraron la expansión del suelo marino.

Pasaje 2 Los montes Himalaya son un cinturón de montañas de 2,400 km de largo que <u>se arquea</u> a través de Pakistán, la India, el Tíbet, Nepal, Sikkim y Bután. Son las montañas más altas de la Tierra. Nueve de esas montañas, incluyendo el monte Everest, la montaña más alta del planeta, miden más de 8,000 m de altura. La formación de los montes Himalaya comenzó hace aproximadamente 80 millones de años. La placa tectónica donde se encontraba el subcontinente indio chocó con la placa euroasiática y se deslizó debajo de ésta. Debido a este choque, la placa euroasiática experimentó un levantamiento y se formaron los montes Himalaya. Este proceso continúa en la actualidad.

1. ¿Qué significa el término *se arquea?*

A forma un círculo

B forma un plano

C forma una curva

D forma una línea recta

2. Según el pasaje, ¿qué proceso geológico formó los montes Himalaya?

F divergencia

G hundimiento

H falla transformante

I convergencia

3. Según el pasaje, ¿cuál de las siguientes oraciones es verdadera?

A Las nueve montañas más altas de la Tierra se encuentran en los montes Himalaya.

B Los montes Himalaya atraviesan seis países.

C Los montes Himalaya son el cinturón de montañas más largo de la Tierra.

D Los montes Himalaya se formaron hace más de 80 millones de años.

INTERPRETAR GRÁFICAS

La siguiente ilustración muestra las velocidades relativas (en centímetros por año) a las que las placas tectónicas se separan y chocan y las direcciones en que lo hacen. Las flechas que apuntan hacia afuera indican separación de placas. Las flechas que apuntan hacia adentro indican choque de placas. Consulta la ilustración para contestar las siguientes preguntas.

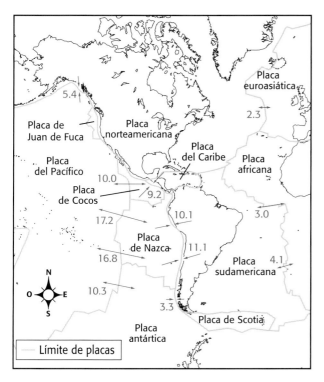

1. ¿Entre qué dos placas tectónicas parece más rápida la expansión?

   A la placa australiana y la placa del Pacífico

   B la placa antártica y la placa del Pacífico

   C la placa de Nazca y la placa del Pacífico

   D la placa de Cocos y la placa del Pacífico

2. ¿Dónde crees que se están formando montañas?

   F entre la placa africana y la placa sudamericana

   G entre la placa de Nazca y la placa sudamericana

   H entre la placa norteamericana y la placa euroasiática

   I entre la placa africana y la placa norteamericana

MATEMÁTICAS

Lee las siguientes preguntas y escoge la mejor respuesta.

1. La mesosfera mide 2,550 km de espesor y la astenosfera, 250 km. Si supones que la litosfera mide 150 km de espesor y la corteza, 50 km, ¿cuál será el espesor del manto?

   A 2,950 km

   B 2,900 km

   C 2,800 km

   D 2,550 km

2. Si una onda sísmica viaja a través del manto a una velocidad promedio de 8 km/s, ¿cuántos segundos tardará en atravesar el manto?

   F 318.75 s

   G 350.0 s

   H 362.5 s

   I 368.75 s

3. Si la corteza de un área se hunde a una tasa de 2 cm por año y tiene una elevación de 1,000 m, ¿qué elevación tendrá la corteza en 10,000 años?

   A 500 m

   B 800 m

   C 1,200 m

   D 2,000 m

4. Imagina que una placa oceánica muy pequeña se encuentra entre una dorsal oceánica y una zona de subducción. En la dorsal, la placa crece a una tasa de 5 km cada millón de años. En la zona de subducción, la placa se destruye a una tasa de 10 km cada millón de años. Si la placa oceánica tiene 100 km de extensión, ¿en cuánto tiempo desaparecerá?

   F 100 millones de años

   G 50 millones de años

   H 20 millones de años

   I 5 millones de años

La ciencia en acción

Ciencia, tecnología y sociedad

Uso de satélites para rastrear el movimiento de las placas

Tal vez asocies los disparos de rayos láser con películas de ciencia ficción. Sin embargo, los científicos usan rayos láser para determinar la tasa y la dirección del movimiento de las placas tectónicas. Desde estaciones terrestres, se disparan rayos láser hacia varios satélites pequeños que están en órbita a 5,900 km sobre la Tierra. Desde los satélites, los rayos láser son reflejados nuevamente hacia las estaciones terrestres. Los científicos miden, durante un período de tiempo, las diferencias entre los tiempos que tardan las señales en volver a las estaciones terrestres, y a partir de esos datos, pueden determinar la tasa y la dirección del movimiento de las placas.

ACTIVIDAD de estudios sociales

DESTREZA DE REDACCIÓN Investiga sobre una sociedad que viva en un límite de placas activo. Averigua cómo conviven los habitantes de esa sociedad con peligros tales como volcanes y terremotos. Escribe un breve informe con tus conclusiones.

Este científico prueba uno de los satélites que se usarán para rastrear el movimiento de placas mediante rayos láser.

Descubrimientos científicos

Plumas volcánicas gigantescas

Las erupciones de agua hirviente del suelo marino forman discos gigantes en forma de espiral que giran a través de los océanos. ¿Crees que esto es imposible? En los últimos 20 años, los oceanógrafos han descubierto este tipo de discos en ocho lugares de las dorsales oceánicas. Estos discos, que pueden tener decenas de kilómetros de extensión, son *plumas volcánicas gigantescas*. Las plumas volcánicas gigantescas son como licuadoras. Mezclan agua fría y agua caliente en los océanos. Pueden elevarse a cientos de metros desde el fondo del océano hasta las capas superiores. Transportan gases y minerales, y brindan energía y alimentos adicionales a los animales que se encuentran en las capas superiores del océano.

ACTIVIDAD de artes del lenguaje

DESTREZA DE REDACCIÓN ¿Alguna vez te has preguntado cuál es el origen del nombre *Himalaya*? Investiga sobre el origen del nombre *Himalaya* y escribe un breve informe con tus conclusiones.

Alfred Wegener

La deriva continental El mayor aporte de Alfred Wegener a la ciencia fue la hipótesis de la deriva continental. Esta hipótesis establece que los continentes se separan unos de otros, y que esto sucede desde hace millones de años. Para confirmar su hipótesis, Wegener reunió pruebas geológicas, fósiles y glaciares en ambas márgenes del océano Atlántico. Por ejemplo, encontró semejanzas entre las capas de roca de América del Norte y Europa y entre las capas de roca de América del Sur y África. Él creía que la única explicación para estas semejanzas era que estas características geológicas fueron alguna vez parte del mismo continente.

Aunque la deriva continental explicaba muchas de sus observaciones, Wegener no pudo encontrar pruebas científicas para desarrollar una explicación completa de cómo se mueven los continentes. La mayoría de los científicos manifestaron su escepticismo ante la hipótesis de Wegener y la descartaron por considerarla irreal. No fue sino hasta las décadas de 1950 y 1960 que el descubrimiento de las inversiones magnéticas y la expansión del suelo marino brindaron pruebas de la deriva continental.

ACTIVIDAD de matemáticas

La distancia entre América del Sur y África es de 7,200 km. A medida que se forma nueva corteza en la dorsal oceánica, América del Sur y África se alejan una de la otra a una tasa de aproximadamente 3.5 cm por año. ¿Cuántos millones de años pasaron desde que América del Sur y África estuvieron unidas?

Para aprender más sobre los temas de "La ciencia en acción", visita go.hrw.com y escribe la palabra clave **HZ5TECF**. (Disponible sólo en inglés)

Ciencia actual

Visita go.hrw.com y consulta los artículos de Ciencia actual (*Current Science®*) relacionados con este capítulo. Sólo escribe la palabra clave **HZ5CS07**. (Disponible sólo en inglés)

5

Terremotos

La idea principal

Los terremotos son provocados por movimientos bruscos a lo largo de fallas en la corteza terrestre, y pueden afectar a los accidentes geográficos y a las sociedades.

Acerca de la

El 17 de enero de 1995, un terremoto de magnitud 7.0 sacudió el área de Kobe y sus alrededores, en Japón. Aunque el terremoto duró menos de un minuto, más de 5,000 personas perdieron la vida y otras 300,000 quedaron sin hogar. Más de 200,000 edificios fueron dañados o destruidos, y grandes secciones de la autopista elevada de Hanshin, que se muestra en la foto, se derrumbaron cuando las columnas que la sostenían fallaron. La autopista pasaba sobre un terreno blando y húmedo, donde el temblor fue más fuerte y duró más.

ACTIVIDAD PARA ANTES DE LEER

Organizador gráfico

Mapa tipo araña

Antes de leer el capítulo, crea el organizador gráfico titulado "Mapa tipo araña", tal y como se explica en la sección **Destrezas de estudio** del Apéndice. Escribe "Terremotos" en el círculo. Dibuja una pata para cada una de las secciones de este capítulo. Mientras lees el capítulo, completa el mapa con detalles sobre el material que se trata en cada sección del capítulo.

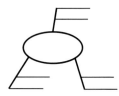

ACTIVIDAD INICIAL

Dobla, rompe o sacude

En esta actividad, probarás distintos materiales en la simulación de un terremoto.

Procedimiento

1. Consigue una **varita de madera,** un **gancho de ropa de alambre** y un **gancho de ropa de plástico.**

2. Dibuja una línea recta sobre una **hoja de papel.** Con un **transportador** mide y dibuja los siguientes ángulos a partir de la línea: 20°, 45° y 90°.

3. Ponte las **gafas de seguridad.** Usa los ángulos que dibujaste como guía y trata de doblar cada objeto 20° y después soltarlo. ¿Qué pasa? ¿Se rompe? Si se dobla, ¿vuelve a su forma original?

4. Repite el paso 3, pero dobla cada objeto 45°. Repite la prueba otra vez, pero dobla cada objeto 90°.

Análisis

1. ¿En qué se diferencian las reacciones de los distintos objetos al doblarlos?

2. En los lugares donde se producen terremotos, los ingenieros usan materiales de construcción flexibles que no se rompen ni se doblan. ¿Como cuál de los objetos de este experimento desearías que se comportaran los materiales de construcción? Explica tu respuesta.

¿Qué es un terremoto?

¿Alguna vez has sentido que la tierra se movía bajo tus pies? Muchas personas lo han sentido. Todos los días, en algún lugar del planeta, se produce un terremoto.

La palabra *terremoto* se define bastante bien por sí sola ("terra" significa "tierra" y "motus", "movimiento"). Pero los terremotos son algo más que el movimiento de la tierra. Existe una rama completa de las ciencias de la Tierra, llamada **sismología,** que se dedica a estudiar los terremotos. Los terremotos son complejos y presentan muchas preguntas a los científicos que los estudian, los *sismólogos.*

¿Dónde ocurren los terremotos?

La mayoría de los terremotos se producen cerca de los bordes de las placas tectónicas. Las *placas tectónicas* son bloques gigantescos de la capa más delgada y externa de la Tierra que se mueven sobre una capa de roca blanda. La **figura 1** muestra las placas tectónicas de la Tierra y la ubicación de los terremotos más importantes que han ocurrido recientemente.

Las placas tectónicas se mueven en distintas direcciones y a diferentes velocidades. Dos placas pueden acercarse o apartarse una de la otra; también pueden deslizarse lentamente una junto a la otra. Como resultado de estos movimientos, existen numerosas características en la corteza terrestre denominadas fallas. Una *falla* es una grieta en la corteza terrestre a lo largo de la cual los bloques de la corteza se deslizan unos respecto a otros. Debido a este deslizamiento, ocurren terremotos a lo largo de las fallas.

Lo que aprenderás

- Explica dónde se producen los terremotos.
- Explica cuál es la causa de los terremotos.
- Identifica tres tipos distintos de fallas que se producen en los límites de las placas.
- Describe cómo viaja la energía de los terremotos a través de la Tierra.

Vocabulario

sismología	ondas P
deformación	ondas S
rebote elástico	
ondas sísmicas	

ESTRATEGIA DE LECTURA

Resumen en parejas Lee esta sección en silencio. Túrnate con un compañero para resumir el material. Hagan pausas para comentar las ideas que les resulten confusas.

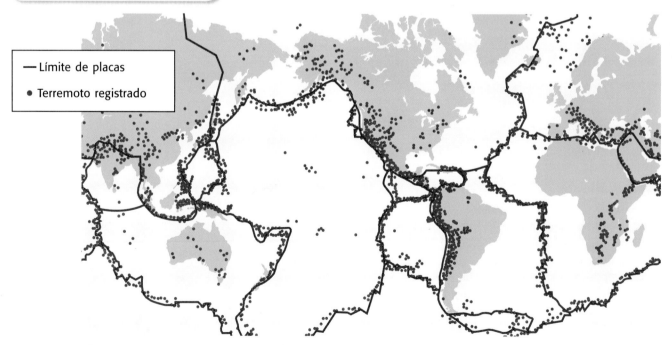

— Límite de placas

● Terremoto registrado

Figura 1 *La zona sísmica más grande y activa se ubica a lo largo de los límites de las placas que rodean el océano Pacífico.*

¿Por qué ocurren los terremotos?

Cuando las placas tectónicas se acercan, se apartan o se deslizan una junto a otra, aumenta la tensión a lo largo de las fallas que están cerca de los bordes de las placas. En respuesta a esa tensión, la roca de las placas se deforma. La **deformación** es el cambio en la forma de una roca en respuesta al estrés. La roca que se encuentra a lo largo de una falla se deforma principalmente de dos maneras. Puede deformarse plásticamente, como un trozo de plastilina, o elásticamente, como una banda elástica. La *deformación plástica,* que se muestra en la **figura 2,** no produce terremotos.

En cambio, la *deformación elástica* sí produce terremotos. La roca puede estirarse más que el acero sin romperse, pero en algún momento se quiebra. Piensa en una roca deformada elásticamente como si fuera una banda elástica estirada. Puedes estirar una banda elástica hasta que llega un momento en que se rompe. Cuando la banda elástica se rompe, libera energía. Luego, los pedazos rotos vuelven a su forma anterior.

Figura 2 *Este corte en el camino es adyacente a la falla de San Andrés, en el sur de California. Las rocas del corte sufrieron una deformación debido al movimiento constante de la falla.*

Rebote elástico

Cuando una roca deformada elásticamente vuelve de repente a su forma original, se produce un **rebote elástico.** El rebote elástico es como el regreso de los pedazos rotos de una banda elástica a su forma anterior. Se produce cuando una roca experimenta más estrés del que puede soportar. Durante el rebote elástico, se libera energía, parte de la cual viaja en forma de ondas sísmicas. Las ondas sísmicas provocan los terremotos, cómo se muestra en la **figura 3.**

✓ **Comprensión de lectura** ¿Qué relación hay entre el rebote elástico y los terremotos? (*Consulta en el Apéndice las respuestas de comprensión de lectura.*)

sismología el estudio de los terremotos

deformación el proceso por medio del cual la corteza terrestre se dobla, se inclina y se rompe; el cambio en la forma de una roca en respuesta al estrés

rebote elástico el regreso súbito de una roca deformada elásticamente a su forma anterior

---

Figura 3 **El rebote elástico y los terremotos**

Antes del terremoto

Después del terremoto

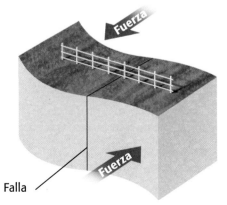

Falla

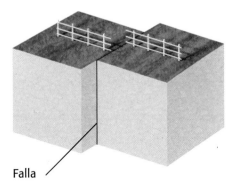

Falla

① Las fuerzas tectónicas empujan la roca a cada lado de la falla en direcciones opuestas, pero la roca está trabada y no se mueve. La roca se deforma elásticamente.

② Cuando se aplica suficiente estrés, la roca se desliza a lo largo de la falla y libera energía.

Las fallas en los límites de las placas tectónicas

En los distintos límites entre placas tectónicas, se produce un tipo específico de movimiento. Cada tipo de movimiento crea una clase particular de falla que puede provocar terremotos. Analiza la **tabla 1** y el siguiente diagrama para aprender más sobre el movimiento de las placas.

Tabla 1 Movimiento de las placas y tipos de fallas

Movimiento de las placas	Tipos de fallas principales
De transformación	falla transformante
Convergente	falla inversa
Divergente	falla normal

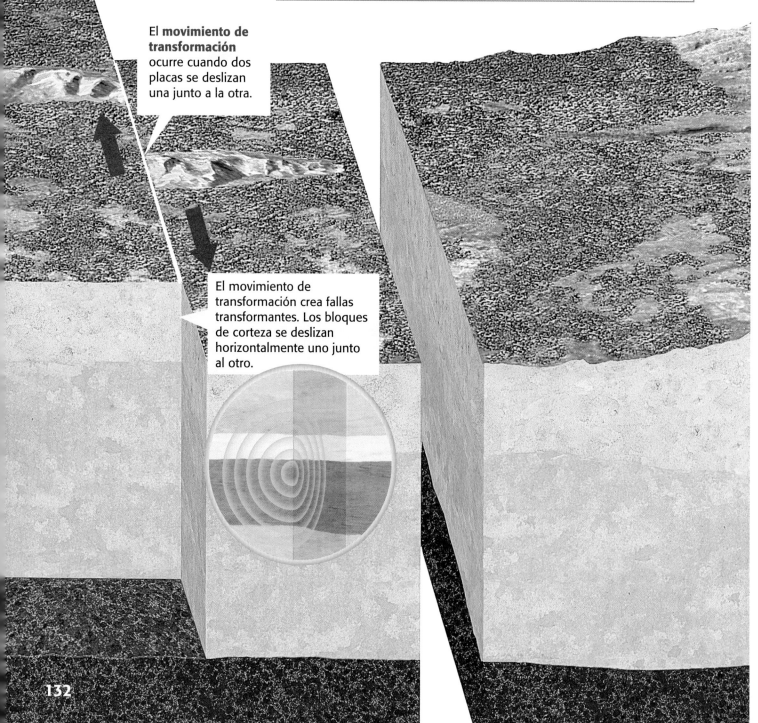

El **movimiento de transformación** ocurre cuando dos placas se deslizan una junto a la otra.

El movimiento de transformación crea fallas transformantes. Los bloques de corteza se deslizan horizontalmente uno junto al otro.

Zonas sísmicas

Los terremotos pueden producirse cerca de la superficie terrestre o muy por debajo de ella. La mayoría de los terremotos ocurren en las zonas sísmicas, a lo largo de los límites entre las placas tectónicas. Las zonas sísmicas son lugares con un gran número de fallas. La zona de la falla de San Andrés, en California, es un ejemplo de zona sísmica. Pero no todas las fallas se encuentran en los límites de las placas tectónicas. A veces, se producen terremotos a lo largo de fallas que están en medio de las placas tectónicas.

✓ Comprensión de lectura ¿Dónde se ubican las zonas sísmicas?

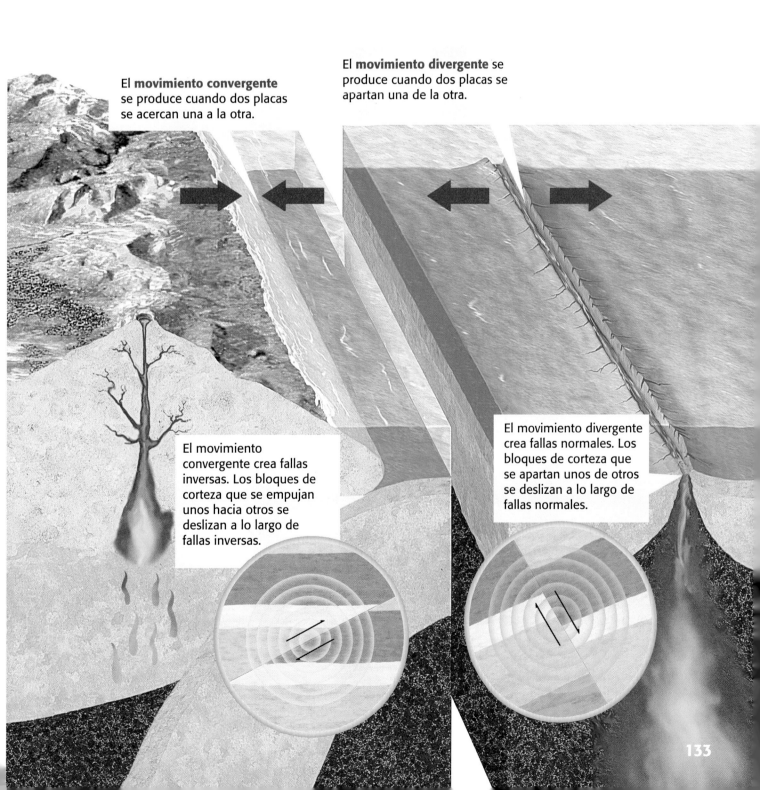

El **movimiento convergente** se produce cuando dos placas se acercan una a la otra.

El **movimiento divergente** se produce cuando dos placas se apartan una de la otra.

El movimiento convergente crea fallas inversas. Los bloques de corteza que se empujan unos hacia otros se deslizan a lo largo de fallas inversas.

El movimiento divergente crea fallas normales. Los bloques de corteza que se apartan unos de otros se deslizan a lo largo de fallas normales.

¿Cómo viajan las ondas sísmicas?

Las ondas de energía que viajan por la Tierra se llaman **ondas sísmicas.** Las ondas sísmicas que atraviesan el interior de la Tierra se llaman *ondas internas.* Hay dos tipos de ondas internas: las ondas P y las ondas S. Las ondas sísmicas que viajan a lo largo de la superficie terrestre se llaman *ondas superficiales.* Cada tipo de onda sísmica viaja a través de las capas de la Tierra de diferentes maneras y a distintas velocidades. Además, la velocidad de una onda sísmica depende del tipo de material que ésta atraviese.

Ondas P

Las **ondas P** (ondas de presión) son ondas que atraviesan sólidos, líquidos y gases. Son las ondas sísmicas más rápidas, por eso siempre van delante de las demás. También se llaman *ondas primarias* porque siempre son las primeras que se detectan en un terremoto. Para comprender cómo afectan las ondas P a las rocas, imagina un cubo de gelatina en un plato. Al igual que la mayoría de los sólidos, la gelatina es un material elástico. Si la golpeas ligeramente, se mueve. Los golpecitos que das en el cubo de gelatina cambian la presión dentro del cubo, con lo cual éste se deforma momentáneamente. Luego, la gelatina reacciona y vuelve de repente a su forma original. Este proceso ejemplifica cómo afectan las ondas P a las rocas, como se muestra en la **figura 4.**

Ondas S

Las rocas también pueden deformarse lateralmente, después de lo cual vuelven repentinamente a su posición original y se crean las ondas S. Las **ondas S,** u ondas rotacionales, son las segundas ondas sísmicas en cuanto a velocidad. Estas ondas mueven la roca de lado a lado, como se muestra en la **figura 4,** es decir, estiran la roca lateralmente. A diferencia de las ondas P, las ondas S no pueden atravesar partes de la Tierra que son completamente líquidas. Además, las ondas S son más lentas que las ondas P y siempre llegan después. Por esa razón, también se llaman *ondas secundarias.*

onda sísmica una onda de energía que viaja a través de la Tierra alejándose de un terremoto en todas direcciones

onda P una onda sísmica que hace que las partículas de roca se muevan de atrás hacia adelante

onda S una onda sísmica que hace que las partículas de roca se muevan de lado a lado

---

Figura 4 **Ondas internas**

Las **ondas P** mueven las rocas de atrás hacia adelante cuando viajan a través de ellas. Este movimiento comprime y estira las rocas.

Dirección de la onda

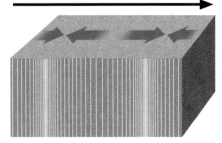

Las **ondas S** mueven las rocas de lado a lado cuando viajan a través de ellas.

Dirección de la onda

Ondas superficiales

Las ondas superficiales viajan a lo largo de la superficie terrestre y producen movimientos principalmente en la parte superior de la corteza. Hay dos tipos de ondas superficiales. Un tipo de onda superficial produce un movimiento de arriba hacia abajo y circular, como se muestra en la **figura 5.** El otro tipo produce un movimiento de atrás hacia adelante parecido al de las ondas P. La diferencia entre las ondas superficiales y las ondas internas es que las primeras son más lentas y más destructivas.

✓ **Comprensión de lectura** Explica las diferencias entre las ondas superficiales y las ondas internas.

Figura 5 **Ondas superficiales**

Las **ondas superficiales** mueven el suelo prácticamente como las olas del océano mueven las partículas de agua.

Dirección de la onda

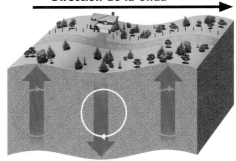

REPASO DE LA sección

Resumen

- Los terremotos se producen principalmente en los límites entre las placas tectónicas.
- El rebote elástico es la causa directa de los terremotos.
- En los límites entre las placas tectónicas, se producen tres tipos de fallas principales: fallas normales, fallas inversas y fallas transformantes.
- La energía de los terremotos se desplaza en forma de ondas internas a través del interior de la Tierra o como ondas superficiales a lo largo de la superficie terrestre.

Usar términos clave

Escoge el término correcto del banco de palabras para completar las siguientes oraciones.

deformación ondas P

rebote elástico ondas S

1. El/La _____ es el cambio en la forma de una roca en respuesta al estrés.

2. Las _____ se desplazan siempre delante de otras ondas.

Comprender las ideas principales

3. Las ondas sísmicas que mueven las rocas de lado a lado se denominan
   a. ondas superficiales.
   b. ondas P.
   c. ondas S.
   d. Tanto (b) como (c)

4. ¿Dónde ocurren los terremotos?

5. ¿Cuál es la causa directa de los terremotos?

6. Describe los tres tipos de movimiento de placas y las fallas características de cada tipo de movimiento.

7. ¿Qué es una zona sísmica?

Destrezas matemáticas

8. Una onda sísmica se propaga por la Tierra con una rapidez promedio de 8 km/s. ¿Cuánto tiempo tardará en recorrer 480 km?

Razonamiento crítico

9. **Aplicar conceptos** Basándote en lo que sabes sobre el rebote elástico, ¿por qué piensas que algunos terremotos son más fuertes que otros?

10. **Identificar relaciones** ¿Por qué las ondas superficiales dañan más los edificios que las ondas P o las ondas S?

11. **Identificar relaciones** ¿Por qué piensas que la mayoría de las zonas sísmicas se encuentran en los límites entre las placas tectónicas?

Desarrollo y mantenimiento a cargo de la Asociación Nacional de Maestros de Ciencias

Para ver diversos enlaces relacionados con este capítulo, visita www.scilinks.org

Tema*: ¿Qué es un terremoto?
Código de SciLinks: HSM1658

*(Sólo en inglés)

Medición de los terremotos

Imagina paredes que tiemblan, ventanas que vibran y vasos que tintinean. Después de unos segundos, la vibración se detiene y los sonidos se extinguen gradualmente.

Pasados unos minutos, los noticieros dan información sobre la fuerza, la hora y la ubicación del terremoto. Te preguntas con asombro cómo hicieron los científicos para obtener esa información con tanta rapidez.

Ubicar los terremotos

¿Cómo saben los sismólogos cuándo y dónde comienzan los terremotos? Cuentan con instrumentos que detectan terremotos llamados sismógrafos. Los **sismógrafos** son instrumentos ubicados en la superficie terrestre o cerca de ella que registran las ondas sísmicas. Cuando las ondas llegan al sismógrafo, éste elabora un **sismograma,** una gráfica del movimiento del terremoto.

Determinar la hora y la ubicación de los terremotos

Mediante los sismogramas, los sismólogos calculan cuándo comenzó un terremoto. Averiguan la hora de inicio de un terremoto comparando los sismogramas y observando las diferencias en las horas de llegada de las ondas P y las ondas S. También usan los sismogramas para ubicar el epicentro de un terremoto. El **epicentro** es el punto de la superficie terrestre que queda justo encima del punto de inicio de un terremoto. El **foco** es el punto del interior de la Tierra donde comienza un terremoto. La **figura 1** muestra la ubicación del epicentro y el foco de un terremoto.

✔ Comprensión de lectura ¿Cómo determinan los sismólogos la hora de inicio de un terremoto? (*Consulta en el Apéndice las respuestas de comprensión de lectura.*)

Lo que aprenderás

● Explica cómo se detectan los terremotos.
● Describe cómo se localiza el epicentro de un terremoto.
● Explica cómo se mide la fuerza de un terremoto.
● Explica cómo se mide la intensidad de un terremoto.

Vocabulario

sismógrafo   epicentro
sismograma   foco

ESTRATEGIA DE LECTURA

Organizador de lectura Mientras lees esta sección, haz un esquema. Usa los encabezados de la sección en tu esquema.

sismógrafo un instrumento que registra las vibraciones del suelo y determina la ubicación y la fuerza de un terremoto

sismograma una gráfica del movimiento de un terremoto elaborada por un sismógrafo

epicentro el punto de la superficie de la Tierra que queda justo encima del punto de inicio, o foco, de un terremoto

foco el punto a lo largo de una falla donde se produce el primer movimiento de un terremoto

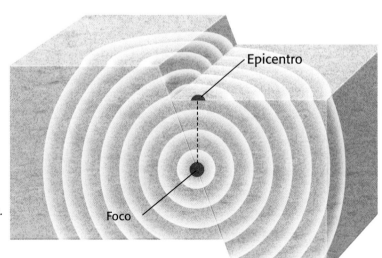

Figura 1 *El epicentro de un terremoto se encuentra sobre la superficie terrestre, justo encima del foco del terremoto.*

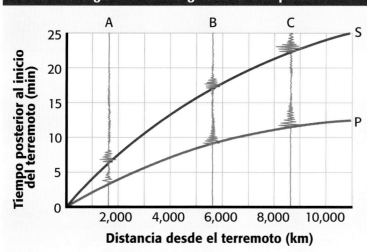

Trazar sismogramas en una gráfica de tiempo-distancia

A   B   C   S

P

Tiempo posterior al inicio del terremoto (min)

Distancia desde el terremoto (km)

Figura 2 *Después de identificar las ondas P y S, los sismólogos calculan la diferencia de tiempo para determinar la hora de inicio de un terremoto y la distancia desde el epicentro hasta cada estación sismográfica. El eje vertical indica cuánto tiempo pasó desde el inicio del terremoto hasta la llegada de las ondas sísmicas a una estación. El eje horizontal indica la distancia entre una estación sismográfica y el epicentro del terremoto.*

El método del tiempo S-P

Quizás el método más simple que usan los sismólogos para ubicar el epicentro de un terremoto sea el *método del tiempo S-P*. El primer paso de este método consiste en reunir varios sismogramas del mismo terremoto procedentes de distintos lugares. Luego, los sismogramas se pasan a una gráfica de tiempo-distancia. El trazo de la primera onda P del sismograma se alinea con la curva de tiempo-distancia de la onda P y el trazo de la primera onda S se alinea con la curva de tiempo-distancia de la onda S, como se muestra en la **figura 2.** La distancia entre cada estación y el terremoto puede calcularse al leer el eje horizontal. Después de calcular las distancias, un sismólogo puede ubicar el epicentro de un terremoto, como se muestra en la **figura 3.**

Figura 3   Ubicar el epicentro de un terremoto

❶ Se dibuja un círculo alrededor de una estación sismográfica. El radio del círculo es igual a la distancia desde el sismógrafo hasta el epicentro. (La distancia se toma de la gráfica de tiempo-distancia.)

❷ Cuando se traza un segundo círculo alrededor de otra estación sismográfica, éste se superpone al primer círculo en dos puntos. Uno de esos puntos es el epicentro del terremoto.

❸ Cuando se traza un círculo alrededor de una tercera estación sismográfica, los tres círculos se cruzan en un punto: el epicentro del terremoto. En este caso, el epicentro estaba en San Francisco.

Seattle

San Francisco

Sioux City

Albuquerque

500 km

Medición de la fuerza y la intensidad de los terremotos

"¿Cuál fue la fuerza del terremoto?" es una pregunta común que se hace a los sismólogos y que no es fácil de responder. Pero es una pregunta importante para cualquiera que viva cerca de una zona sísmica. Afortunadamente, los sismogramas pueden utilizarse no sólo para determinar el epicentro de un terremoto y su hora de inicio, sino también para calcular su fuerza.

La escala de magnitud de Richter

Durante gran parte del siglo XX, los sismólogos utilizaron la *escala de magnitud de Richter*, comúnmente denominada escala de Richter, para medir la fuerza de los terremotos. El sismólogo Charles Richter creó esta escala en la década de 1930. Richter quería comparar los terremotos midiendo los movimientos del suelo registrados por los sismogramas en las estaciones sismográficas.

Movimiento del suelo

La medida de la fuerza de un terremoto se llama *magnitud*. La escala de Richter mide el movimiento del suelo a partir de un terremoto y ajusta la distancia para calcular la fuerza. Cada vez que la magnitud aumenta una unidad, el movimiento del suelo medido es 10 veces mayor. Por ejemplo, un terremoto de magnitud 5.0 en la escala de Richter producirá 10 veces más movimiento del suelo que un terremoto de magnitud 4.0. Un terremoto de magnitud 6.0 producirá 100 veces más movimiento del suelo (10 × 10) que un terremoto de magnitud 4.0. La **tabla 1** muestra las diferencias en los efectos estimados de los terremotos cada vez que la magnitud aumenta una unidad.

Comprensión de lectura ¿Cómo se relacionan la magnitud y el movimiento del suelo en la escala de Richter?

Tabla 1 Efectos de los terremotos de diferentes magnitudes

Magnitud	Efectos estimados
2.0	Sólo se detectan por medio de sismógrafos.
3.0	Se perciben en el epicentro.
4.0	La mayoría de las personas en la zona puede sentirlos.
5.0	Causan daños en el epicentro.
6.0	Pueden causar daños en un área extensa.
7.0	Pueden causar graves daños en un área extensa.

Escala de intensidad Mercalli modificada

La medida de la percepción de un terremoto y del daño que causa se llama *intensidad*. En la actualidad, los sismólogos de Estados Unidos utilizan la escala de intensidad Mercalli modificada para medir la intensidad de los terremotos. Se trata de una escala numérica en la que los números romanos del I al XII describen el aumento en los niveles de intensidad de los terremotos. Un nivel de intensidad I describe un terremoto que la mayoría de la gente no siente. Un nivel de intensidad XII indica daño total en un área. La **figura 4** muestra el tipo de daño causado por un terremoto con un nivel de intensidad XI en la escala Mercalli modificada.

Como los efectos de un terremoto varían según los lugares, todos los terremotos tienen más de un valor de intensidad. Por lo general, los valores de intensidad son mayores cuanto más cerca se está del epicentro.

Figura 4 *Los valores de intensidad del terremoto de San Francisco de 1906 variaron según el lugar. El máximo nivel de intensidad fue XI.*

REPASO DE LA sección

Resumen

- Los sismólogos detectan las ondas sísmicas y las registran como sismogramas.
- El método del tiempo S-P es el método más simple para ubicar el epicentro de un terremoto.
- Los sismólogos usan la escala de Richter para medir la fuerza de un terremoto.
- Los sismólogos usan la escala de intensidad Mercalli modificada para medir la intensidad de un terremoto.

Usar términos clave

1. Define los siguientes términos en tus propias palabras: *epicentro* y *foco*.

Comprender las ideas principales

2. ¿Qué diferencia hay entre un sismógrafo y un sismograma?

3. Explica cómo se detectan los terremotos.

4. Explica brevemente los pasos del método del tiempo S-P para ubicar el epicentro de un terremoto.

5. ¿Por qué un terremoto puede tener más de un valor de intensidad?

Destrezas matemáticas

6. ¿Cuánto más movimiento del suelo produce un terremoto de magnitud 7.0 que un terremoto de magnitud 4.0?

Razonamiento crítico

7. **Inferir** ¿Por qué un terremoto de magnitud 6.0 es mucho más destructivo que un terremoto de magnitud 5.0?

8. **Detectar la parcialidad** ¿Cuál crees que es la medida más importante de un terremoto: la fuerza o la intensidad? Explica tu respuesta.

9. **Inferir** ¿Piensas que un terremoto de magnitud moderada puede producir altos valores de intensidad en la escala Mercalli modificada?

SciLINKS

NSTA
Desarrollo y mantenimiento a cargo de la Asociación Nacional de Maestros de Ciencias

Para ver diversos enlaces relacionados con este capítulo, visita www.scilinks.org

Tema*: Medición de los terremotos
Código de SciLinks: HSM0452

*(Sólo en inglés)

3

Los terremotos y la sociedad

Imagina que estás en clase y el suelo comienza a temblar bajo tus pies. ¿Qué haces?

Los sismólogos no pueden predecir el momento ni el lugar exactos en que se producirá un terremoto. En el mejor de los casos, pueden hacer predicciones según la frecuencia con que ocurren. Por lo tanto, siempre buscan mejores maneras de predecir cuándo y dónde se producirán. Mientras tanto, es importante que las personas que viven en las zonas sísmicas estén preparadas para protegerse en caso de que ocurra un terremoto.

Riesgo sísmico

El *riesgo sísmico* es la medida de la probabilidad que hay en un área de que se produzcan terremotos graves en el futuro. El nivel de riesgo sísmico de un área se determina según la actividad sísmica pasada y presente. El mapa de la **figura 1** muestra cómo algunas áreas de Estados Unidos tienen un nivel de riesgo sísmico más alto que otras. Esta variación se debe a las diferencias en la actividad sísmica. Cuanto mayor es la actividad sísmica, más alto es el nivel de riesgo sísmico. La costa oeste, por ejemplo, tiene un nivel muy alto de riesgo sísmico porque allí hay mucha actividad sísmica.

Observa el mapa. ¿Qué nivel o niveles de riesgo sísmico hay en el área donde vives? ¿Qué diferencia hay entre los niveles de riesgo de áreas cercanas y el nivel de riesgo de tu área?

Lo que aprenderás

- Explica cómo se determina el nivel de riesgo sísmico.
- Compara los métodos de predicción de los terremotos.
- Describe cinco maneras de proteger los edificios contra los terremotos.
- Resume los procedimientos de seguridad que deben seguirse si ocurre un terremoto.

Vocabulario

hipótesis del intervalo
brecha sísmica

ESTRATEGIA DE LECTURA

Comentar Lee esta sección en silencio. Escribe las preguntas que tengas sobre la sección y coméntalas en un grupo pequeño.

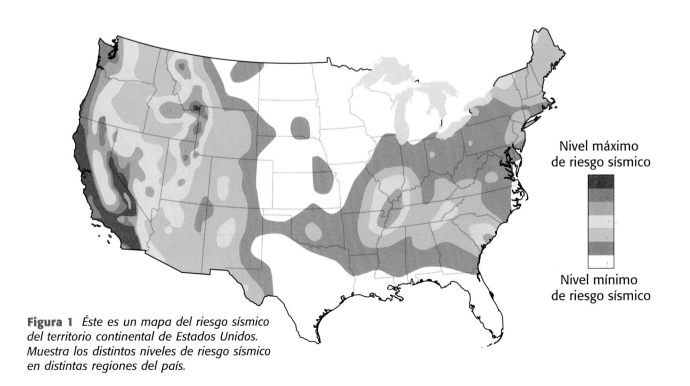

Nivel máximo de riesgo sísmico

Nivel mínimo de riesgo sísmico

Figura 1 *Éste es un mapa del riesgo sísmico del territorio continental de Estados Unidos. Muestra los distintos niveles de riesgo sísmico en distintas regiones del país.*

140 Capítulo 5   Terremotos

Tabla 1 Frecuencia de terremotos en el mundo (según observaciones realizadas desde 1900)		
Descriptor	**Magnitud**	**Promedio anual**
Grande	8.0 o más	1
Severo	7.0–7.9	18
Fuerte	6.0–6.9	120
Moderado	5.0–5.9	800
Leve	4.0–4.9	unos 6,200
Menor	3.0–3.9	unos 49,000
Mínimo	2.0–2.9	unos 365,000

Predicción de los terremotos

Resulta difícil predecir cuándo y dónde se producirá un terremoto y cuál será su fuerza. Al analizar las áreas de actividad sísmica, los sismólogos han descubierto ciertos patrones en los terremotos que les permiten hacer algunas predicciones generales.

Fuerza y frecuencia

Los terremotos varían según su fuerza. Como seguramente te imaginarás, los terremotos no se producen según un horario preestablecido. Pero lo que quizá no sepas es que la fuerza de los terremotos se relaciona con su frecuencia. La **tabla 1** muestra más detalles sobre esta relación en todo el mundo.

La relación entre la fuerza y la frecuencia de un terremoto también funciona a escala local. Por ejemplo, cada año, se producen aproximadamente 1.6 terremotos de magnitud 4.0 en la escala de Richter en el área de Puget Sound, estado de Washington. Durante este mismo período, se producen aproximadamente 10 veces más terremotos de magnitud 3.0 en esa área. Basándose en esas estadísticas, los científicos predicen la fuerza, la ubicación y la frecuencia de futuros terremotos.

✔ **Comprensión de lectura** ¿Qué relación hay entre la fuerza y la frecuencia de los terremotos? (*Consulta en el Apéndice las respuestas de comprensión de lectura.*)

La hipótesis del intervalo

Otro método para predecir la fuerza, la ubicación y la frecuencia de un terremoto se basa en la hipótesis del intervalo. Según la **hipótesis del intervalo,** es probable que en el futuro ocurran terremotos fuertes en los sectores de las fallas activas donde hubo relativamente pocos terremotos. Estas áreas se llaman **brechas sísmicas.**

ACTIVIDAD EN INTERNET

Para hacer otra actividad relacionada con este capítulo, visita **go.hrw.com** y escribe la palabra clave **HZ5EQKW.** (Disponible sólo en inglés)

hipótesis del intervalo una hipótesis basada en la idea de que es más probable que ocurra un terremoto importante a lo largo de la parte de una falla activa donde no se han producido terremotos durante un determinado período de tiempo

brecha sísmica un área a lo largo de una falla donde hubo relativamente pocos terremotos en los últimos tiempos, pero fuertes terremotos en el pasado

Figura 2 Una brecha sísmica en la falla de San Andrés

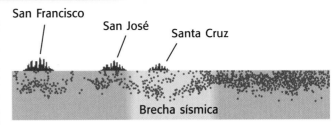

El diagrama muestra una sección transversal de la falla de San Andrés. Observa cómo se llenó la brecha sísmica con el terremoto de Loma Prieta de 1989 y sus réplicas. Las *réplicas* son terremotos más débiles que siguen a un terremoto más fuerte.

● Terremotos anteriores al terremoto de 1989

● Terremoto de 1989 y sus réplicas

San Francisco   San José   Santa Cruz

Brecha sísmica

Antes del terremoto de 1989

Brecha sísmica llena

Después del terremoto de 1989

Usar la hipótesis del intervalo

No todos los sismólogos creen que la hipótesis del intervalo sea un método preciso para predecir terremotos, aunque algunos creen que sirvió para predecir la ubicación y la fuerza aproximadas del terremoto de Loma Prieta de 1989, en el área de la bahía de San Francisco. La brecha sísmica que identificaron puede verse en la **figura 2.** En 1988, esos sismólogos predijeron que en los siguientes 30 años habría un 30% de probabilidades de que un terremoto de al menos 6.5 de magnitud llenara esa brecha sísmica. ¿Acertaron? El terremoto de Loma Prieta, que llenó la brecha sísmica en 1989, alcanzó 6.9 en la escala de Richter. Sus predicciones fueron bastante acertadas si consideramos lo complicado que es predecir terremotos.

Figura 3 *Durante el terremoto del 17 de enero de 1995, las fachadas de edificios enteros se derrumbaron en las calles de Kobe (Japón).*

Los terremotos y los edificios

La **figura 3** muestra lo que puede ocurrir con los edificios durante un terremoto. Estos edificios no fueron diseñados o construidos para soportar las fuerzas de un terremoto.

En la actualidad, las estructuras más viejas de los lugares de actividad sísmica, como California, se están haciendo más resistentes a los terremotos mediante un proceso llamado *rehabilitación.* Una manera común de rehabilitar una casa antigua es fijarla de manera segura a los cimientos. Para reforzar las estructuras de ladrillo, puede utilizarse acero.

✓ *Comprensión de lectura*   Explica el significado del término *rehabilitación.*

Edificios resistentes a los terremotos

Se ha aprendido mucho sobre las fallas de edificación gracias a los terremotos. Equipados con este conocimiento, los arquitectos y los ingenieros utilizan la tecnología más moderna para diseñar y construir edificios y puentes resistentes a los terremotos. Estudia cuidadosamente la **figura 4** para aprender más sobre esta tecnología moderna.

Figura 4 **Tecnología de construcción de resistencia sísmica**

El **amortiguador de masa** es un peso colocado sobre el techo de un edificio. Unos sensores de movimiento detectan el movimiento del edificio durante un terremoto y envían mensajes a una computadora. Luego, la computadora manda señales a los controles del techo para desplazar el amortiguador de masa y así contrarrestar el movimiento del edificio.

El **sistema de tendón activo** funciona de manera muy parecida al sistema de amortiguador de masa del techo. Los sensores informan a una computadora que el edificio se está moviendo. Entonces, la computadora activa unos dispositivos para desplazar un gran peso que contrarreste el movimiento.

Los **aisladores de base** funcionan como amortiguadores de impacto durante un terremoto. Están compuestos por capas de caucho y acero que envuelven un núcleo de plomo. Absorben las ondas sísmicas y evitan que se propaguen a través del edificio.

Se colocan **arriostramientos transversales** de acero entre los pisos. Estos arriostramientos transversales contrarrestan la presión que empuja y tira de los costados de un edificio durante un terremoto.

Las **tuberías flexibles** evitan que se rompan los conductos de agua y de gas. Los ingenieros diseñan estas tuberías con uniones flexibles para que, durante un terremoto, los conductos puedan girar y doblarse sin romperse.

¿Estás preparado para un terremoto?

Si vives en un área donde es común que se produzcan terremotos, hay muchas cosas que puedes hacer para proteger tu vida y tus pertenencias. Elabora un plan con antelación para saber qué debes hacer antes, durante y después de un terremoto. Sigue tu plan en la medida de lo posible.

Antes del temblor

Lo primero que debes hacer es proteger tu casa. Una manera de hacerlo es colocar los objetos más pesados sobre los estantes más bajos para que no se caigan durante el terremoto. También puedes hablar con uno de tus padres sobre cómo podrían reforzar la casa. Luego, debes encontrar lugares seguros en cada habitación de la casa y fuera de ella. Arregla con otras personas (tu familia, vecinos o amigos) para encontrarse en un lugar seguro después del terremoto. Este plan les permitirá saber quién está a salvo. Durante el terremoto, las tuberías de agua, las líneas de energía eléctrica y las calles pueden sufrir daños; por lo tanto, debes guardar agua, alimentos no perecederos, un extintor de incendios, una linterna con pilas, una radio portátil, medicamentos y un botiquín de primeros auxilios en un lugar al que puedas acceder después del terremoto.

Durante el temblor

Si estás en un lugar cerrado cuando comienza el terremoto, lo mejor que puedes hacer es agacharte o acostarte boca abajo debajo de una mesa o un escritorio que se encuentre en el centro de la habitación, como se muestra en la **figura 5.** Si estás al aire libre, acuéstate boca abajo lejos de los edificios, las líneas de energía eléctrica y los árboles, y cúbrete la cabeza con las manos. Si estás conduciendo un automóvil, detén el vehículo y quédate adentro.

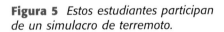 **Comprensión de lectura** Explica qué debes hacer si estás en clase y se produce un terremoto.

Figura 5 *Estos estudiantes participan de un simulacro de terremoto.*

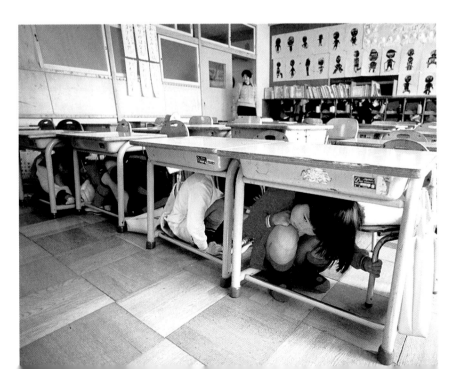

Después del temblor

Para la mayoría de las personas, la experiencia de un terremoto es desconcertante y, a menudo, atemorizante. Después de un terremoto, no debe sorprenderte si ves que tú y otras personas se sienten desconcertadas con respecto a lo sucedido. Trata de calmarte y orientarte lo más rápido posible. Luego, aléjate de peligros inmediatos, como líneas eléctricas caídas, vidrios rotos y posibles incendios. Mantente siempre alejado de los edificios dañados y vuelve a tu casa solamente cuando alguna autoridad te diga que es seguro hacerlo. Ten presente que puede haber réplicas que causen más daños en las estructuras. Recuerda tu plan y síguelo.

Planificación para casos de desastre

Con ayuda de un adulto, elabora un plan que proteja a tu familia en caso de desastres naturales, como un terremoto. El plan debe incluir los pasos que van a seguir antes, durante y después del desastre. Presenta tu plan a la clase en un informe oral.

REPASO DE LA sección

Resumen

- El riesgo sísmico es la medida de las probabilidades que tiene un área de sufrir terremotos en el futuro.

- Los sismólogos se basan en sus conocimientos de la relación entre la fuerza y la frecuencia de un terremoto y la hipótesis del intervalo para predecir los terremotos.

- Las casas, los edificios y los puentes se pueden reforzar para disminuir el daño ocasionado por un terremoto.

- Las personas que viven en zonas sísmicas deben tomar medidas para proteger su casa de los terremotos.

Usar términos clave

1. Define los siguientes términos en tus propias palabras: *hipótesis del intervalo* y *brecha sísmica*.

Comprender las ideas principales

2. El peso que se coloca en un edificio para hacerlo más resistente a los terremotos se denomina
   a. sistema de tendón activo.
   b. arriostramiento transversal.
   c. amortiguador de masa.
   d. aislador de base.

3. ¿Cómo se determina el nivel de riesgo sísmico de un área?

4. Compara los dos métodos que se utilizan para predecir terremotos: el método de la fuerza y la frecuencia y el método de la hipótesis del intervalo.

5. ¿Cuál es una forma común de hacer las casas más resistentes a los terremotos?

6. Describe cuatro tecnologías diseñadas para que los edificios sean más resistentes a los terremotos.

7. Menciona cinco cosas que debes almacenar por si ocurre un terremoto.

Destrezas matemáticas

8. De los aproximadamente 420,000 terremotos registrados cada año, alrededor de 140 tienen una magnitud superior a 6.0. ¿Qué porcentaje del total de terremotos tiene una magnitud superior a 6.0?

Razonamiento crítico

9. **Evaluar hipótesis** Los sismólogos predicen que hay un 20% de probabilidades de que un terremoto de magnitud 7.0 o superior ocurra en una brecha sísmica durante los próximos 50 años. Si el terremoto no ocurre, ¿se demostraría que la hipótesis es incorrecta? Explica tu respuesta.

10. **Aplicar conceptos** ¿Por qué un terremoto grande es seguido a menudo por numerosas réplicas?

OBJETIVOS

Construye el modelo de una estructura que pueda resistir un terremoto simulado.

Evalúa cómo puedes reforzar tu modelo.

MATERIALES

- cuadrado de gelatina de aproximadamente 8 cm x 8 cm
- malvaviscos (10)
- palillos (10)
- plato de papel

SEGURIDAD

Desafío sísmico

En muchas partes del mundo, se tiene en cuenta el tema de los terremotos cuando se construyen edificios. Todos los edificios deben diseñarse de manera tal que la estructura esté protegida durante un terremoto. Los arquitectos han mejorado mucho el diseño de los edificios desde 1906, cuando un terremoto y los incendios que éste causó destruyeron gran parte de la ciudad de San Francisco. En esta actividad, construirás una estructura que pueda resistir un terremoto simulado con malvaviscos y palillos. Durante el proceso, descubrirás algunas maneras de construir un edificio resistente a los terremotos.

Haz una pregunta

1 ¿Qué características hacen que un edificio sea resistente a un terremoto? ¿Cómo puedo usar esta información para construir mi estructura?

Formula una hipótesis

2 Con ayuda de un compañero, piensa cómo diseñarías una estructura que resista un terremoto simulado. Describe tu diseño en dos o tres oraciones. Explica por qué crees que tu diseño podrá resistir un terremoto simulado.

Comprueba la hipótesis

3 Sigue tu diseño para construir una estructura con los palillos y los malvaviscos.

4 Acomoda tu estructura sobre el cuadrado de gelatina y coloca la gelatina en el plato de papel.

5 Sacude el cuadrado de gelatina para comprobar si tu edificio se mantiene en pie durante un terremoto. No levantes la gelatina.

6 Si tu primer diseño no funciona bien, cámbialo hasta que encuentres un diseño que funcione. Trata de determinar por qué tu edificio se cae para poder mejorar el diseño.

7 Haz un bosquejo de tu diseño final.

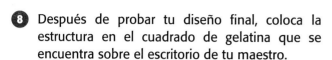

8 Después de probar tu diseño final, coloca la estructura en el cuadrado de gelatina que se encuentra sobre el escritorio de tu maestro.

9 Cuando todos los grupos hayan agregado una estructura a la gelatina del maestro, él sacudirá la gelatina para simular un terremoto. Observa qué edificios soportan el terremoto más severo.

Analiza los resultados

1 **Explicar sucesos** ¿Qué edificios seguían en pie después del terremoto final? ¿Qué características los hicieron más estables?

2 **Analizar resultados** ¿Qué modificaciones realizarías en tu diseño para que su estructura fuera más estable?

Saca conclusiones

3 **Evaluar modelos** Éste es un modelo simple de un problema de la vida real para los arquitectos. Basándote en esta actividad, ¿qué consejo darías a los arquitectos que diseñan edificios en zonas sísmicas?

4 **Evaluar modelos** ¿Qué limitaciones tiene tu modelo?

5 **Predecir** ¿Qué puede aportar tu investigación a la sociedad?

Repaso del capítulo

USAR TÉRMINOS CLAVE

1 Escribe una oración distinta con cada uno de los siguientes términos: *onda sísmica, onda P* y *onda S*.

Explica la diferencia entre los siguientes pares de términos.

2 *sismógrafo* y *sismograma*

3 *epicentro* y *foco*

4 *hipótesis del intervalo* y *brecha sísmica*

COMPRENDER LAS IDEAS PRINCIPALES

Opción múltiple

5 Cuando la roca se ___, acumula energía. Las ondas sísmicas se producen cuando esta energía ___.

a. deforma plásticamente, aumenta

b. deforma elásticamente, se libera

c. deforma plásticamente, se libera

d. deforma elásticamente, aumenta

6 Las fallas inversas son creadas por

a. el movimiento de placas divergentes.

b. el movimiento de placas convergentes.

c. el movimiento de placas de transformación.

d. Todas las anteriores

7 Las últimas ondas sísmicas en llegar son las

a. ondas P.

b. ondas internas.

c. ondas S.

d. ondas superficiales.

8 Si un terremoto comienza mientras estás en el interior de un edificio, lo más seguro es

a. salir corriendo al aire libre.

b. meterte debajo de la mesa, silla o mueble más fuerte que encuentres.

c. llamar a tu casa.

d. agacharte cerca de una pared.

9 ¿Cuál es el promedio de terremotos severos (magnitud de 7.0 a 7.9) que se producen por año en el mundo?

a. 1

b. 18

c. 120

d. 800

10 Los ___ contrarrestan la presión que empuja y tira de los costados de un edificio durante un terremoto.

a. aisladores de base

b. amortiguadores de masa

c. sistemas de tendón activo

d. arriostramientos transversales

Respuesta breve

11 ¿Se puede utilizar el método del tiempo S-P con una estación sismográfica para ubicar el epicentro de un terremoto? Explica tu respuesta.

12 Explica la diferencia entre la escala de Richter y la escala de intensidad Mercalli modificada.

13 ¿Qué relación hay entre la fuerza y la frecuencia de los terremotos?

14 Explica la manera en que las distintas ondas sísmicas afectan a las rocas cuando se desplazan a través de ellas.

15 Describe algunas medidas que puedes tomar para proteger tu vida y tus pertenencias en caso de que ocurra un terremoto.

RAZONAMIENTO CRÍTICO

16 **Mapa de conceptos** Haz un mapa de conceptos con los siguientes términos: *foco, epicentro, hora de inicio de un terremoto, ondas sísmicas, ondas P y ondas S.*

17 **Identificar relaciones** ¿Qué tipo de terremoto es más probable que se produzca a lo largo de una falla importante donde no han ocurrido muchos terremotos recientemente? Explica tu respuesta. (Pista: piensa en el número promedio de terremotos de distintas magnitudes que se producen anualmente.)

18 **Aplicar conceptos** Japón está ubicado cerca de un punto donde convergen tres placas tectónicas. ¿Cuál imaginas que es el nivel de riesgo sísmico en Japón? Explica por qué.

19 **Aplicar conceptos** Según aprendiste, si estás conduciendo un automóvil durante un terremoto, lo mejor es que no te bajes del vehículo. ¿Se te ocurre alguna situación en la que sería mejor abandonar el automóvil durante un terremoto?

20 **Identificar relaciones** En un experimento, representas una roca con gelatina para investigar la forma en que distintas ondas sísmicas afectan a las rocas. ¿Qué limitaciones tiene tu modelo de gelatina?

INTERPRETAR GRÁFICAS

La siguiente gráfica muestra la relación entre la magnitud de un terremoto y la altura de los trazos de un sismograma. Inicialmente, Charles Richter creó su escala de magnitud comparando la altura de las lecturas del sismograma de diferentes terremotos. Consulta la gráfica para contestar las siguientes preguntas.

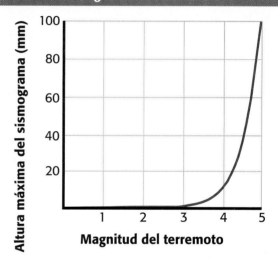

Altura del sismograma y magnitud del terremoto

Altura máxima del sismograma (mm) / Magnitud del terremoto

21 Según la gráfica, ¿cuál es la magnitud de un terremoto si la altura máxima del sismograma es de 10 mm?

22 Según la gráfica, ¿qué diferencia hay entre la altura máxima del sismograma (en mm) de un terremoto de magnitud 4.0 y la de un terremoto de magnitud 5.0?

23 Observa la forma de la curva de la gráfica. ¿Qué indica esta curva sobre la relación entre las alturas del sismograma y las magnitudes de los terremotos? Explica tu respuesta.

LECTURA

Lee los siguientes pasajes. Luego, contesta las preguntas correspondientes.

Pasaje 1 El 14 de octubre de 1989, a las 5:04 p.m., la vida en el área de la bahía de San Francisco parecía normal. Mientras 62,000 aficionados llenaban Candlestick Park para ver el tercer juego de la Serie Mundial, otras personas volvían rápidamente a sus hogares después de un día de trabajo. A las 5:05 p. m., el área cambió <u>drásticamente</u> al estremecerse con el terremoto de Loma Prieta, de magnitud 6.9, que duró 20 s y causó 68 muertos, 3,757 heridos y la destrucción de más de 1,000 viviendas. Si se considera que el terremoto fue de una magnitud muy alta y que se produjo durante la hora pico, es increíble que no hayan muerto más personas.

1. ¿Qué significa la palabra *drásticamente* en el pasaje?

 A continuamente

 B en gran medida

 C gradualmente

 D en absoluto

2. ¿Cuál de las siguientes oraciones sobre el terremoto de Loma Prieta es falsa?

 F El terremoto se produjo durante la hora pico.

 G El terremoto destruyó más de 1,000 viviendas.

 H El terremoto duró 1 min.

 I El terremoto tuvo una magnitud de 6.9.

3. Según el pasaje, ¿cuál de las siguientes oraciones es verdadera?

 A Murieron miles de personas en el terremoto de Loma Prieta.

 B El terremoto de Loma Prieta se produjo durante la hora pico de la mañana.

 C El terremoto de Loma Prieta fue entre ligero y moderado.

 D El terremoto de Loma Prieta se produjo durante la Serie Mundial de 1989.

Pasaje 2 En Estados Unidos, los sismólogos miden la intensidad de los terremotos con la escala de intensidad Mercalli modificada. En cambio, los sismólogos japoneses usan la escala Shindo, que <u>asigna</u> a los terremotos un número del 1 al 7. Shindo 1 indica un terremoto leve. Un terremoto de estas características es percibido por pocas personas que, por lo general, se encuentran sentadas. Shindo 7 indica un terremoto severo. Un terremoto que causa gran destrucción, como el que azotó Kobe (Japón) en enero de 1995, se clasificaría como Shindo 7.

1. ¿Qué significa la palabra *asigna* en el pasaje?

 A nombra

 B vota

 C da

 D elige

2. ¿Cuál de las siguientes oraciones sobre la escala Shindo es verdadera?

 F La escala Shindo se usa para medir la fuerza de un terremoto.

 G La escala Shindo, que va del 1 al 7, se usa para clasificar la intensidad de los terremotos.

 H La escala Shindo es igual a la escala de intensidad Mercalli modificada.

 I Los sismólogos de todo el mundo usan la escala Shindo.

3. Según el pasaje, ¿cuál de las siguientes oraciones es verdadera?

 A Los sismólogos estadounidenses usan la escala de Richter en lugar de la escala Shindo.

 B Los sismólogos japoneses sólo miden la intensidad de los terremotos grandes.

 C El terremoto de Kobe fue demasiado destructivo como para darle un número Shindo.

 D Shindo 1 indica un terremoto leve.

Consulta la gráfica para contestar las siguientes preguntas.

Lee las siguientes preguntas y escoge la mejor respuesta.

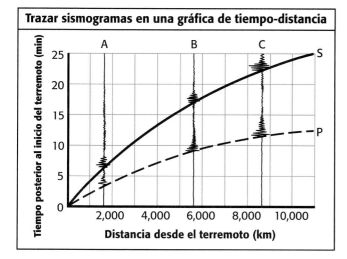

Trazar sismogramas en una gráfica de tiempo-distancia

1. Según el sismograma, ¿qué ondas viajan a **mayor velocidad?**

   A Las ondas P viajan a mayor velocidad.

   B Las ondas S viajan a mayor velocidad.

   C Las ondas P y las ondas S viajan a la misma velocidad.

   D La gráfica no muestra la velocidad a la que viajan las ondas P y las ondas S.

2. ¿Cuál es la diferencia aproximada en minutos entre la hora a la que llegaron las primeras ondas P a la estación B y la hora a la que llegaron las primeras ondas S a la estación B?

   F 22 1/2 min

   G 10 1/2 min

   H 8 min

   I 3 min

3. ¿Cuánto más cerca se encuentra la estación A del epicentro que la estación B?

   A 1,800 km

   B 4,000 km

   C 5,800 km

   D 8,600 km

1. Si una onda sísmica viaja a 12 km/s, ¿a qué distancia del terremoto está en 1 min?

   A 7,200 km

   B 720 km

   C 72 km

   D 7.2 km

2. Si una onda P recorre 70 km en 10 s, ¿cuál es su velocidad?

   F 700 km/s

   G 70 km/s

   H 7 km/s

   I 0.7 km/s

3. Cada vez que la magnitud de un terremoto aumenta 1 unidad, la cantidad de energía liberada es 31.7 veces mayor. ¿Cuánta energía libera un terremoto de magnitud 7.0 en comparación con un terremoto de magnitud 5.0?

   A 31,855 veces más

   B 63.4 veces más

   C 634 veces más

   D 1,005 veces más

4. Una relación aproximada entre la magnitud y la frecuencia de un terremoto es la siguiente: cuando la magnitud aumenta 1.0, se producen 10 veces menos terremotos. Por lo tanto, si este año se producen 150 terremotos de magnitud 2.0 en tu área, ¿aproximadamente cuántos terremotos de magnitud 4.0 se producirán?

   F 50

   G 10

   H 2

   I 0

5. Si hay un promedio de 421,140 terremotos por año, ¿qué porcentaje de esos terremotos serán menores, si anualmente se producen 49,000 terremotos menores?

   A 0.01% aproximadamente

   B 0.12% aproximadamente

   C 12% aproximadamente

   D 86% aproximadamente

La ciencia en acción

Curiosidades de la ciencia

¿Pueden los animales predecir terremotos?

¿Es posible que los animales que se encuentran cerca del epicentro de un terremoto puedan sentir los cambios en el ambiente? ¿Deberíamos prestar atención al comportamiento de esos animales? Ya en el siglo XVIII comenzaron a registrarse las actitudes poco usuales que tenían los animales antes de los terremotos. Algunos ejemplos incluyen el ganado que busca tierras más altas y los animales de zoológico que no quieren entrar en sus refugios por la noche. Otros animales, como los lagartos, las serpientes y algunos mamíferos pequeños, abandonan sus madrigueras, mientras que las aves silvestres dejan sus hábitats acostumbrados. Este tipo de comportamiento puede verse días, horas o hasta minutos antes de que ocurra un terremoto.

HUECO PILOTO DEL SAFOD

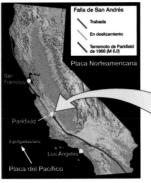

Fuente: Martyn Unsworth

Ciencia, tecnología y sociedad

Observatorio en Profundidad de la Falla de San Andrés (SAFOD)

Los sismólogos están desarrollando un observatorio subterráneo en Parkfield (California) para estudiar los terremotos a lo largo de la falla de San Andrés. El observatorio se llamará Observatorio en Profundidad de la Falla de San Andrés (SAFOD, por sus siglas en inglés). Se excavará un hoyo profundo directamente en la zona de la falla, cerca de un punto donde se registraron terremotos de magnitud 6.0. Se colocarán instrumentos en el fondo del hoyo, a 3 ó 4 km de profundidad, para hacer mediciones sismológicas de los terremotos y medir la deformación de la roca.

ACTiViDAD de artes del lenguaje

DESTREZA DE REDACCIÓN Elabora una guía de campo ilustrada que muestre cómo el comportamiento animal puede predecir terremotos. Junto a cada ilustración, debe haber un párrafo que describa el comportamiento de un animal específico.

ACTiViDAD de estudios sociales

Investiga el gran terremoto de San Francisco de 1906. Busca imágenes del terremoto en Internet y bájalas a tu computadora o recórtalas de revistas viejas. Haz un collage con fotos del terremoto en el que muestres San Francisco antes y después del terremoto.

Hiroo Kanamori

Sismólogo Hiroo Kanamori es un sismólogo del Instituto Tecnológico de California, ubicado en Pasadena (California). El doctor Kanamori estudia cómo se producen los terremotos y trata de disminuir los efectos que tienen en nuestra sociedad. Además, analiza qué efecto tienen los terremotos en los océanos y cómo crean olas gigantescas llamadas *tsunamis*. Cuando los tsunamis llegan a tierra, pueden producir muertes y daños materiales. Kanamori descubrió que incluso algunos terremotos débiles pueden provocar tsunamis devastadores. Él llama a estos sucesos *terremotos de tsunamis* y aprendió a predecir cuándo se formarán los tsunamis. En síntesis, cuando las placas tectónicas se muelen lentamente entre ellas, se crean ondas especiales llamadas *ondas sísmicas de período largo*. Cuando Kanamori ve una onda de período largo en un sismograma, sabe que se formará un tsunami. Como las ondas de período largo viajan más rápidamente que los tsunamis, llegan antes a las estaciones de registro. Cuando una estación sismográfica registra un terremoto, se envía la información a un centro de alerta contra tsunamis. El centro determina si el terremoto puede causar un tsunami y, de ser así, envía un alerta de tsunami a todas las áreas que pueden ser afectadas.

ACTIVIDAD de matemáticas

Un terremoto submarino forma un tsunami, que se desplaza a través del océano a 800 km/h. ¿Cuánto tardará en desplazarse desde el punto en que se formó hasta la costa situada a 3,600 km de distancia?

Para aprender más sobre los temas de "La ciencia en acción", visita **go.hrw.com** y escribe la palabra clave **HZ5EQKF**. (Disponible sólo en inglés)

Ciencia actual

Visita **go.hrw.com** y consulta **los artículos de Ciencia actual** (*Current Science®*) **relacionados con este capítulo. Sólo escribe la palabra clave HZ5CS08.** (Disponible sólo en inglés)

Volcanes

La idea principal

Los volcanes son sitios donde la roca fundida llega hasta la superficie de la Tierra. Los volcanes pueden afectar a los accidentes geográficos y a las sociedades.

Acerca de la

Cuando piensas en una erupción volcánica, probablemente te imaginas una montaña con forma de cono que explota y lanza al aire enormes nubes de ceniza. ¡Algunas erupciones volcánicas hacen precisamente eso! Sin embargo, la mayoría son lentas y tranquilas como la que se muestra aquí, avanzando sobre una calle de Hawai. Las erupciones volcánicas ocurren en todo el mundo y son uno de los factores importantes que da forma a la superficie terrestre.

ACTIVIDAD PARA ANTES DE LEER

NOTAS PLEGADAS **Cuaderno engrapado**
Antes de leer el capítulo, prepara las notas plegables en forma de "Cuaderno engrapado", tal y como se explica en la sección **Destrezas de estudio** del Apéndice. Titula las pestañas del cuaderno "Erupciones volcánicas", "Efectos de las erupciones" y "Causas de las erupciones". Mientras lees el capítulo, escribe lo que vayas aprendiendo sobre cada categoría en la página correspondiente.

ACTIVIDAD INICIAL

Anticipación

En esta actividad, construirás un modelo sencillo de volcán y tratarás de predecir una erupción.

Procedimiento

1. Echa **10 mL de bicarbonato de sodio** sobre un **pañuelo de papel.** Dobla las esquinas del papel sobre el bicarbonato de sodio y colócalo en un **recipiente grande.**

2. Coloca **plastilina** alrededor del borde superior de un **embudo.** Presiona ese extremo del embudo sobre el pañuelo de papel para que no entre aire.

3. Después de ponerte las **gafas de seguridad,** vierte **50 mL de vinagre** y **varias gotas de jabón líquido para platos** en un **vaso de precipitados de 200 mL.** Revuelve.

4. Predice cuánto tiempo tardará el volcán en entrar en erupción después de que viertas el líquido en el embudo. Vierte con cuidado el líquido en el embudo y, con un **cronómetro,** calcula cuánto tarda el volcán en entrar en erupción.

Análisis

1. Basándote en tus observaciones, explica cuál fue la causa de la erupción.

2. ¿Qué tan acertada fue tu predicción? ¿Cuántos segundos de diferencia hubo entre las predicciones de la clase?

3. ¿Cómo influyen el tamaño de la abertura del embudo y la cantidad de bicarbonato de sodio y vinagre sobre la cantidad de tiempo que tarda el volcán en entrar en erupción?

Erupciones volcánicas

Piensa en la fuerza liberada cuando explotó la primera bomba atómica durante la Segunda Guerra Mundial. Ahora, imagina una explosión 10,000 veces más fuerte y te darás una idea de lo poderosa que puede ser una erupción volcánica.

La presión explosiva de una erupción volcánica puede transformar una montaña entera en nubes expansivas de ceniza y rocas en cuestión de segundos. Pero las erupciones también son fuerzas creativas: forman tierras de cultivo fértiles y algunas de las montañas más grandes de la Tierra. En una erupción, la roca fundida, o *magma*, es empujada hacia la superficie terrestre. El magma que fluye sobre la superficie se llama *lava*. Los **volcanes** son áreas de la superficie terrestre por donde pasan el magma y los gases volcánicos.

Erupciones no explosivas

En este momento, están ocurriendo erupciones volcánicas alrededor del mundo, tanto en el fondo del océano como en la tierra. Las erupciones no explosivas son las más comunes. Estas erupciones producen flujos de lava relativamente tranquilos, como los que se muestran en la **figura 1.** Las erupciones no explosivas pueden liberar enormes cantidades de lava. Grandes áreas de la superficie terrestre, incluyendo parte del suelo marino y el noroeste de Estados Unidos, están cubiertas por la lava de erupciones no explosivas.

Lo que aprenderás

- Diferencia las erupciones volcánicas no explosivas de las explosivas.
- Identifica las características de un volcán.
- Explica cómo la composición del magma afecta al tipo de erupción volcánica.
- Describe cuatro tipos de lava y cuatro tipos de material piroclástico.

Vocabulario

volcán   chimenea
cámara de magma

ESTRATEGIA DE LECTURA

Organizador de lectura Mientras lees esta sección, haz una tabla para comparar los tipos de lava y material piroclástico.

volcán una chimenea o fisura en la superficie terrestre a través de la cual se expulsan magma y gases

Figura 1   Ejemplos de erupciones no explosivas

A veces, las erupciones no explosivas pueden lanzar lava al aire. Las fuentes de lava como ésta son impulsadas por la presión de los gases liberados.

▲ La lava puede deslizarse lentamente o alcanzar una velocidad de hasta 60 km/h.

Erupciones explosivas

Las erupciones explosivas, como la que se muestra en la **figura 2,** son mucho menos comunes que las no explosivas. Sin embargo, pueden ser increíblemente destructivas. Durante una erupción explosiva, nubes de escombros, cenizas y gases calientes son lanzadas rápidamente fuera del volcán. En lugar de producir flujos de lava, las erupciones explosivas hacen que las rocas fundidas sean expulsadas en forma de partículas minúsculas que se endurecen en el aire. Estas partículas del tamaño de granos de polvo, llamadas *cenizas,* pueden llegar a la atmósfera superior y dar vueltas alrededor de la Tierra durante años. Los escombros más grandes caen más cerca del volcán. Una erupción explosiva también puede expulsar millones de toneladas de lava y rocas y demoler completamente la ladera de una montaña en unos pocos segundos, como se muestra en la **figura 3.**

✔ ***Comprensión de lectura*** Menciona dos diferencias entre las erupciones explosivas y las no explosivas.
(*Consulta en el Apéndice las respuestas de comprensión de lectura.*)

Figura 2 *Como si se tratara de una explosión nuclear, el monte Redoubt en Alaska dispara cenizas volcánicas al cielo durante la erupción de 1990.*

Figura 3 *En 1980, la erupción del monte Santa Elena en el estado de Washington provocó el derrumbe de una ladera de la montaña en unos segundos. La explosión quemó y arrasó 600 km² de bosques.*

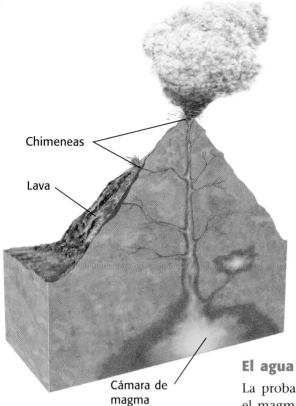

Chimeneas

Lava

Cámara de
magma

Figura 4 *Los volcanes se forman
cuando las chimeneas liberan lava.*

cámara de magma la masa de
roca fundida que alimenta un volcán

chimenea una abertura en la
superficie terrestre por donde pasa
el material volcánico

¿Qué hay en el interior de un volcán?

Si pudieras ver el interior de un volcán en erupción, verías lo que se muestra en la **figura 4**. La **cámara de magma** es la masa de roca subterránea fundida que alimenta un volcán. El magma sube por la cámara de magma a través de grietas de la corteza terrestre hasta alcanzar unas aberturas llamadas **chimeneas.** El magma sale por las chimeneas durante la erupción.

¿De qué se compone el magma?

Al comparar la composición del magma de diferentes erupciones, los científicos hicieron un descubrimiento importante. La composición del magma determina qué tan explosiva es una erupción volcánica. La clave para saber si una erupción será explosiva está en el contenido de sílice, agua y gases del magma.

El agua y el magma son una combinación explosiva

La probabilidad de que ocurra una erupción explosiva es mayor si el magma tiene un alto contenido de agua. Como el magma está a gran presión bajo tierra, el agua permanece disuelta. Si el magma se mueve rápidamente hacia la superficie, la presión disminuye de repente y el agua y otros compuestos, como el dióxido de carbono, se vuelven gases. Como los gases se expanden rápidamente, puede producirse una explosión. Lo mismo pasa cuando abres una lata de refresco después de agitarla. Cuando agitas la lata, el CO_2 disuelto en el refresco queda libre y la presión aumenta. Cuando abres la lata, el refresco se dispara tal como se dispara la lava de un volcán durante una erupción explosiva. ¡Hay una lava que tiene tantas burbujas de gas cuando llega a la superficie que su forma sólida, llamada *piedra pómez,* puede flotar en el agua!

El magma rico en sílice atrapa los gases explosivos

El magma con un alto contenido de sílice también suele provocar erupciones explosivas. Este tipo de magma tiene una consistencia rígida. Avanza lentamente y tiende a endurecerse en la chimenea del volcán. Como resultado, la chimenea se tapa. Cuando el magma empuja desde abajo, la presión aumenta. Si se acumula suficiente presión, se produce una erupción explosiva. El magma rígido también evita que el vapor de agua y otros gases salgan fácilmente. Las burbujas de los gases atrapados pueden expandirse hasta que explotan, fragmentando el magma en cenizas y piedra pómez que son expulsadas por la chimenea. El magma que contiene menos sílice tiene una consistencia más fluida. Como los gases se escapan de este tipo de magma con mayor facilidad, es menos probable que ocurran erupciones explosivas.

Comprensión de lectura ¿De qué manera afecta el nivel de sílice a una erupción?

¿Qué expulsa un volcán?

El magma es expulsado como lava o como material piroclástico. La lava es magma líquido que fluye por una chimenea volcánica. El *material piroclástico* se forma cuando el magma es lanzado al aire y se endurece. Las erupciones no explosivas producen principalmente lava, mientras que las erupciones explosivas producen sobre todo material piroclástico. A lo largo de muchos años, o incluso durante una misma erupción, las erupciones de un volcán pueden alternar entre erupciones de lava y erupciones piroclásticas.

Tipos de lava

La viscosidad de la lava, o la forma en que fluye, es muy variable. Para entender qué es la viscosidad, piensa que un licuado tiene alta viscosidad y un vaso de leche, baja viscosidad. La lava con alta viscosidad es rígida, mientras que la lava con baja viscosidad es más fluida. La viscosidad de la lava afecta a la superficie del flujo de lava de diferentes maneras, como se muestra en la **figura 5.** La *lava en bloques* y la *lava pahoehoe* tienen alta viscosidad y fluyen lentamente. Otros tipos de flujos de lava, como la *lava aa* y la *lava almohadilla* tienen viscosidad más baja y fluyen más rápidamente.

CONEXIÓN CON los estudios sociales

Tierras de cultivo fértiles La ceniza volcánica crea algunas de las tierras de cultivo más fértiles del mundo. Usa un planisferio y materiales de referencia para localizar algunos volcanes que crearon tierras de cultivo en Italia, África, América del Sur y Estados Unidos. Haz un mapa ilustrado en una cartulina gruesa para compartir tu trabajo con la clase.

ACTIVIDAD

Figura 5   Cuatro tipos de lava

La **lava aa** se derrama rápidamente y forma una corteza quebradiza. La corteza se rompe en pedazos filosos mientras la lava fundida sigue fluyendo por debajo.

La **lava pahoehoe** avanza lentamente, como la cera cuando cae de una vela. Su superficie vidriosa tiene pliegues redondeados.

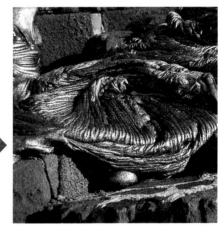

La **lava almohadilla** se forma cuando la lava es expulsada bajo el agua. Como puedes ver aquí, esta lava forma terrones redondeados en forma de almohadilla.

La **lava en bloques** es lava fría y rígida que no se aleja mucho de la chimenea en erupción. Esta lava por lo general fluye de un volcán y forma pilas desordenadas de fragmentos filosos.

Figura 6 Cuatro tipos de material piroclástico

Las **bombas volcánicas** son grandes masas de magma que se endurecen en el aire. La forma de esta bomba se debe a que el magma giró en el aire mientras se enfriaba.

Los **lapilli,** que significa "piedras pequeñas" en italiano, son trozos de magma parecidos a guijarros que se endurecieron antes de llegar al suelo.

La **ceniza volcánica** se forma cuando los gases del magma rígido se expanden rápidamente y la pared de las burbujas de gas explota en astillas minúsculas que parecen de vidrio. La ceniza constituye la mayor parte del material piroclástico de una erupción.

Los **bloques volcánicos,** los fragmentos más grandes de material piroclástico, son pedazos de roca sólida que salen expulsados de un volcán.

Tipos de material piroclástico

El material piroclástico se forma cuando el magma de un volcán explota y se solidifica en el aire, o cuando las erupciones fuertes hacen pedazos las rocas existentes. El tamaño del material piroclástico varía desde rocas grandes como una casa hasta partículas minúsculas que pueden permanecer suspendidas en la atmósfera durante años. En la **figura 6** se muestran cuatro tipos de material piroclástico: bombas volcánicas, bloques volcánicos, lapilli y ceniza volcánica.

✓ *Comprensión de lectura* Describe cuatro tipos de material piroclástico.

Representar una erupción explosiva

1. Infla un **globo grande** y colócalo en una **caja de cartón.**

2. Extiende una **sábana** en el piso. Coloca la caja en el centro de la sábana. Amontona una capa fina de **arena** sobre el globo para hacer un volcán que sea más alto que los bordes de la caja.

3. Rocía el volcán con **agua.** Luego, rocía el volcán con **témpera** hasta cubrirlo completamente.

4. Esparce **pequeños objetos** al azar sobre el volcán, como, por ejemplo, **pasas.** Haz un bosquejo del volcán.

5. Ponte las **gafas de seguridad.** Pincha el globo con un **alfiler.**

6. Con una **regla métrica,** calcula la distancia promedio que recorrieron 10 granos de arena y 10 pasas.

7. ¿De qué manera el peso relativo de cada tipo de material influyó en la distancia promedio que recorrió?

8. Haz un bosquejo del volcán luego de explotar.

Flujos piroclásticos

Un tipo de flujo volcánico especialmente peligroso es el *flujo piroclástico*. El flujo piroclástico se produce cuando enormes cantidades de ceniza, polvo y gases calientes salen expulsados de un volcán. Esta nube brillante de material piroclástico puede deslizarse cuesta abajo a más de 200 km/h: ¡más rápido que los vientos de un huracán! La temperatura en el centro del flujo piroclástico puede superar los 700°C. En la **figura 7** se muestra un flujo piroclástico de la erupción del monte Pinatubo. Afortunadamente, los científicos predijeron la erupción y 250,000 personas fueron evacuadas antes de que ocurriera.

Figura 7 *En 1991, la erupción del monte Pinatubo en las Filipinas liberó terribles flujos piroclásticos.*

REPASO DE LA sección

Resumen

- Los volcanes pueden tener erupciones explosivas o no explosivas.

- El magma que contiene un elevado nivel de agua, CO_2 o sílice suele causar erupciones explosivas.

- La lava puede clasificarse según su viscosidad. La lava espesa y la lava aa son viscosas. La lava pahoehoe y la lava almohadilla son más fluidas y tienen una consistencia más líquida.

- El material piroclástico, como las cenizas y las bombas volcánicas, se forma cuando el magma se solidifica al entrar en contacto con el aire.

Usar términos clave

1. Define los siguientes términos en tus propias palabras: *volcán, cámara de magma* y *chimenea*.

Comprender las ideas principales

2. ¿Cuál de los siguientes factores influye en que un volcán tenga una erupción explosiva?

   a. la concentración de bombas volcánicas en el magma

   b. la concentración de fósforo en el magma

   c. la concentración de lava aa en el magma

   d. la concentración de agua en el magma

3. ¿Cómo se clasifican el material piroclástico y la lava? Describe cuatro tipos de lava.

4. ¿Qué produce más material piroclástico: una erupción explosiva o una erupción no explosiva?

5. Explica de qué manera la presencia de sílice y agua en el magma aumenta las probabilidades de que se produzca una erupción explosiva.

6. ¿Qué es el flujo piroclástico?

Destrezas matemáticas

7. Una muestra de magma contiene 64% de sílice. Expresa este porcentaje como una fracción simplificada.

Razonamiento crítico

8. **Analizar ideas** ¿En qué se parece una erupción explosiva a abrir una lata de refresco que ha sido agitada? Asegúrate de describir el papel que cumple el dióxido de carbono en el proceso.

9. **Inferir** Predice el contenido de sílice de la lava aa, la lava almohadilla y la lava en bloques.

10. **Inferir** Explica por qué los nombres de muchos tipos de lava son originarios de Hawai, pero los nombres de muchos tipos de material piroclástico provienen del francés, el italiano y el indonesio.

SCiLINKS. NSTA Desarrollo y mantenimiento a cargo de la Asociación Nacional de Maestros de Ciencias

Para ver diversos enlaces relacionados con este capítulo, visita www.scilinks.org

Tema*: Erupciones volcánicas
Código de SciLinks: HSM1616

*(Sólo en inglés)

Efectos de las erupciones volcánicas

En 1816, Chauncey Jerome, un habitante de Connecticut, escribió que la ropa que su esposa había tendido el día anterior se había congelado durante la noche. Este hecho no habría tenido nada de raro, ¡si no hubiera sido porque era 10 de junio!

En esa época, los habitantes de Nueva Inglaterra no sabían que la explosión de una isla volcánica al otro lado del mundo había alterado profundamente el clima global y estaba produciendo "el año sin verano".

Las erupciones volcánicas y el cambio climático

En 1815, la erupción del monte Tambora oscureció el cielo de la mayor parte de Indonesia durante tres días. Se estima que 12,000 personas murieron directamente a causa de la explosión y 80,000 personas murieron a causa del hambre y las enfermedades resultantes. Sin embargo, los efectos globales de la erupción no se sintieron sino hasta el año siguiente. Las erupciones de gran magnitud expulsan enormes cantidades de ceniza y gases volcánicos a la atmósfera superior.

Cuando la ceniza y los gases volcánicos se esparcen por la atmósfera, pueden bloquear la luz del Sol lo suficiente para producir la disminución global de la temperatura. La erupción del Tambora afectó al clima global de tal manera que produjo escasez de alimentos en América del Norte y Europa. Más recientemente, la erupción del monte Pinatubo, que se muestra en la **figura 1,** hizo que la temperatura global promedio bajara 0.5°C. Aunque esta cifra parezca insignificante, un cambio semejante puede alterar el clima en todo el mundo.

✔ *Comprensión de lectura* ¿Cómo afecta al clima una erupción volcánica? (*Consulta en el Apéndice las respuestas de comprensión de lectura.*)

Lo que aprenderás

- Explica cómo las erupciones volcánicas pueden afectar al clima.
- Compara los tres tipos de volcanes.
- Compara los cráteres, las calderas y las mesetas de lava.

Vocabulario
cráter
caldera
meseta de lava

ESTRATEGIA DE LECTURA

Resumen en parejas Lee esta sección en silencio. Túrnate con un compañero para resumir el material. Hagan pausas para comentar las ideas que les resulten confusas.

Figura 1 *La ceniza producida por la erupción del monte Pinatubo ocultó el Sol en las Filipinas durante varios días. La erupción también afectó al clima global.*

Distintos tipos de volcanes

Aunque las erupciones pueden provocar profundos cambios climáticos, los cambios que producen en la superficie terrestre son más conocidos. Probablemente, los accidentes geográficos volcánicos más conocidos son los volcanes mismos. Los tres tipos básicos de volcanes se ilustran en la **figura 2.**

Volcanes de escudo

Los volcanes de escudo están formados por capas de lava expulsadas en diversas erupciones no explosivas. Como la lava es muy fluida, se extiende por áreas amplias. Con el tiempo, las capas de lava forman un volcán con laderas suavemente inclinadas. Aunque sus laderas no son muy empinadas, los volcanes de escudo pueden ser enormes. El Mauna Kea en Hawai, el volcán de escudo que se muestra aquí, es la montaña más alta de la Tierra. Medido desde su base en el fondo del mar, el Mauna Kea es más alto que el monte Everest.

Volcanes de cono de escorias

Los volcanes de cono de escorias están formados por material piroclástico que suele producirse en erupciones explosivas moderadas. El material piroclástico forma laderas empinadas, como se muestra en esta foto del volcán mexicano Paricutín. Los conos de escorias son pequeños y generalmente permanecen activos durante poco tiempo. El Paricutín se formó en un campo de maíz en 1943 y entró en erupción durante solo nueve años antes de detenerse a una altura de 400 m. Los conos de escoria a menudo aparecen en grupos, normalmente en las laderas de otros volcanes. Por lo general, se erosionan rápidamente porque el material piroclástico no está bien unido.

Volcanes compuestos

Los volcanes compuestos, a veces llamados *estratovolcanes,* son uno de los tipos más comunes de volcanes. Se forman a partir de erupciones explosivas de material piroclástico, seguidas de flujos de lava más lentos. La combinación de ambos tipos de erupciones forma capas alternas de material piroclástico y lava. Los volcanes compuestos, como el monte Fuji en Japón (que se muestra aquí), tienen bases amplias y laderas que se vuelven más empinadas hacia la cima. Entre los volcanes compuestos de la región oeste de Estados Unidos, se encuentran el monte Hood, el monte Rainier, el monte Shasta y el monte Santa Elena.

Figura 2 Tres tipos de volcanes

Volcán de escudo

Volcán de cono de escorias

Volcán compuesto

Figura 3 *Los cráteres, como éste ubicado en Kamchatka (Rusia), se forman alrededor de la chimenea central de un volcán.*

cráter una depresión con forma de embudo que se forma cerca de la cima de la chimenea central de un volcán

caldera una depresión semicircular grande que se forma cuando se vacía parcialmente la cámara de magma debajo de un volcán y el techo de la cámara se hunde

Otros tipos de accidentes geográficos volcánicos

Además de los volcanes, la actividad volcánica produce otros accidentes geográficos, como los cráteres, las calderas y las mesetas de lava. Sigue leyendo para aprender más sobre estos accidentes geográficos.

Cráteres

Alrededor de la chimenea central de la cima de muchos volcanes, hay una depresión con forma de embudo llamada **cráter**. En la **figura 3,** se muestra un ejemplo de cráter. En erupciones menos explosivas, la lava fluye y el material piroclástico se acumula alrededor de la chimenea creando un cono con un cráter central. Al detenerse la erupción, la lava que queda en el cráter a menudo se escurre nuevamente hacia el interior de la Tierra. Entonces, la chimenea puede derrumbarse y formar un cráter más grande. Si la lava se endurece en el cráter, la próxima erupción puede expulsarla hacia afuera. De esta manera, el cráter se hace más grande y profundo.

Calderas

Las calderas son parecidas a los cráteres, pero mucho más grandes. Una **caldera** es una depresión semicircular grande que se forma cuando se vacía parcialmente la cámara de magma que alimenta un volcán y el techo de la cámara se hunde, como se muestra en la **figura 4.** Gran parte del Parque de Yellowstone está compuesto por tres grandes calderas que se formaron como consecuencia del derrumbamiento de volcanes hace entre 1.9 y 0.6 millones de años. Hoy en día, hay manantiales calientes, como el *Old Faithful,* que se calientan con la energía térmica que aún queda de esos sucesos.

✔ *Comprensión de lectura* ¿Cómo se forman las calderas?

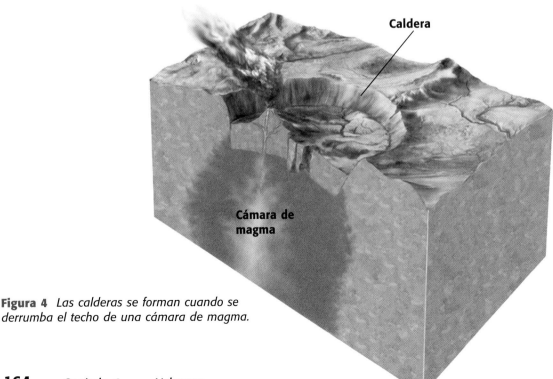

Caldera

Cámara de magma

Figura 4 *Las calderas se forman cuando se derrumba el techo de una cámara de magma.*

Mesetas de lava

Los flujos de lava más grandes no provienen de volcanes individuales. Casi toda la lava de la superficie terrestre fue expulsada a través de largas grietas, o *rifts,* de la corteza. En este tipo de erupción, la lava líquida puede fluir durante millones de años y extenderse por grandes áreas. Una **meseta de lava** es un accidente geográfico que se forma por las repetidas erupciones de lava sobre un área extensa. La meseta del río Columbia, parte de la cual se muestra en la **figura 5,** es una meseta de lava formada hace entre 17 y 14 millones de años en la región noroeste de Estados Unidos. En algunas partes, esta meseta tiene 3 km de espesor.

Figura 5 *La meseta del río Columbia se formó a partir de un gran flujo de lava que comenzó hace 17 millones de años.*

meseta de lava un accidente geográfico ancho y plano que se forma como consecuencia de repetidas erupciones no explosivas de lava que se extiende por un área muy grande

REPASO DE LA sección

Resumen

- Los grandes volúmenes de gas y cenizas liberados durante una erupción volcánica pueden afectar al clima.
- Los volcanes de escudo se forman como resultado de muchas erupciones de lava relativamente líquida.
- Los volcanes de cono de escorias se forman como resultado de erupciones levemente explosivas de material piroclástico.
- Los volcanes compuestos se forman como resultado de erupciones explosivas y no explosivas que se alternan.
- Los cráteres, las calderas y las mesetas de lava son accidentes geográficos volcánicos.

Usar términos clave

Escoge el término correcto del banco de palabras para completar las siguientes oraciones.

caldera   cráter

1. Un/Una ___ es un orificio con forma de embudo que se encuentra alrededor de la chimenea central.

2. Un/Una ___ se forma cuando una cámara de magma se vacía parcialmente.

Comprender las ideas principales

3. ¿Qué tipo de volcán se origina como resultado de erupciones explosivas y no explosivas que se alternan?

   a. volcán compuesto
   b. volcán de cono de escorias
   c. volcán de zona de rift
   d. volcán de escudo

4. ¿Por qué los volcanes de cono de escorias tienen bases más estrechas y laderas más empinadas que los volcanes de escudo?

5. ¿Por qué el cráter de un volcán tiende a agrandarse con el tiempo?

Destrezas matemáticas

6. El flujo de lava más veloz que se ha registrado fue de 60 km/h. Un caballo puede galopar a una velocidad de hasta 48 mi/h. ¿Podría un caballo al galope avanzar más rápido que el flujo de lava más veloz? (Pista: 1 km = 0.621 mi.)

Razonamiento crítico

7. **Inferir** ¿Por qué los efectos de la erupción del Tambora no se sintieron en Nueva Inglaterra sino hasta un año después?

Para ver diversos enlaces relacionados con este capítulo, visita www.scilinks.org

Tema*: Efectos de las erupciones volcánicas
Código de SciLinks: HSM1615

*(Sólo en inglés)

Causas de las erupciones volcánicas

Hace más de 2,000 años, Pompeya era una activa ciudad romana cercana al volcán dormido Vesubio. Los habitantes no veían al Vesubio como una gran amenaza. ¡Pero todo cambió cuando el Vesubio entró en erupción repentinamente y enterró la ciudad bajo un mortal manto de ceniza de casi 20 pies de espesor!

En la actualidad, hay todavía más personas que viven sobre las laderas o cerca de volcanes activos. Los científicos controlan los volcanes de cerca para evitar este tipo de desastres. Estudian los gases que salen de los volcanes activos y buscan leves cambios en la forma del volcán que podrían indicar la proximidad de una erupción. Los científicos actuales saben mucho más sobre las causas de las erupciones que los antiguos pompeyanos, pero hay mucho más por descubrir.

La formación del magma

Entender cómo se forma el magma sirve para explicar por qué entran en erupción los volcanes. El magma se forma en las regiones más profundas de la corteza terrestre y en las capas superiores del manto, donde la temperatura y la presión son muy altas. Los cambios en la presión y la temperatura hacen que se forme el magma.

Presión y temperatura

Parte del manto superior está formado por rocas calientes que fluyen lentamente y tienen una consistencia similar a la de la masilla. La roca del manto está tan caliente que podría fundirse en la superficie terrestre, pero permanece sólida como la masilla debido a la presión. Esta presión es producida por el peso de la roca encima del manto. En otras palabras, la roca que cubre el manto comprime tanto los átomos del manto que éste no se puede fundir. Como se muestra en la **figura 1,** la roca se funde cuando aumenta la temperatura o cuando disminuye la presión.

Lo que aprenderás

- Describe la formación y el movimiento del magma.
- Explica la relación entre los volcanes y la tectónica de placas.
- Resume los métodos que aplican los científicos para predecir las erupciones volcánicas.

Vocabulario

zona de rift
mancha caliente

ESTRATEGIA DE LECTURA

Organizador de lectura Mientras lees esta sección, haz un diagrama de flujo de los pasos de la formación del magma en los diferentes ambientes tectónicos.

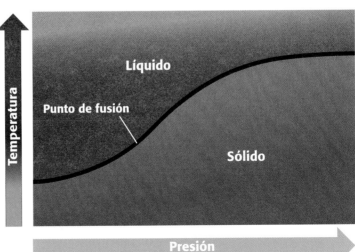

Figura 1 *La línea curva indica el punto de fusión de una roca. Cuando la presión disminuye y la temperatura aumenta, la roca comienza a fundirse.*

La formación del magma en el manto

Como la temperatura del manto es bastante constante, la disminución de la presión es la causa más común de la formación del magma. El magma se forma a menudo en el límite entre placas tectónicas que se separan, donde disminuye la presión. Una vez formado, el magma es menos denso que la roca de alrededor y, en consecuencia, sube lentamente hacia la superficie como una burbuja de aire en un frasco de miel.

¿Dónde se forman los volcanes?

La ubicación de los volcanes ofrece pistas sobre cómo se forman. El mapa de la **figura 2** muestra la ubicación de algunos de los principales volcanes activos del mundo. También muestra los límites entre las placas tectónicas. Hay muchos volcanes que están directamente sobre los límites de las placas tectónicas. De hecho, los límites de las placas que rodean el océano Pacífico tienen tantos volcanes que la zona se conoce como *Cinturón de Fuego*.

Los límites de las placas tectónicas son áreas donde las placas chocan, se separan o se deslizan una junto a otra. En esos límites, el magma puede formarse y subir hasta la superficie. Cerca del 80% de los volcanes terrestres activos se forma donde las placas chocan entre sí y alrededor del 15% se forma donde las placas se separan. Los pocos que quedan se forman lejos de los límites entre las placas.

✓ *Comprensión de lectura* ¿Por qué la mayoría de los volcanes están sobre los límites entre las placas tectónicas? (*Consulta en el Apéndice las respuestas de comprensión de lectura.*)

Reacción al estrés

1. Para hacer una "roca" blanda, vierte **60 mL de agua** en un **vaso de plástico** y agrega **150 mL de almidón de maíz,** 15 mL por vez. Revuelve bien cada vez.

2. Vierte la mitad de la mezcla de almidón de maíz en un **tazón transparente.** Observa atentamente como fluye la "roca". ¡Ten paciencia; éste es un proceso lento!

3. Raspa el resto de la "roca" del tazón con una **cuchara.** Observa el comportamiento de la "roca" mientras raspas.

4. ¿Qué pasó con la "roca" cuando la dejaste fluir? ¿Qué pasó cuando le aplicaste presión?

5. ¿En qué se parece esta "roca" blanda a las rocas de la parte superior del manto?

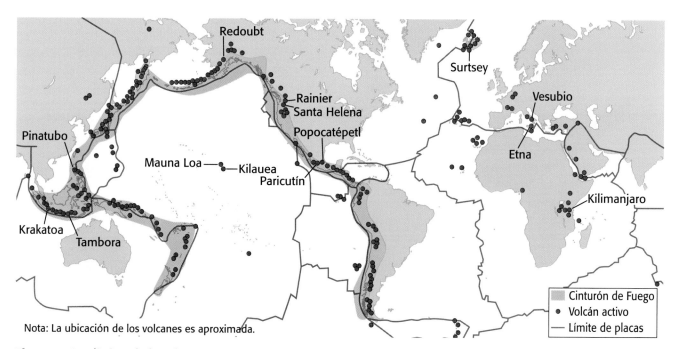

Nota: La ubicación de los volcanes es aproximada.

Figura 2 *Los límites de las placas tectónicas son lugares propicios para la formación de volcanes. En el Cinturón de Fuego, se encuentra casi el 75% de los volcanes terrestres activos del mundo.*

zona de rift un área de grietas profundas que se forma entre dos placas tectónicas que se alejan una de la otra

Separación de las placas tectónicas

Las placas tectónicas se alejan una de otra en un *límite divergente*. Cuando las placas tectónicas se separan, entre ellas se forma un conjunto de grietas profundas llamado **zona de rift**. Entonces, la roca del manto sube para llenar el espacio vacío. Cuando la roca del manto se acerca a la superficie, la presión disminuye; esto hace que la roca se funda y forme el magma. Como es menos denso que la roca que lo rodea, el magma sube a través de los rifts. Al llegar a la superficie, se esparce y se endurece formando nueva corteza, como se muestra en la **figura 3.**

Las dorsales oceánicas se forman en los límites divergentes

La lava que fluye de las zonas de rift submarinas forma volcanes y cadenas montañosas llamadas *dorsales oceánicas*. Así como una pelota de béisbol tiene costuras, la Tierra está atravesada por dorsales oceánicas. La lava fluye por estas dorsales y forma nueva corteza. La mayor parte de la actividad volcánica de la Tierra ocurre en las dorsales oceánicas. Aunque la mayoría de las dorsales oceánicas están bajo el agua, Islandia, con sus volcanes y manantiales calientes, se formó con lava de la dorsal medio-atlántica. En 1963, fluyó de allí suficiente lava para formar una nueva isla cerca de Islandia llamada *Surtsey*. ¡Los científicos pudieron observar cómo nace una nueva isla!

Figura 3 Cómo se forma el magma en un límite divergente

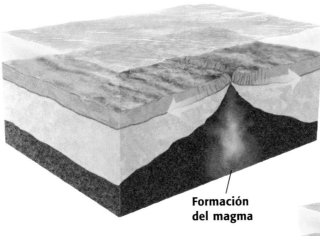

El material del manto sube para llenar el espacio abierto por las placas tectónicas que se separan. El manto empieza a fundirse cuando la presión disminuye.

Formación del magma

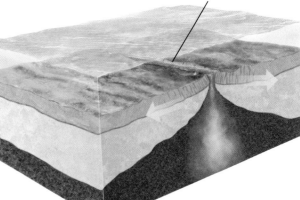

Nueva corteza oceánica

Como el magma es menos denso que la roca que lo rodea, sube a la superficie y forma nueva corteza en el fondo del océano.

Figura 4 Cómo se forma el magma en un límite convergente

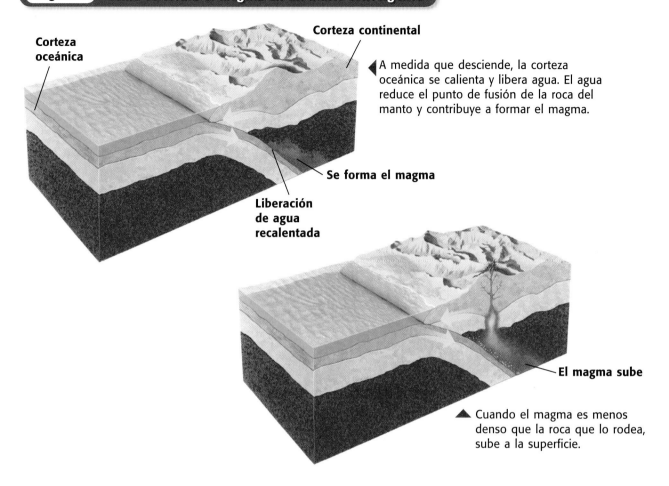

Corteza oceánica

Corteza continental

◄ A medida que desciende, la corteza oceánica se calienta y libera agua. El agua reduce el punto de fusión de la roca del manto y contribuye a formar el magma.

Se forma el magma

Liberación de agua recalentada

El magma sube

▲ Cuando el magma es menos denso que la roca que lo rodea, sube a la superficie.

Choque entre las placas tectónicas

Si deslizas dos hojas de cuaderno una contra otra sobre una superficie plana, los papeles se curvarán hacia arriba o una de las hojas se deslizará bajo la otra. Algo similar ocurre en un límite convergente. Un *límite convergente* es el lugar donde chocan las placas tectónicas. Cuando una placa oceánica choca con una placa continental, por lo general, la placa oceánica se desliza debajo de la placa continental. En la **figura 4,** se muestra el proceso de *subducción,* o movimiento de una placa tectónica debajo de otra. La corteza oceánica experimenta subducción porque es más densa y más delgada que la corteza continental.

La subducción produce magma

Cuando la corteza oceánica que desciende raspa la corteza continental, la temperatura y la presión aumentan. El aumento del calor y la presión hace que se libere el agua de la corteza oceánica. Luego, el agua se mezcla con la roca del manto, lo cual disminuye el punto de fusión de la roca y hace que ésta se funda. Esta masa de magma puede subir y formar un volcán.

✓ **Comprensión de lectura** ¿Cómo produce magma la subducción?

ACTIVIDAD

Modelos tectónicos

Haz modelos de límites convergentes y divergentes con materiales de tu elección. Pídele al maestro que apruebe tu lista antes de comenzar a construir el modelo en casa con ayuda de un adulto. Usa tu modelo en la clase para explicar cómo cada tipo de límite lleva a la formación del magma.

DE LA ESCUELA A CASA

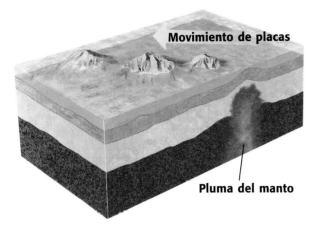

Movimiento de placas

Pluma del manto

Figura 5 *Según una teoría, los grupos de islas volcánicas se forman cuando una placa tectónica pasa sobre una pluma del manto.*

mancha caliente un área volcánicamente activa de la superficie terrestre que se encuentra lejos de los límites de las placas tectónicas

Figura 6 *Además del peligro de hallarse tan cerca de un volcán activo, los gases que se juntan son extremadamente venenosos.*

Manchas calientes

No todo el magma se produce a lo largo de los límites de las placas tectónicas. Por ejemplo, las islas hawaianas, que son algunos de los volcanes más conocidos de la Tierra, no están cerca de ningún límite de placas. Los volcanes de Hawai y de algunos otros lugares se conocen como *manchas calientes*. Las **manchas calientes** son zonas volcánicamente activas de la superficie terrestre que se encuentran lejos de los límites entre las placas. Algunos científicos piensan que las manchas calientes están justo arriba de las columnas de magma ascendente llamadas *plumas del manto*. Otros piensan que las manchas calientes son el resultado de grietas de la corteza terrestre.

Las manchas calientes a menudo producen una larga cadena de volcanes. Según una teoría, la pluma del manto permanece en la misma mancha mientras la placa tectónica se mueve sobre ella, como se muestra en la **figura 5.** Otra teoría sostiene que los volcanes de las manchas calientes aparecen en largas cadenas porque se forman a lo largo de las grietas de la corteza terrestre. Las dos teorías pueden ser correctas.

Comprensión de lectura Describe dos teorías que expliquen la existencia de las manchas calientes.

Predicción de las erupciones volcánicas

Ahora comprendes algunos de los procesos que forman volcanes, pero ¿cómo predicen los científicos cuándo un volcán va a entrar en erupción? Los volcanes se clasifican en tres categorías. Los *volcanes extinguidos* son los que no han entrado en erupción a lo largo de la historia escrita y probablemente no lo hagan nunca. Los *volcanes dormidos* no están actualmente en erupción, pero los registros de erupciones pasadas sugieren que podrían activarse. Los *volcanes activos* están actualmente en erupción o muestran signos de entrar en erupción en el futuro cercano. Los científicos estudian los volcanes activos y dormidos en busca de signos de erupciones futuras.

Medición de temblores y gases volcánicos

Casi todos los volcanes activos producen pequeños terremotos cuando el magma que está en su interior sube y mueve las rocas de alrededor. Justo antes de una erupción, aumenta la cantidad y la intensidad de los temblores, que se pueden volver continuos. El control de estos temblores es una de las mejores formas de predecir una erupción.

Como se muestra en la **figura 6,** los científicos también estudian el volumen y la composición de los gases volcánicos. La relación entre ciertos gases, especialmente la que existe entre el dióxido de azufre (SO_2) y el dióxido de carbono (CO_2), puede ser importante para predecir erupciones. Los cambios en esta relación podrían indicar cambios en la cámara de magma.

Medición de la pendiente y la temperatura

Cuando el magma sube antes de una erupción, puede hacer que la superficie terrestre se hinche y lo mismo ocurre con las laderas del volcán. Mediante un instrumento llamado *medidor de inclinación,* los científicos detectan pequeños cambios en el ángulo de la pendiente de un volcán. También usan la tecnología satelital, como el Sistema de Posicionamiento Global, GPS, para detectar cambios en la pendiente de un volcán que indiquen una erupción.

Uno de los métodos más nuevos para predecir las erupciones volcánicas son las imágenes satelitales. Las imágenes infrarrojas registran los cambios de temperatura de la superficie y las emisiones de gas del volcán a lo largo del tiempo. ¡Y si el sitio se está calentando, probablemente es porque el magma está subiendo!

ACTIVIDAD EN INTERNET

Para hacer otra actividad relacionada con este capítulo, visita **go.hrw.com** y escribe la palabra clave **HZ5VOLW.** (Disponible sólo en inglés)

REPASO DE LA sección

Resumen

- La temperatura y la presión influyen en la formación del magma.
- La mayoría de los volcanes se forman en los límites entre placas tectónicas.
- A medida que las placas tectónicas se separan, el magma asciende para llenar las grietas, o rifts, que se forman.
- Cuando las placas oceánicas y continentales chocan, la placa oceánica tiende a experimentar subducción y provoca la formación del magma.
- Para predecir erupciones, los científicos estudian la frecuencia y el tipo de terremotos asociados con un volcán, así como los cambios en la pendiente, los cambios en los gases liberados y los cambios en la temperatura de la superficie del volcán.

Usar términos clave

1. Escribe una oración distinta con cada uno de los siguientes términos: *mancha caliente* y *zona de rift.*

Comprender las ideas principales

2. ¿Qué ocurre por lo general si la temperatura de una roca permanece constante pero la presión sobre la roca disminuye?
   a. La temperatura aumenta.
   b. La roca se vuelve líquida.
   c. La roca se vuelve sólida.
   d. La roca subduce.

3. ¿Cuál de las siguientes palabras es sinónimo de *dormido?*
   a. predecible
   b. activo
   c. muerto
   d. durmiente

4. ¿Qué es el Cinturón de Fuego?

5. Explica de qué manera los límites convergentes y divergentes de las placas provocan la formación de magma.

6. Describe cuatro métodos que utilizan los científicos para predecir las erupciones volcánicas.

7. ¿Por qué una placa oceánica pasa por un proceso de subducción cuando choca con una placa continental?

Destrezas matemáticas

8. Si una placa tectónica se mueve a una velocidad de 2 km cada millón de años, ¿cuánto tiempo tardará una mancha caliente en formar una cadena de volcanes de 100 km de largo?

Razonamiento crítico

9. **Inferir** En las dorsales oceánicas se forma constantemente nueva corteza. Entonces, ¿por qué la corteza oceánica más antigua tiene sólo 150 millones de años aproximadamente?

10. **Identificar relaciones** Si estudias un depósito volcánico, ¿dónde es más probable que encuentres las capas más nuevas: en la parte superior o en la parte inferior? Explica tu respuesta.

SCiLINKS **NSTA**
Desarrollo y mantenimiento a cargo de la Asociación Nacional de Maestros de Ciencias

Para ver diversos enlaces relacionados con este capítulo, visita www.scilinks.org

Tema*: Cómo se forman los volcanes
Código de SciLinks: HSM1654

*(Sólo en inglés)

Laboratorio de destrezas

OBJETIVOS

Construye un aparato para medir los niveles de dióxido de carbono.

Verifica los niveles de dióxido de carbono emitido por un modelo de volcán.

MATERIALES

- agua, 100 mL
- agua de cal, 1 L
- bicarbonato de sodio, 15 mL
- botella de agua de 16 oz
- caja o soporte para un vaso de plástico
- moneda
- plastilina
- probeta
- servilletas o pañuelos de papel (2)
- sorbete (o popote) flexible para beber
- vaso de plástico transparente, 9 oz
- vinagre blanco, 140 mL

SEGURIDAD

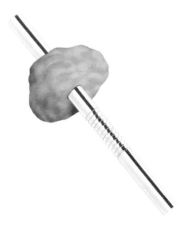

Exploración de un volcán

Haz esta exploración en pareja con un compañero o una compañera. Los dos serán geólogos que trabajan en una ciudad cerca de un volcán. Los funcionarios de la ciudad confían en que ustedes van a predecir cuándo será la próxima erupción. Ustedes han decidido usar agua de cal como medidor de las emisiones de gas. Con este medidor, van a controlar los niveles de dióxido de carbono que emite el volcán simulado. Cuanto más activo esté el volcán, más dióxido de carbono liberará.

Procedimiento

1 Ponte las gafas de seguridad y vierte cuidadosamente agua de cal en el vaso de plástico hasta llenar tres cuartos del vaso. Ya has construido tu medidor de emisiones de gas.

2 Ahora, construye un modelo de volcán. Comienza por vertir 50 mL de agua y 70 mL de vinagre en la botella.

3 Forma un tapón de plastilina alrededor del extremo corto del sorbete o popote, como se muestra a la izquierda. El tapón debe ser lo suficientemente grande para cubrir la abertura de la botella. Ten cuidado de no mojar la plastilina.

4 Esparce 5 mL de bicarbonato de sodio en el centro de una servilleta o pañuelo de papel. Luego, enrolla el papel y dobla los extremos para que el bicarbonato no se escape.

5 Coloca el papel en la botella e introduce inmediatamente el extremo corto del sorbete dentro de la botella para taparla con la plastilina.

6 Sumerge el otro extremo del sorbete en el agua de cal, como se muestra a la derecha.

7 Ya hiciste la primera medición de los niveles de gas del volcán. Anota tus observaciones.

8 Imagina que ya pasaron varios días y debes controlar el volcán otra vez para reunir más datos. Antes de seguir, lanza una moneda al aire. Si sale cara, ve al paso 9. Si sale cruz, ve al paso 10. Anota qué paso vas a seguir.

9 Repite los pasos 1 a 7. Esta vez, agrega 2 mL de bicarbonato de sodio al vinagre con agua. (Nota: debes usar agua, vinagre y agua de cal frescos.) Anota tus observaciones. Ve al paso 11.

10 Repite los pasos 1 a 7. Esta vez, agrega 8 mL de bicarbonato de sodio al vinagre con agua. (Nota: debes usar agua, vinagre y agua de cal frescos.)

11 Vuelve una vez al paso 8. Luego, contesta las siguientes preguntas.

Analiza los resultados

1 **Explicar sucesos** ¿Cómo explicas la diferencia de aspecto del agua de cal entre una prueba y la otra?

2 **Reconocer patrones** ¿Qué indican los datos que reuniste sobre la actividad del volcán?

Saca conclusiones

3 **Evaluar resultados** Según tus resultados, ¿crees que sería necesario evacuar la ciudad?

4 **Aplicar conclusiones** ¿Cómo usaría un geólogo un medidor de emisiones de gas para predecir erupciones volcánicas?

Repaso del capítulo

USAR TÉRMINOS CLAVE

Explica la diferencia entre los siguientes pares de términos.

1 *caldera* y *cráter*

2 *lava* y *magma*

3 *lava* y *material piroclástico*

4 *chimenea* y *rift*

5 *volcán de cono de escorias* y *volcán de escudo*

COMPRENDER LAS IDEAS PRINCIPALES

Opción múltiple

6 El tipo de magma que tiende a provocar erupciones explosivas tiene
- **a.** un alto contenido de sílice y alta viscosidad.
- **b.** un alto contenido de sílice y baja viscosidad.
- **c.** un bajo contenido de sílice y baja viscosidad.
- **d.** un bajo contenido de sílice y alta viscosidad.

7 La lava que fluye lentamente y forma una superficie vidriosa con pliegues redondeados se denomina
- **a.** lava aa.
- **b.** lava pahoehoe.
- **c.** lava almohadilla.
- **d.** lava en bloques.

8 El magma se forma dentro del manto generalmente como resultado de
- **a.** la alta temperatura y la alta presión.
- **b.** la alta temperatura y la baja presión.
- **c.** la baja temperatura y la alta presión.
- **d.** la baja temperatura y la baja presión.

9 ¿Qué fenómeno produce un aumento en la cantidad y la intensidad de pequeños terremotos antes de una erupción?
- **a.** el movimiento del magma
- **b.** la formación de material piroclástico
- **c.** el endurecimiento del magma
- **d.** el movimiento de las placas tectónicas

10 ¿Qué crees que pasará si el polvo y la ceniza volcánicos permanecen en la atmósfera durante meses o años?
- **a.** La reflexión solar disminuirá y las temperaturas aumentarán.
- **b.** La reflexión solar aumentará y las temperaturas aumentarán.
- **c.** La reflexión solar disminuirá y las temperaturas disminuirán.
- **d.** La reflexión solar aumentará y las temperaturas disminuirán.

11 En los límites entre placas divergentes,
- **a.** el calor del núcleo de la Tierra origina las plumas del manto.
- **b.** las placas oceánicas se hunden, lo cual desencadena la formación del magma.
- **c.** las placas tectónicas se separan.
- **d.** las manchas calientes forman volcanes.

12 Una teoría que explica las causas de los terremotos y los volcanes es la teoría de
- **a.** los materiales piroclásticos.
- **b.** la tectónica de placas.
- **c.** la fluctuación climática.
- **d.** las plumas del manto.

Respuesta breve

13 ¿De qué manera la presencia de agua en el magma afecta a una erupción volcánica?

14 Describe cuatro pistas que los científicos utilizan para predecir erupciones.

15 Identifica las características de los tres tipos de volcanes.

16 Describe los efectos positivos de las erupciones volcánicas.

RAZONAMIENTO CRÍTICO

17 **Mapa de conceptos** Haz un mapa de conceptos con los siguientes términos: *bombas volcánicas, aa, material piroclástico, pahoehoe, lapilli, lava* y *volcán*.

18 **Identificar relaciones** Estás explorando un volcán que ha estado dormido durante cierto tiempo. Comienzas a tomar notas sobre los tipos de restos volcánicos que observas mientras caminas. Tus primeras notas describen las cenizas volcánicas. Luego, tus notas describen los lapilli. ¿Estás acercándote al cráter o alejándote de él? Explica tu respuesta.

19 **Inferir** El Loihi es un volcán submarino en Hawai que podría crecer hasta convertirse en una nueva isla. Las islas de Hawai están ubicadas sobre la placa del Pacífico, que se está desplazando hacia el noroeste. Teniendo en cuenta la manera en que puede haberse formado esta cadena de islas, ¿dónde piensas que estará ubicada la nueva isla volcánica? Explica tu respuesta.

20 **Evaluar hipótesis** ¿Qué pruebas podrían confirmar la existencia de las plumas del manto?

INTERPRETAR GRÁFICAS

La siguiente gráfica muestra el cambio promedio en la temperatura por encima o por debajo de lo normal que se registró en una comunidad a lo largo de varios años. Consúltala para contestar las siguientes preguntas.

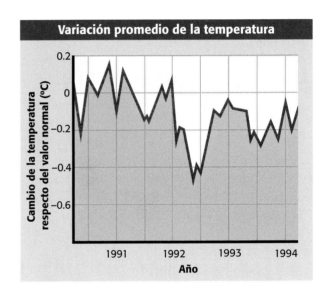

21 Si es cierto que la variación de la temperatura a través de los años fue afectada por una importante erupción volcánica, ¿cuándo se produjo probablemente la erupción? Explica tu respuesta.

22 Si la temperatura se midiera sólo una vez al año (a principios de año), ¿cómo variaría tu interpretación?

LECTURA

Lee los siguientes pasajes. Luego, contesta las preguntas correspondientes.

Pasaje 1 Cuando la isla volcánica Krakatoa, ubicada en Indonesia, explotó en 1883, la onda de choque recorrió el mundo siete veces. La explosión produjo el sonido más fuerte registrado hasta ahora en la historia humana. ¿Cuál fue la causa de esta enorme explosión? Lo más probable es que se hayan roto las paredes del volcán y el agua del océano haya llegado hasta la cámara de magma. Instantáneamente, el agua se transformó en vapor y el volcán explotó con la fuerza de 100 millones de toneladas de TNT. El volcán expulsó alrededor de 18 km³ de material volcánico. Las nubes de ceniza oscurecieron el Sol, y todo lo que se encontraba a 80 km a la redonda quedó sumido en la oscuridad durante más de dos días. La explosión provocó un <u>tsunami</u> de casi 40 m de altura. El tsunami, que se detectó hasta en el Canal de la Mancha, destruyó casi 300 poblaciones costeras. En 1928, se formó otro volcán en la caldera dejada por la explosión. Este volcán se llama <u>Anak</u> Krakatoa.

1. ¿Qué significa *tsunami* en el pasaje?

   A un gran terremoto

   B una onda de choque

   C una ola oceánica gigante

   D una nube de gases y polvo

2. Según el pasaje, ¿a qué se debió el tamaño de la explosión del Krakatoa?

   F al material piroclástico que se mezcló rápidamente con el aire

   G a 100 millones de toneladas de TNT

   H a una antigua caldera

   I al flujo de agua en la cámara de magma

3. ¿Qué significa probablemente la palabra indonesia *anak*?

   A padre

   B hijo

   C madre

   D abuela

Pasaje 2 En el Parque Nacional de Yellowstone, en Montana y Wyoming, hay tres calderas encimadas y pruebas de los flujos de ceniza <u>cataclísmicos</u> expulsados en sus erupciones. La erupción más antigua ocurrió hace 1.9 millones de años; la segunda, hace 1.3 millones de años y la más reciente, hace 0.6 millones de años. Los sismógrafos detectan regularmente el movimiento del magma debajo de la caldera, y los manantiales calientes y los géiseres del parque indican que hay una gran masa de magma bajo la superficie. La geología del área revela que las principales erupciones ocurrieron una vez cada 0.6 ó 0.7 millones de años, aproximadamente. En consecuencia, se ha cumplido el tiempo para que ocurra otra erupción devastadora. Las personas que viven cerca del parque deberían ser evacuadas de inmediato.

1. ¿Qué significa *cataclísmicos* en el pasaje?

   A no explosivos

   B antiguos

   C destructivos

   D caracterizados por flujos de ceniza

2. ¿Cuál de las siguientes pistas prueba la existencia de una masa activa de magma debajo del parque?

   F flujos de ceniza cataclísmicos

   G el descubrimiento de clastos sísmicos

   H erupciones menores

   I datos sismográficos

3. ¿Cuál de las siguientes oraciones contradice la conclusión del autor de que "se ha cumplido el tiempo para que ocurra otra erupción devastadora"?

   A Se detectó magma debajo del parque.

   B Al haber una variación de 0.1 millones de años, la erupción puede ocurrir en los próximos 100,000 años.

   C La composición de los gases emitidos indica la proximidad de una erupción.

   D Los sismógrafos detectaron el movimiento de magma.

INTERPRETAR GRÁFICAS

El siguiente mapa muestra algunos de los principales volcanes de la Tierra y los límites de las placas tectónicas. Consúltalo para contestar las siguientes preguntas.

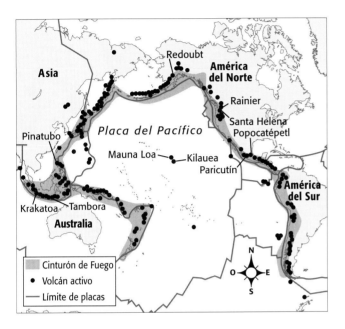

1. Si en la costa oeste de Estados Unidos cae ceniza del Popocatépetl, ¿en qué dirección viajó la ceniza?

   A noreste

   B noroeste

   C sureste

   D suroeste

2. ¿Por qué no hay volcanes activos en Australia?

   F Australia no está ubicada sobre un límite de placas.

   G Australia está cerca del Krakatoa y el Tambora.

   H Australia está cerca de un límite de placas.

   I Australia está cerca de una zona de rift.

3. Si una científica viajó alrededor del Cinturón de Fuego desde el monte Redoubt hasta el Krakatoa, ¿cuál de las siguientes opciones describe más exactamente la dirección en que viajó?

   A oeste, sureste, este

   B oeste, sureste, oeste

   C oeste, suroeste, este

   D oeste, suroeste, oeste

MATEMÁTICAS

Lee las siguientes preguntas y escoge la mejor respuesta.

1. La isla de Midway está a 1,935 km al noroeste de Hawai. Si la placa del Pacífico se mueve hacia el noroeste a una velocidad de 9 cm por año, ¿cuánto tiempo hace que la isla de Midway estuvo sobre la mancha caliente que la formó?

   A 215,000 años

   B 2,150,000 años

   C 21,500,000 años

   D 215,000,000 años

2. El primer año que el volcán mexicano Paricutín apareció en un campo de maíz, creció 360 m. El volcán dejó de crecer a los 400 m. ¿Qué porcentaje del crecimiento total del volcán ocurrió durante el primer año?

   F 67%

   G 82%

   H 90%

   I 92%

3. Un flujo piroclástico desciende por una colina a 120 km/h. Si vivieras en una ciudad a 5 km de distancia, ¿cuánto tiempo tendrías antes de que el flujo alcanzara la ciudad?

   A 2 min y 30 s

   B 1 min y 21 s

   C 3 min y 12 s

   D 8 min y 3 s

4. La meseta del río Columbia es una meseta de lava que contiene 350,000 km³ de lava solidificada. La meseta tardó 3 millones de años en formarse. ¿Cuál fue la tasa promedio de deposición de lava en cada siglo?

   F 0.116 km³

   G 11.6 km³

   H 116 km³

   I 11,600 km³

Preparación para los exámenes estandarizados

La ciencia en acción

Curiosidades de la ciencia

El cabello de Pele

Es difícil creer que la frágil muestra que aparece abajo es una roca volcánica. Este extraño tipo de lava, llamada *cabello de Pele,* se forma cuando los gases volcánicos esparcen roca fundida en el aire. En condiciones apropiadas, la lava puede endurecerse en filamentos de vidrio volcánico tan finos como un cabello humano. Esta lava lleva el nombre de Pele, la diosa hawaiana de los volcanes. Otros tipos de lava tienen nombres en honor a Pele. Las lágrimas de Pele son masas de vidrio volcánico con forma de gota que se encuentran a menudo al final de las hebras de cabello de Pele. Los diamantes de Pele son rocas verdes similares a piedras preciosas que se encuentran en los flujos de lava endurecidos.

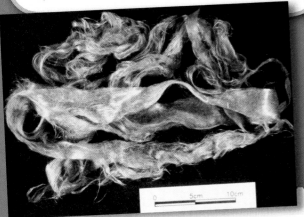

Ciencia, tecnología y sociedad

Combatir la lava con mangueras contra incendios

¿Qué harías si una pared de lava de 60 pies avanzara hacia tu casa? La mayoría de las personas correrían hacia un lugar seguro. Pero, cuando en 1973 una erupción amenazó con enterrar el pueblo de pescadores de Heimaey (Islandia), algunos habitantes resistieron el embate. Trabajaron 14 horas diarias a temperaturas tan altas que sus botas se prendían fuego y usaron mangueras contra incendios para rociar el flujo de lava con agua de mar. Durante varias semanas, la lava siguió avanzando hacia el pueblo y parecía no haber esperanzas. Pero, finalmente, el agua enfrió la lava a tiempo para desviar el flujo y salvar el pueblo. Se necesitaron 5 meses y alrededor de 1,500 millones de galones de agua para combatir el flujo de lava. ¡Cuando la erupción se detuvo, los habitantes descubrieron que la isla había crecido un 20%!

ACTIVIDAD de artes del lenguaje

Los términos volcánicos provienen de muchos idiomas. Investiga algunos términos volcánicos en Internet y haz un glosario volcánico ilustrado para compartir con la clase.

ACTIVIDAD de estudios sociales

DESTREZA DE REDACCIÓN En 1935, un grupo de aviones lanzó bombas sobre la lava de una erupción tratando de salvar el pueblo de Hilo (Hawai). Investiga si esta misión tuvo éxito y escribe un informe sobre otros intentos de detener flujos de lava.

Tina Neal

Vulcanóloga ¿Te gustaría ganarte la vida estudiando volcanes? Tina Neal es vulcanóloga en el Observatorio de Volcanes de Alaska, en Anchorage (Alaska). Su trabajo consiste en controlar y estudiar algunos de los 41 volcanes activos de Alaska. Gran parte de su trabajo es estudiar los volcanes para proteger al público. Según Neal, hallarse cerca de un volcán en erupción es una maravillosa aventura para los sentidos: "A veces, puedes acercarte tanto a un volcán en erupción que sientes el calor, oyes la actividad y hueles la lava. ¡Es impresionante! En Alaska, los volcanes en erupción son demasiado peligrosos para acercarse a ellos, pero crean un espectáculo visual deslumbrante, inclusive desde lejos".

Neal también disfruta de la ciencia de los volcanes: "Es fascinante estar cerca de un volcán activo y conocer todos los procesos físicos y químicos que ocurren. Cuando observo un volcán, pienso en todo lo que sabemos y lo que no sabemos sobre lo que está ocurriendo. ¡Es increíble!". Ella dice que, si uno está interesado en ser vulcanólogo, es importante tener una buena preparación científica. Por eso es bueno estudiar matemáticas, geología, química y física. También es importante tener conocimientos de computación, porque los vulcanólogos usan las computadoras para manejar un montón de datos y crear modelos. Neal también sugiere aprender un segundo idioma. En su tiempo libre, ella estudia ruso para comunicarse mejor con sus colegas de Kamchatka (Siberia).

ACTIVIDAD de matemáticas

La erupción de 1912 del monte Katmai, en Alaska, se oyó a 5,620 km de distancia, en Atlanta (Georgia). Si la velocidad promedio del sonido en la atmósfera es 342 m/s, ¿cuántas horas después de la erupción oyeron la explosión los ciudadanos de Atlanta?

Para aprender más sobre los temas de "La ciencia en acción", visita **go.hrw.com** y escribe la palabra clave **HZ5VOLF**. (Disponible sólo en inglés)

Ciencia actual

Visita **go.hrw.com** y consulta **los artículos de Ciencia actual** (*Current Science*) **relacionados con este capítulo. Sólo escribe la palabra clave HZ5CS09.** (Disponible sólo en inglés)

Laboratorio de destrezas

Minerales misteriosos

Imagina que estás sentado en la cima de una colina rocosa y observas el suelo. Puedes ver muchos tipos de rocas diferentes. ¿Cómo hacen los científicos para identificar las innumerables clases de rocas? ¡Es un misterio!

En esta actividad, usarás tu poder de observación y algunas pruebas sencillas para identificar rocas y minerales. Consulta la "Guía de identificación de minerales" de la siguiente página. Esta guía tiene pistas que te ayudarán a identificar varios minerales.

MATERIALES

- guantes protectores
- lámina de veteado
- limaduras de hierro
- muestras de minerales
- portaobjetos de vidrio para microscopio

SEGURIDAD

Procedimiento

1. En una hoja aparte, haz una tabla de datos como la que aparece abajo.

2. Elige una muestra de un mineral y ubica la columna correspondiente en la tabla.

3. Consulta la Guía para identificar el mineral que elegiste. Cuando termines, anota el nombre del mineral y sus características principales en la columna correspondiente de la tabla. **Precaución:** al raspar el portaobjetos de vidrio, ponte las gafas de seguridad y los guantes.

4. Elige otra muestra de un mineral y repite los pasos 2 y 3 hasta que la tabla de datos esté completa.

Analiza los resultados

1. ¿Te resultó más fácil identificar algunos minerales que otros? Explica tu respuesta.

2. Para identificar el color verdadero de un mineral, es mejor usar la prueba de veta que la simple observación. ¿Por qué no se usa la prueba de veta para identificar todos los minerales?

3. En una hoja aparte, resume lo que aprendiste sobre las distintas características de las muestras de minerales que identificaste.

Tabla: resumen de los minerales						
Características	1	2	3	4	5	6
Nombre del mineral						
Brillo						
Color						
Veta						
Dureza						
Exfoliación						
Propiedades especiales						

NO ESCRIBAS EN EL LIBRO.

Guía de identificación de minerales

1. **a.** Si el mineral tiene un brillo metálico, **VE AL PASO 2.**
    b. Si el mineral tiene un brillo no metálico, **VE AL PASO 3.**

2. **a.** Si el mineral es negro, **VE AL PASO 4.**
    b. Si el mineral es amarillo, es **PIRITA.**
    c. Si el mineral es plateado, es **GALENA.**

3. **a.** Si el mineral es de color claro, **VE AL PASO 5.**
    b. Si el mineral es de color oscuro, **VE AL PASO 6.**

4. **a.** Si el mineral deja una línea marrón rojiza en la lámina de veteado, es **HEMATITA.**
    b. Si el mineral deja una línea negra en la lámina de veteado, es **MAGNETITA.** Prueba las propiedades magnéticas de la muestra ubicándola cerca de las limaduras de hierro.

5. **a.** Si el mineral raya el portaobjetos de vidrio del microscopio, **VE AL PASO 7.**
    b. Si el mineral no raya el portaobjetos de vidrio del microscopio, **VE AL PASO 8.**

6. **a.** Si el mineral raya el portaobjetos de vidrio, **VE AL PASO 9.**
    b. Si el mineral no raya el portaobjetos de vidrio, **VE AL PASO 10.**

7. **a.** Si el mineral presenta exfoliación, es **FELDESPATO ORTOCLASA.**
    b. Si el mineral no presenta exfoliación, es **CUARZO.**

8. **a.** Si el mineral presenta exfoliación, es **MOSCOVITA.** Busca capas dobles en la muestra.
    b. Si el mineral no presenta exfoliación, es **YESO.**

9. **a.** Si el mineral presenta exfoliación, es **HORNABLENDA.**
    b. Si el mineral no presenta exfoliación, es **GRANATE.**

10. **a.** Si el mineral presenta exfoliación, es **BIOTITA.** Busca capas dobles en la muestra.
    b. Si el mineral no presenta exfoliación, es **GRAFITO.**

Aplicar los datos

Investiga sobre otros métodos de identificación de los distintos tipos de minerales con ayuda de tu libro y otros materiales de referencia. Basándote en tus resultados, crea una nueva guía de identificación. Dale a un amigo algunas muestras de minerales y esta guía y... ¡fíjate si él puede develar el misterio!

Laboratorio de destrezas

Crecimiento de cristales

El magma se forma a gran distancia de la superficie terrestre, a una profundidad de entre 25 km y 160 km y a temperaturas muy elevadas. A veces, sube a la superficie y se enfría rápidamente. Otras veces, queda atrapado bajo la superficie en grietas o cámaras de magma y tarda mucho en enfriarse. En este caso, se forman cristales grandes y bien desarrollados. Pero, como el magma que sube a la superficie se enfría más rápido, no hay tiempo suficiente para que crezcan cristales grandes. El tamaño de los cristales que se encuentran en las rocas ígneas indica a los geólogos dónde y cómo se formaron las rocas.

En este experimento, demostrarás cómo afecta la tasa de enfriamiento al tamaño de los cristales de las rocas ígneas. Para ello, enfriarás cristales de sulfato de magnesio a dos tasas diferentes.

Haz una pregunta

1. ¿Cómo influye la temperatura en la formación de cristales?

Formula una hipótesis

2. Imagina que tienes dos soluciones idénticas cuya única diferencia es la temperatura. ¿Cómo influirá la temperatura de la solución en el tamaño de los cristales y la tasa a la cual se forman?

Comprueba la hipótesis

3. Ponte los guantes, el delantal y las gafas.

4. Llena la mitad del vaso de precipitados con agua corriente. Colócalo en la placa calentadora y deja que se caliente. La temperatura del agua debe ser de entre 40°C y 50°C. **Precaución:** asegúrate de que la placa calentadora esté lejos del borde de la mesa de laboratorio.

5. Con la lupa, observa dos o tres cristales de sulfato de magnesio. En una hoja aparte, describe el color, la forma, el brillo y otras características interesantes que presenten los cristales.

6. En otra hoja, haz un bosquejo de los cristales de sulfato de magnesio.

MATERIALES

- agua corriente, 200 mL
- agua destilada
- basalto
- cinta adhesiva de papel
- granito
- guantes resistentes al calor
- lupa
- marcador de color oscuro
- papel aluminio
- piedra pómez
- pinzas para sujetar los tubos de ensayo
- placa calentadora
- reloj
- sulfato de magnesio $(MgSO_4)$ (Sales de Epsom)
- termómetro en grados Celsius
- tubo de ensayo mediano
- vaso de precipitados de 400 mL

SEGURIDAD

Manual de laboratorio

7 Con la cucharilla de laboratorio, llena el tubo de ensayo con sulfato de magnesio hasta la mitad. Agrega la misma cantidad de agua destilada.

8 Sujeta el tubo de ensayo con una mano y golpéalo suavemente con un dedo de la otra mano. Observa cómo se mezcla la solución a medida que golpeas el tubo de ensayo.

9 Coloca el tubo de ensayo en el vaso de precipitados con agua caliente y caliéntalo durante 3 min aproximadamente. **Precaución:** asegúrate de que la boca del tubo de ensayo no apunte hacia ti o hacia tus compañeros.

10 Mientras se calienta el tubo de ensayo, dobla el papel aluminio con los bordes hacia arriba para formar dos recipientes pequeños con forma de bote.

11 Si al cabo de 3 min no se disolvió todo el sulfato de magnesio, vuelve a golpear suavemente el tubo de ensayo y caliéntalo durante 3 min más. **Precaución:** sujeta el tubo de ensayo caliente con las pinzas.

12 Escribe el rótulo "Muestra 1" en uno de los botes de papel aluminio con un marcador y un trozo de cinta adhesiva de papel. Coloca el bote sobre la placa calentadora. Apaga la placa.

13 Al otro bote de papel aluminio ponle el rótulo "Muestra 2" y colócalo sobre la mesa de laboratorio.

14 Con las pinzas, retira el tubo de ensayo del vaso de precipitados con agua y distribuye el contenido en partes iguales en los botes de papel aluminio. Con mucho cuidado, tira el agua caliente del vaso de precipitados por el desagüe. No muevas ninguno de los botes.

15 Copia la siguiente tabla en una hoja aparte. Observa detenidamente los botes de papel aluminio con una lupa. Anota el tiempo que tardan en aparecer los primeros cristales.

Tabla de formación de cristales			
Formación de cristales	**Tiempo**	**Tamaño y aspecto de los cristales**	**Bosquejo de los cristales**
Muestra 1			
Muestra 2			

NO ESCRIBAS EN EL LIBRO.

16 Si al terminar la clase todavía no se han formado cristales en los botes, coloca los botes con cuidado en un lugar seguro. En este caso, puedes anotar los días que tardaron en formarse los cristales en lugar de los minutos.

17 Cuando se hayan formado cristales en ambos botes, obsérvalos detenidamente con la lupa.

Analiza los resultados

1 ¿Fue acertada tu predicción? Explica tu respuesta.

2 Compara el tamaño y la forma de los cristales de las muestras 1 y 2 con el tamaño y la forma de los cristales que observaste en el paso 5. ¿Cuánto tiempo crees que tardaron en formarse los cristales originales?

Saca conclusiones

3 El granito, el basalto y la piedra pómez son rocas ígneas. El rasgo más característico de estas rocas es el tamaño de sus cristales. Cuando el magma se enfría a diferentes tasas, se forman distintas rocas ígneas. Examina una muestra de cada una con la lupa.

4 En una hoja aparte, copia la tabla de abajo y haz un bosquejo de cada muestra de roca.

5 Basándote en lo que aprendiste en esta actividad, explica cómo se formó cada muestra de roca y cuánto tiempo tardaron en formarse los cristales. Anota las respuestas en la tabla.

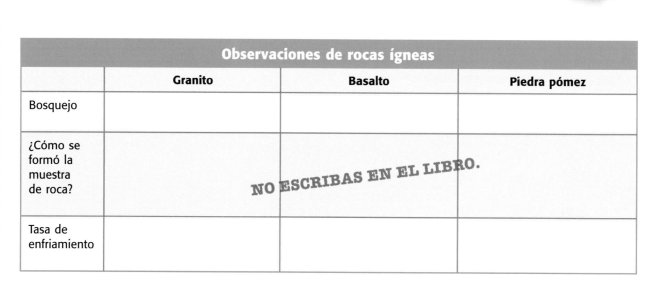

Observaciones de rocas ígneas			
	Granito	**Basalto**	**Piedra pómez**
Bosquejo			
¿Cómo se formó la muestra de roca?		NO ESCRIBAS EN EL LIBRO.	
Tasa de enfriamiento			

Comunicar los datos

Describe la forma y el tamaño de los cristales que encontrarías si un volcán entrara en erupción y expulsara materiales al aire, y si el magma descendiera por la pendiente del volcán.

Laboratorio de construcción de modelos

Masa metamórfica

El metamorfismo es un proceso complejo que ocurre en las profundidades de la Tierra, donde la temperatura y la presión convertirían a una persona en un panqueque crocante. En algunas rocas metamórficas, los efectos de la temperatura y la presión extremas son obvios. Uno de ellos es la reubicación de los granos de mineral dentro de la roca. En esta actividad, investigarás el proceso del metamorfismo sin terminar carbonizado, aplastado o sepultado.

Procedimiento

1. Aplana la plastilina hasta que tenga 1 cm de espesor. Esparce lentejuelas sobre ella.

2. Enrolla los bordes de la plastilina hacia el medio hasta formar una bola.

3. Corta cuidadosamente la bola por la mitad con el cuchillo de plástico. En una hoja de papel aparte, describe la posición y la ubicación de las lentejuelas dentro de la bola.

4. Vuelve a unir las mitades de la bola y usa el cartón o la madera terciada para aplastarla hasta que tenga 2 cm de espesor.

5. Corta la plastilina en varias partes con el cuchillo de plástico. Describe la posición y la ubicación de las lentejuelas en la plastilina.

Analiza los resultados

1. ¿Qué proceso físico se representa al aplastar la bola?

2. Describe cómo cambió la posición y la ubicación de las lentejuelas al aplanar la plastilina.

Saca conclusiones

3. ¿Cómo se orientan las lentejuelas en relación con la fuerza que ejerces para aplastar la bola?

4. ¿Crees que la orientación de los granos de mineral en una roca metamórfica foliada brinda información sobre la roca? Justifica tu respuesta.

Aplicar los datos

Imagina que encuentras una roca metamórfica foliada con granos que van en dos direcciones distintas. Basándote en lo que aprendiste en esta actividad, explica por qué puede suceder esto.

Laboratorio de construcción de modelos

¡Uy! ¡Es la presión!

Para entender los procesos naturales, como la formación de montañas, los científicos suelen elaborar modelos. Los modelos sirven para estudiar cómo reaccionan las rocas a las fuerzas de la tectónica de placas. Un modelo puede demostrar en poco tiempo los procesos geológicos que ocurren en millones de años. Haz la siguiente actividad para saber cómo se producen plegamientos y fallas en la corteza terrestre.

MATERIALES

- cartulina gruesa, cuadrados de 5 cm × 5 cm (2)
- cartulina gruesa, tira de 5 cm × 15 cm
- cuchillo de plástico
- lápices de colores
- lata de sopa (o rodillo)
- periódico
- plastilina (4 colores)

SEGURIDAD

Haz una pregunta

1 ¿Cómo se forman los sinclinales, los anticlinales y las fallas?

Formula una hipótesis

2 En una hoja aparte, escribe una hipótesis que conteste la pregunta anterior. Explica tu razonamiento.

Comprueba la hipótesis

3 Forma un cilindro largo con plastilina de un solo color y colócalo en el centro del lado brillante de la tira de cartulina gruesa.

4 Moldea la plastilina sobre la tira de cartulina. Toda la capa debe tener el mismo espesor; puedes aplastarla con la lata de sopa o el rodillo. Presiona los costados para que la plastilina tenga el mismo ancho y la misma longitud que la cartulina. La tira debe tener como mínimo 15 cm de largo y 5 cm de ancho.

5 Presiona la tira de cartulina sobre el periódico que el maestro puso en tu escritorio. Con mucho cuidado, separa la cartulina de la plastilina.

6 Repite los pasos 3 a 5 con la plastilina de otros colores. A todos los estudiantes les tocará modelar la plastilina. Cada vez que presiones la cartulina sobre el periódico, asegúrate de que la nueva capa de plastilina se pegue sobre la anterior. Cuando termines, tendrás un bloque de plastilina de cuatro capas.

7 Toma el bloque de plastilina y sosténlo de modo que quede paralelo a la mesa y apenas sobre ella. Presiona suavemente los costados del bloque, tal como se muestra abajo.

8 Dibuja los resultados del paso 7 con los lápices de colores. Rotula el diagrama con los términos *sinclinal* y *anticlinal.* Dibuja flechas para mostrar la dirección hacia la que empujaste los costados de la plastilina.

9 Repite los pasos 3 a 6 para formar otro bloque de plastilina.

10 Corta el segundo bloque de plastilina en dos partes a un ángulo de 45° visto de costado.

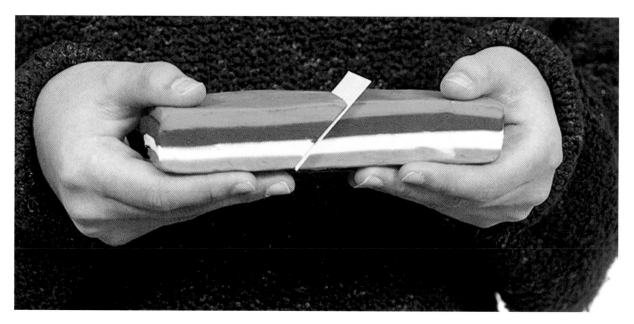

⓫ Coloca un cuadrado de cartulina en el borde inclinado de cada una de las partes del bloque. La cartulina representa una falla. Los bordes inclinados representan una pared superior y un muro de falla. El modelo debe parecerse al que se muestra en la fotografía.

⓬ Mantén juntos los bordes inclinados, levanta los bloques de plastilina y sosténlos de modo que estén paralelos a la mesa y apenas sobre ella. Presiona suavemente los bloques hasta que se muevan. Anota tus observaciones.

⓭ Ahora, coloca las dos partes del bloque en su posición original y sepáralos lentamente dejando que la pared superior se mueva hacia abajo. Anota tus observaciones.

Analiza los resultados

❶ ¿Qué pasó con el primer bloque de plastilina en el paso 7? ¿Qué tipo de fuerza ejerciste sobre él?

❷ ¿Qué pasó con las partes del segundo bloque de plastilina en el paso 12? ¿Qué tipo de fuerza ejerciste sobre ellas?

❸ ¿Qué pasó con las partes del segundo bloque de plastilina en el paso 13? Describe las fuerzas ejercidas sobre el bloque y la manera en que reaccionaron sus partes.

Saca conclusiones

❹ Resume cómo se relacionan las fuerzas que ejerciste sobre los bloques de plastilina con la manera en que las fuerzas tectónicas afectan a las capas de roca. Asegúrate de usar los siguientes términos: *pliegue, falla, anticlinal, sinclinal, pared superior, muro de falla, tensión* y *compresión*.

Laboratorio de destrezas

Las ondas sísmicas

La energía de los terremotos viaja en forma de ondas sísmicas a través de la Tierra en todas direcciones. Los sismólogos analizan las propiedades de determinados tipos de ondas sísmicas para encontrar el epicentro de los terremotos.

Las ondas P viajan más rápido que las ondas S y siempre se detectan primero. La rapidez promedio de las ondas P en la corteza terrestre es de 6.1 km/s. La rapidez promedio de las ondas S en la corteza terrestre es de 4.1 km/s. La diferencia en el tiempo de llegada entre las ondas P y las S se llama *tiempo de retardo*.

En esta actividad, usarás el método del tiempo S-P para ubicar el epicentro de un terremoto.

Procedimiento

1 La siguiente ilustración muestra registros sismográficos de tres ciudades luego de un terremoto. Las líneas comienzan a la izquierda y muestran la llegada de las ondas P al tiempo cero. El segundo grupo de ondas en cada uno de los registros representa la llegada de las ondas S.

Registros sismográficos

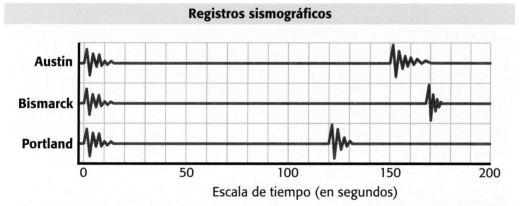

Escala de tiempo (en segundos)

2 Copia la tabla de datos de la siguiente página.

3 Usa la escala de tiempo de los registros sismográficos para calcular el tiempo de retardo entre las ondas P y S en cada ciudad. Recuerda que el tiempo de retardo es el tiempo que transcurre entre el momento en que llega la primera onda P y el momento en que llega la primera onda S. Anota estos datos en la tabla.

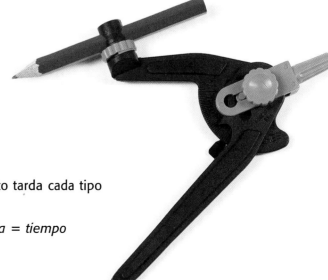

4 Aplica la siguiente ecuación para calcular cuánto tarda cada tipo de onda en viajar 100 km:

$$100 \text{ km} \div \textit{rapidez promedio de la onda} = \textit{tiempo}$$

5 Para calcular el tiempo de retardo de las ondas sísmicas en 100 km, resta el tiempo que tardan las ondas P en viajar 100 km del tiempo que tardan las ondas S en hacer lo mismo. Anota el tiempo de retardo.

6 Aplica la siguiente fórmula para hallar la distancia entre cada ciudad y el epicentro:

$$distancia = \frac{tiempo\ de\ retardo\ medido\ (s) \times 100\ km}{tiempo\ de\ retardo\ en\ 100\ km\ (s)}$$

Anota la distancia de cada ciudad al epicentro en la tabla de datos.

7 Calca el siguiente mapa en una hoja aparte.

8 Ajusta el compás según la escala para que el radio de un círculo con Austin en el centro sea igual a la distancia entre Austin y el epicentro del terremoto.

Tabla de datos del epicentro		
Ciudad	**Tiempo de retardo (segundos)**	**Distancia del epicentro (km)**
Austin, TX		
Bismarck, ND	NO ESCRIBAS	
Portland, OR	EN EL LIBRO.	

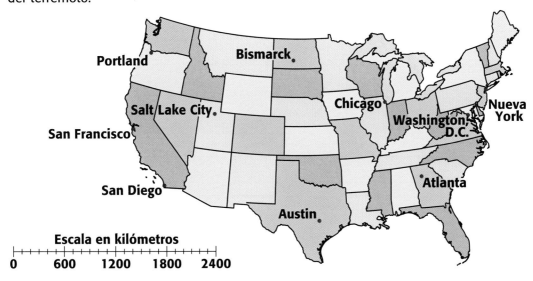

Escala en kilómetros

0   600   1200   1800   2400

9 En el mapa que calcaste, coloca la punta del compás sobre Austin y traza un círculo.

10 Repite los pasos 8 y 9 con Bismarck y Portland. El epicentro del terremoto está ubicado cerca del punto donde se encuentran los tres círculos.

Analiza los resultados

1 ¿Qué ciudad está más cerca del epicentro?

Saca conclusiones

2 ¿Por qué los sismólogos deben tomar medidas de tres ubicaciones distintas para ubicar el epicentro de un terremoto?

Laboratorio de destrezas

Algunos hacen ¡pum! y otros no

Las erupciones volcánicas pueden ser de leves a violentas. Cuando los volcanes entran en erupción, los materiales que quedan brindan información a los científicos que estudian la corteza terrestre. Las erupciones leves, o no explosivas, producen una lava fluida con bajo contenido de sílice. Durante este tipo de erupciones, la lava tan sólo fluye por la pendiente del volcán. En cambio, las erupciones explosivas no producen mucha lava; expulsan cenizas y restos al aire. Los materiales que quedan son de color claro y tienen un alto contenido de sílice. Estos materiales ayudan a los geólogos a determinar la composición de la corteza que se encuentra debajo de los volcanes.

MATERIALES
- lápices (o marcadores) de color rojo, amarillo y anaranjado
- papel milimétrico (1 hoja)
- regla métrica

Procedimiento

1 Copia el siguiente mapa en papel milimétrico. Verifica que esté bien alineado.

2 Ubica los volcanes que están en la siguiente página dibujando en el mapa que calcaste un círculo de aproximadamente 2 mm de diámetro en la posición exacta. Usa las cuadrículas de latitud y longitud como ayuda.

3 Repasa todas las erupciones de cada volcán. Colorea el círculo de rojo si la erupción es explosiva, de amarillo si es no explosiva y de anaranjado si se produjeron ambos tipos de erupciones.

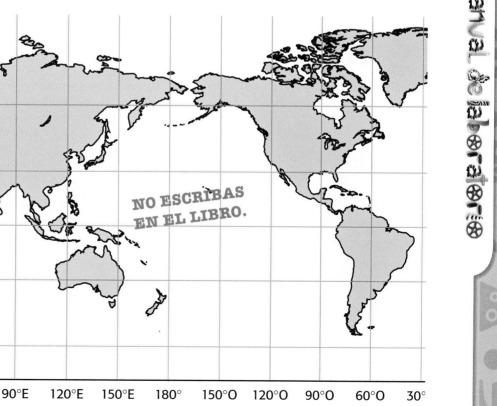

NO ESCRIBAS EN EL LIBRO.

Tabla de actividad volcánica

Nombre del volcán	Ubicación	Descripción
Monte Santa Elena	46°N 122°O	Una erupción explosiva voló la cima de la montaña. Miles de kilómetros cuadrados se cubrieron de ceniza de color claro. En otra erupción, la lava fluyó por la ladera sureste de la montaña.
Kilauea	19°N 155°O	Debido a una erupción leve, un flujo de lava se extendió por 12 km de carreteras.
Caldera de Rabaul	4°S 152°E	Erupciones explosivas provocaron tsunamis y dejaron una capa de 1 a 2 m de ceniza en los edificios cercanos.
Popocatépetl	19°N 98°O	Debido a una explosión, la ciudad de México cerró el aeropuerto durante 14 horas, ya que los pilotos no podían ver bien debido a las inmensas columnas de ceniza. Otras erupciones de este volcán también provocaron avalanchas devastadoras.
Soufriere Hills	16°N 62°O	En erupciones leves, la lava descendió por las colinas. Otras erupciones explosivas lanzaron grandes columnas de ceniza al aire.
Caldera de Long Valley	37°N 119°O	Erupciones explosivas lanzaron ceniza al aire.
Okmok	53°N 168°O	En los últimos tiempos, han salido pequeños flujos de lava de este volcán. Hace dos mil quinientos años, el volcán despidió ceniza y restos.
Pavlof	55°N 161°O	El volcán despidió nubes ardientes a 200 m de altura sobre su cima. Las erupciones emitieron columnas de ceniza de 10 km en el aire. En ocasiones, erupciones de menor magnitud provocaron flujos de lava.
Fernandina	42°N 12°E	Las erupciones despidieron grandes bloques de roca.
Monte Pinatubo	15°N 120°E	La ceniza y los restos de una erupción explosiva destruyeron hogares, cosechas y caminos en un área de 52,000 km^2 alrededor del volcán.

Analiza los resultados

1 Según tu mapa, ¿dónde están los volcanes que siempre tienen erupciones no explosivas?

2 ¿Dónde están los volcanes que siempre tienen erupciones explosivas?

3 ¿Dónde están los volcanes que tienen ambos tipos de erupciones?

4 Si el magma de los volcanes proviene de la corteza que está debajo, ¿qué puedes decir sobre el contenido de sílice de la corteza terrestre que está debajo de los océanos?

5 ¿Cómo está formada la corteza que se encuentra bajo los continentes? ¿Cómo lo sabemos?

Saca conclusiones

6 ¿De dónde provienen los materiales de los volcanes que tienen ambos tipos de erupciones? ¿Cómo lo sabes?

7 Basándote en lo que respondiste en los puntos 4 y 5, ¿es lógica la ubicación de los volcanes que tienen ambos tipos de erupciones? Explica tu respuesta.

Aplicar los datos

Hay volcanes en otros planetas. Si un planeta tuviera sólo volcanes no explosivos, ¿qué podríamos inferir acerca de él? ¿Y si tuviera volcanes no explosivos y explosivos?

Contenido

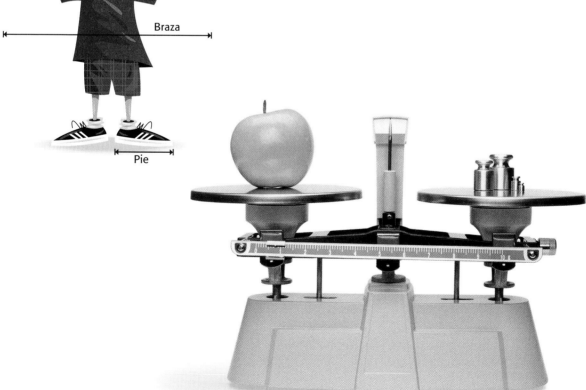

Pulgada

Yarda

Braza

Pie

Apéndice

Capítulo 1   Minerales de la corteza terrestre

Sección 1

Pág. 5: Un elemento es una sustancia pura que no puede descomponerse en sustancias más simples por medios químicos comunes. Un compuesto es una sustancia formada por dos o más elementos unidos químicamente.

Pág. 6: Las respuestas pueden variar. Los minerales silicatos contienen una combinación de silicio y oxígeno; los minerales no-silicatos no contienen una combinación de silicio y oxígeno.

Sección 2

Pág. 9: La veta de un mineral no es afectada por la exposición al aire o al agua; en cambio, el color sí lo es.

Pág. 10: Trataría de rayar el mineral con una serie de 10 minerales de referencia. Si el mineral de referencia raya el mineral no identificado, quiere decir que es más duro que el mineral no identificado.

Sección 3

Pág. 15: Mediante la minería de superficie, se extraen los depósitos minerales que están en la superficie terrestre o cerca de ella. Mediante la minería subterránea, se extraen los depósitos minerales que están a demasiada profundidad como para usar la explotación de superficie.

Pág. 17: Respuesta posible: Las piedras preciosas son minerales no metálicos valorados por su belleza y rareza más que por su utilidad.

Capítulo 2   Rocas: mezclas de minerales

Sección 1

Pág. 28: Entre los tipos de roca usados por los seres humanos para construir edificios, se encuentran el granito, la piedra caliza, el mármol, la arenisca y la pizarra.

Pág. 32: La temperatura y la presión cambian las rocas en las profundidades de la Tierra.

Pág. 33: Los minerales que contiene una roca determinan su composición.

Pág. 34: Las rocas de granos finos están formadas por granos pequeños, como partículas de limo o arcilla. Las rocas de granos medianos están formadas por granos medianos, como la arena. Las rocas de granos gruesos están formadas por granos grandes, como las piedras.

Sección 2

Pág. 37: La roca félsica es una roca ígnea de color claro, rica en aluminio, potasio, silicio y sodio. La roca máfica es una roca ígnea de color oscuro, rica en calcio, hierro y magnesio.

Pág. 39: Se forma cuando la lava que fluye a través de las fisuras del fondo del océano se enfría y se endurece.

Sección 3

Pág. 41: La halita se forma cuando los iones de sodio y los iones de cloro de las masas de agua poco profunda se vuelven tan concentrados que la halita se cristaliza a partir de la solución.

Pág. 43: Las rizaduras son las marcas que deja el movimiento del viento y las olas en los lagos, los océanos, los ríos y las dunas.

Sección 4

Pág. 45: El metamorfismo regional se produce cuando la presión se acumula en las rocas enterradas bajo otras formaciones rocosas o cuando grandes fragmentos de la corteza terrestre chocan entre sí. El aumento de la presión puede deformar miles de kilómetros cúbicos de roca y producir un cambio químico.

Pág. 46: Un mineral guía es un mineral metamórfico que se forma únicamente a determinada temperatura y presión. Por lo tanto, los científicos pueden usarlos para calcular la temperatura, la presión y la profundidad a las que la roca experimenta metamorfismo.

Pág. 49: La deformación origina estructuras metamórficas, como los pliegues.

Capítulo 3   El registro de las rocas y el registro fósil

Sección 1

Pág. 61: Los catastrofistas creían que todos los cambios geológicos ocurrían rápidamente.

Pág. 62: Una catástrofe global puede provocar la extinción de especies.

Sección 2

Pág. 65: Los geólogos usan la columna geológica para interpretar las secuencias de roca e identificar las capas en secuencias de roca que les llaman la atención.

Pág. 67: Una discordancia es una superficie que representa una parte perdida de la columna geológica.

Pág. 68: Existe una disconformidad cuando falta parte de una secuencia de capas de roca paralelas. Existe una inconformidad cuando capas horizontales de roca sedimentaria se depositan sobre una superficie erosionada de rocas ígneas o metamórficas. Existe una discordancia angular entre capas horizontales de roca sedimentaria y capas de roca inclinadas o plegadas.

Sección 3

Pág. 71: Una vida media es el tiempo que tarda en desintegrarse la mitad de una muestra radiactiva.

Pág. 72: estroncio 87

Sección 4

Pág. 74: Un organismo queda atrapado en la savia suave y pegajosa de un árbol, que se endurece y lo conserva.

Pág. 76: Un molde es la cavidad en una roca donde una planta o un animal quedo enterrado. Un contra-molde es un objeto que se crea cuando los sedimentos llenan un molde y se transforman en roca.

Pág. 78: Para completar la información que falta sobre los cambios de los organismos en el registro fósil, los paleontólogos buscan semejanzas entre los organismos fosilizados o entre los organismos fosilizados y sus parientes vivos más cercanos.

Pág. 79: Los fósiles de *Phacops* se pueden usar para establecer la edad de capas de roca porque el *Phacops* vivió durante un período breve y bien definido y se encuentra en capas de roca de todo el mundo.

Sección 5

Pág. 81: aproximadamente 2 mil millones de años

Pág. 82: La escala de tiempo geológico es la escala que divide la historia de 4,600 millones de años de la Tierra en intervalos de tiempo diferenciados.

Pág. 84: La era Mesozoica se conoce como la *Edad de los Reptiles* porque los reptiles, entre ellos, los dinosaurios, eran los animales dominantes en la tierra.

Capítulo 4   Tectónica de placas

Sección 1

Pág. 97: La corteza es la delgada capa externa de la Tierra. Tiene entre 5 km y 100 km de espesor y está compuesta principalmente por oxígeno, silicio y aluminio. El manto es la capa que se encuentra entre la corteza y el núcleo. Tiene 2,900 km de espesor, es más denso que la corteza y contiene la mayor parte de la masa de la Tierra. El núcleo es la capa interna de la Tierra. Tiene un radio de 3,430 km y está compuesto principalmente por hierro.

Pág. 98: Las cinco capas físicas de la Tierra son la litosfera, la astenosfera, la mesosfera, el núcleo externo y el núcleo interno.

Pág. 101: Si bien la litosfera continental es menos densa que la litosfera oceánica, pesa más que ésta y, por lo tanto, también desplaza más astenosfera.

Pág. 102: Las respuestas pueden variar. Una onda sísmica que viaja a través de un sólido irá a mayor velocidad que una que viaja a través de un líquido.

Sección 2

Pág. 104: Se encontraron fósiles parecidos en masas de tierra muy alejadas unas de otras. La explicación más lógica para este fenómeno es que estas masas de tierra alguna vez estuvieron unidas.

Pág. 107: La roca fundida de las dorsales oceánicas tiene pequeños granos de minerales magnéticos. Éstos se alinean con el campo magnético de la Tierra antes de que la roca se enfríe y se endurezca. Cuando el campo magnético de la Tierra se invierte, cambia la orientación de los granos de minerales de la roca.

Sección 3

Pág. 109: Un límite de transformación es el límite entre dos placas tectónicas que se deslizan horizontalmente una junto a otra.

Pág. 110: La circulación de la energía térmica produce cambios en la densidad de la astenosfera. Cuando la roca se calienta, se expande, se vuelve menos densa y asciende. Al enfriarse, la roca se contrae, se vuelve más densa y se hunde.

Sección 4

Pág. 112: La compresión puede hacer que las rocas formen cinturones de montañas cuando las placas tectónicas chocan en los límites convergentes. La tensión puede hacer que las rocas se separen cuando las placas tectónicas se apartan en los límites divergentes.

Pág. 114: En una falla normal, la pared superior se mueve hacia abajo. En una falla inversa, la pared superior se mueve hacia arriba.

Pág. 116: Las montañas de plegamiento se forman cuando las capas de roca se comprimen y son empujadas hacia arriba.

Capítulo 5   Terremotos

Sección 1

Pág. 131: Durante el rebote elástico, la roca libera energía. Parte de esta energía viaja en forma de ondas sísmicas que provocan terremotos.

Pág. 133: Por lo general, las zonas sísmicas se ubican a lo largo de los límites entre las placas tectónicas.

Pág. 135: Las ondas superficiales son más lentas que las ondas internas, pero son más destructivas.

Sección 2

Pág. 137: comparando los sismogramas y observando las diferencias en las horas de llegada de las ondas P y las ondas S

Pág. 138: Cada vez que la magnitud aumenta 1 unidad, el movimiento del suelo es 10 veces mayor.

Sección 3

Pág. 141: Cuando la magnitud se reduce una unidad, la cantidad de terremotos que se producen cada año es 10 veces mayor.

Pág. 142: Es el proceso por el que las estructuras más viejas se hacen más resistentes a los terremotos.

Pág. 144: Hay que agacharse o acostarse boca abajo debajo de una mesa o un escritorio.

Capítulo 6   Volcanes

Sección 1

Pág. 157: Las erupciones no explosivas son comunes y producen flujos de lava relativamente tranquilos. Las erupciones explosivas son menos comunes y producen grandes nubes explosivas de ceniza y gases.

Pág. 158: Como el magma rico en sílice es muy viscoso, tiende a atrapar los gases y tapar las chimeneas volcánicas. Esto hace que aumente la presión y puede producir una erupción explosiva.

Pág. 160: Las bombas volcánicas son grandes masas de magma que se endurecen en el aire. Los lapilli son pequeños fragmentos de magma que se endurecen en el aire. Los bloques volcánicos son pedazos de roca sólida expulsados de un volcán. La ceniza se forma cuando los gases del magma rígido se expanden rápidamente y la pared de las burbujas de gas explota en astillas minúsculas que parecen de vidrio.

Sección 2

Pág. 162: Las erupciones liberan grandes cantidades de ceniza y gases, que pueden bloquear la luz del Sol y producir la disminución global de la temperatura.

Pág. 164: Las calderas se forman cuando se vacía parcialmente una cámara de magma y se hunde el techo que la cubre.

Sección 3

Pág. 167: La actividad volcánica es común en los límites entre las placas tectónicas porque allí es donde tiende a formarse el magma.

Pág. 169: Cuando una placa tectónica experimenta subducción, se calienta y libera vapor de agua. El agua disminuye el punto de fusión de la roca que se encuentra sobre la placa, lo cual origina el magma.

Pág. 170: Según una teoría, una columna ascendente de magma, llamada pluma del manto, forma una cadena de volcanes sobre una placa tectónica en movimiento. Según otra teoría, las cadenas de volcanes se forman a lo largo de las grietas de la corteza terrestre.

Destrezas de estudio

Instrucciones para crear notas plegadas

¿Alguna vez te ha pasado que te pones a estudiar para un examen o una prueba pero no sabes por dónde empezar? ¿O que lees un capítulo y descubres que sólo recuerdas algunas ideas? ¡Las notas plegadas son una herramienta divertida e interesante que te ayudará a aprender y recordar las ideas con las que te encuentras al estudiar ciencias!

Las notas plegadas son herramientas que puedes usar para organizar conceptos. Al concentrarse en unos pocos conceptos principales, sirven para aprender y recordar cómo se relacionan los conceptos entre sí. Pueden servirte para ver el "panorama general". A continuación, encontrarás instrucciones para crear 10 tipos diferentes de notas plegadas.

Pirámide

1. Coloca una hoja de papel frente a ti. Dobla el extremo inferior izquierdo del papel en diagonal hacia el borde opuesto.

2. Recorta la pestaña de papel que se creó con el pliegue (en la parte superior).

3. Abre el papel para formar un cuadrado. Dobla el extremo inferior derecho del papel en diagonal hacia el lado opuesto para formar un triángulo.

4. Abre el papel. Las líneas de los dos dobleces habrán formado una X.

5. Con unas tijeras, corta a lo largo de una de las líneas. Comienza en cualquier esquina y detente en el punto central para crear dos pestañas. Con cinta adhesiva o pegamento, pega una de las pestañas encima de la otra.

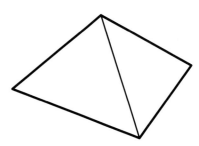

Puerta doble

1. Dobla una hoja de papel por la mitad desde la parte superior a la inferior. Luego, despliega el papel.

2. Dobla el borde superior e inferior del papel hasta la línea del doblez.

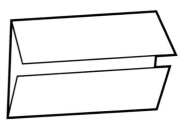

Cuadernillo

1. Dobla una hoja de papel por la mitad de izquierda a derecha. Luego, despliega el papel.

2. Dobla nuevamente la hoja de papel por la mitad desde la parte superior a la inferior. Luego, despliega el papel.

3. Vuelve a doblar la hoja de papel por la mitad de izquierda a derecha.

4. Dobla los bordes superior e inferior hacia el pliegue central.

5. Despliega completamente el papel.

6. Vuelve a doblar el papel de la parte superior a la inferior.

7. Con unas tijeras, haz un corte a lo largo de la línea del doblez central desde el borde doblado hasta las líneas de doblez que hiciste en el paso 4. No cortes toda la hoja por la mitad.

8. Dobla la hoja de papel por la mitad de izquierda a derecha. Mientras sostienes los bordes superior e inferior, empújalos al mismo tiempo para que el centro caiga dentro del corte central. Dobla las cuatro pestañas para formar un libro de cuatro páginas.

Cuaderno engrapado

1. Extiende una hoja de papel sobre otra. Desliza la hoja superior hacia arriba para que sobresalgan 2 cm de la hoja inferior.

2. Junta las dos hojas y dobla hacia abajo la parte superior de las dos para que veas cuatro pestañas de 2 cm a lo largo de la parte inferior de las hojas.

3. Engrapa la parte superior de las notas plegadas.

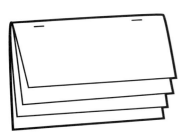

Pliego de términos clave

1. Dobla una hoja de cuaderno con renglones por la mitad de izquierda a derecha.

2. Con unas tijeras, corta a lo largo cada tres renglones desde el borde derecho del papel hasta el pliego central, para hacer pestañas.

Pliego de cuatro pestañas

1. Dobla una hoja de papel por la mitad de izquierda a derecha. Luego, despliega el papel.

2. Dobla cada lado del papel hacia la línea de doblez que quedó en el centro.

3. Dobla el papel por la mitad de la parte superior a la inferior. Luego, despliega el papel.

4. Con unas tijeras, corta los pliegues superiores de la pestaña que hiciste en el paso 3 para formar cuatro pestañas.

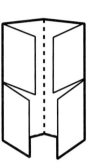

Rotafolio de tres paneles

1. Dobla un trozo de papel por la mitad desde la parte superior a la inferior.

2. Dobla el papel en tercios de lado a lado. Luego, despliega el papel para que puedas ver las tres secciones.

3. Desde la parte superior del papel, corta a lo largo de cada una de las líneas verticales del pliego hasta el doblez central. Ahora tendrás tres pestañas.

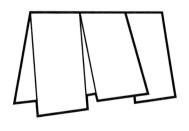

Tabla plegada

1. Dobla un trozo de papel por la mitad de la parte superior a la inferior. Luego, dobla el papel nuevamente por la mitad.

2. Dobla el papel en tercios de lado a lado.

3. Despliega completamente el papel. Con una lapicera o un lápiz, traza con cuidado las líneas de los dobleces.

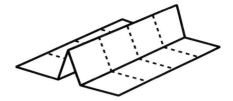

Rotafolio de dos paneles

1. Dobla un trozo de papel por la mitad desde la parte superior a la inferior.

2. Dobla el papel por la mitad de lado a lado. Luego despliega el papel para que puedas ver las dos secciones.

3. Desde la parte superior del papel, corta a lo largo del pliegue vertical hasta el pliegue central. Ahora tendrás dos pestañas.

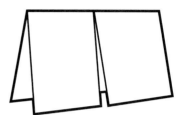

Tríptico

1. Dobla un trozo de papel en tercios de la parte superior a la inferior.

2. Despliega el papel para que puedas ver las tres secciones. Luego, coloca el papel de costado para que las tres secciones formen columnas verticales.

3. Con una lapicera o un lápiz, traza las líneas de los dobleces. Escribe en las columnas los rótulos "Lo que sé", "Lo que quiero saber" y "Lo que aprendí".

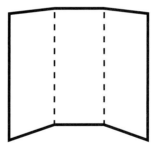

Instrucciones para crear un organizador gráfico

¿Alguna vez has deseado "dibujar" los distintos conceptos que aprendes en tu clase de ciencias? A veces, ver cómo se relacionan los conceptos te sirve para recordar mejor lo que aprendiste. ¡Y para eso están los organizadores gráficos! Te ofrecen una manera de dibujar u organizar los conceptos.

Lo único que hace falta para crear un organizador gráfico es una hoja de papel y un lápiz. A continuación, encontrarás las instrucciones para crear cuatro tipos de organizadores gráficos, diseñados para ayudarte a organizar los conceptos que aprenderás en este libro.

Mapa tipo araña

1. Dibuja un diagrama como el que se muestra a la derecha. En el círculo, escribe el tema principal.

2. Dibuja varias patas que salgan del círculo para representar las diferentes categorías del tema principal. Puedes poner todas las categorías que quieras.

3. Dibuja líneas horizontales que salgan de cada pata, o categoría. Mientras lees el capítulo, escribe detalles acerca de cada categoría sobre las líneas horizontales.

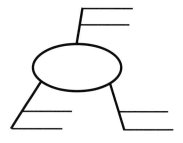

Tabla de comparaciones

1. Dibuja una tabla como la que se muestra a la derecha. Puede tener todas las columnas y filas que quieras.

2. En la fila de arriba, escribe los temas que quieres comparar.

3. En la columna de la izquierda, escribe características de los temas que quieres comparar. Mientras lees el capítulo, completa las características de cada tema en las casillas apropiadas.

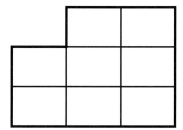

Diagrama cronológico de sucesos

1. Dibuja un recuadro. Dentro del recuadro, escribe el primer paso de un proceso o el primer suceso de una cronología.

2. Debajo de este recuadro, dibuja otro y une ambos con una flecha. En el segundo recuadro, escribe el siguiente paso del proceso o el siguiente suceso de la cronología.

3. Sigue agregando recuadros hasta que termine el proceso o la cronología.

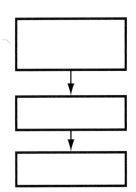

Mapa de conceptos

1. Dibuja un círculo en el centro de una hoja de papel. Escribe la idea principal del capítulo en el centro del círculo.

2. Dibuja otros círculos que salgan del principal. En ellos escribe características de la idea principal. Traza flechas que vayan desde el círculo central hasta los círculos que contienen las características.

3. Dibuja otros círculos que salgan desde cada círculo que contiene una característica. En ellos escribe detalles específicos de cada característica. Traza flechas que vayan desde cada círculo que contiene una característica hasta los círculos que contienen sus detalles específicos. Puedes dibujar todos los círculos que quieras.

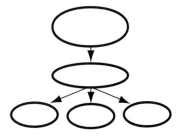

Medidas del SI

El Sistema Internacional de Unidades, o SI, es el sistema de medidas estándar usado por muchos científicos. Usar el mismo sistema de medidas facilita la comunicación entre todos los científicos.

El SI funciona combinando prefijos y unidades básicas. Cada unidad básica puede usarse con diferentes prefijos para definir cantidades más pequeñas y más grandes. En la siguiente tabla, se enumeran los prefijos más comunes del SI.

Prefijos del SI

Prefijo	Símbolo	Factor	Ejemplo
kilo-	k	1,000	kilogramo, 1 kg = 1,000 g
hecto-	h	100	hectolitro, 1 hL = 100 L
deca-	da	10	decámetro, 1 dam = 10 m
		1	metro, litro, gramo
deci-	d	0.1	decigramo, 1 dg = 0.1 g
centi-	c	0.01	centímetro, 1 cm = 0.01 m
mili-	m	0.001	mililitro, 1 mL = 0.001 L
micro-	μ	0.000 001	micrómetro, 1 μm = 0.000 001 m

Tabla de conversión del SI

Unidades del SI	Del SI al sistema inglés	Del sistema inglés al SI
Longitud		
kilómetro (km) = 1,000 m	1 km = 0.621 mi	1 mi = 1.609 km
metro (m) = 100 cm	1 m = 3.281 pies	1 pie = 0.305 m
centímetro (cm) = 0.01 m	1 cm = 0.394 pulg	1 pulg = 2.540 cm
milímetro (mm) = 0.001 m	1 mm = 0.039 pulg	
micrómetro (μm) = 0.000 001 m		
nanómetro (nm) = 0.000 000 001 m		
Área		
kilómetro cuadrado (km^2) = 100 hectáreas	1 km^2 = 0.386 mi^2	1 mi^2 = 2.590 km^2
hectárea (ha) = 10,000 m^2	1 ha = 2.471 acres	1 acre = 0.405 ha
metro cuadrado (m^2) = 10,000 cm^2	1 m^2 = 10.764 pies^2	1 pie^2 = 0.093 m^2
centímetro cuadrado (cm^2) = 100 mm^2	1 cm^2 = 0.155 pulg^2	1 pulg^2 = 6.452 cm^2
Volumen		
litro (L) = 1,000 mL = 1 dm^3	1 L = 1.057 cto. de galón líq.	1 cto. de galón líq. = 0.946 L
mililitro (mL) = 0.001 L = 1 cm^3	1 mL = 0.034 oz líq.	1 oz líq. = 29.574 mL
microlitro (μL) = 0.000 001 L		
Masa	*Peso equivalente en la superficie de la Tierra	
kilogramo (kg) = 1,000 g	1 kg = 2.205 lb*	1 lb* = 0.454 kg
gramo (g) = 1,000 mg	1 g = 0.035 oz*	1 oz* = 28.350 g
miligramo (mg) = 0.001 g		
microgramo (μg) = 0.000 001 g		

Destrezas de medición

Usar una probeta

Cuando midas el volumen con una probeta, recuerda seguir los procedimientos que se indican a continuación:

1 Coloca la probeta sobre una superficie plana y horizontal antes de medir un líquido.

2 Colócate de forma que tengas los ojos al nivel de la superficie del líquido.

3 Lee la marca más cercana al nivel del líquido. En las probetas de vidrio, lee la marca más cercana al centro de la curva que se forma en la superficie del líquido.

Usar una vara o una regla métrica

Cuando midas longitudes con una vara o una regla métrica, recuerda seguir los procedimientos que se indican a continuación:

1 Apoya la regla firmemente sobre el objeto que estás midiendo.

2 Alinea exactamente un borde del objeto con el extremo 0 de la regla.

3 Observa el otro borde del objeto para ver cuál de las marcas de la regla está más cerca. (Nota: cada barrita que hay entre los centímetros representa un milímetro, es decir, una décima parte de un centímetro.)

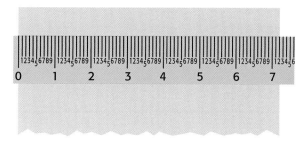

Usar una balanza de tres brazos

Cuando midas la masa con una balanza de tres brazos, recuerda seguir los procedimientos que se indican a continuación:

1 Asegúrate de que la balanza esté sobre una superficie horizontal.

2 Coloca todos los contrapesos en 0. Ajusta la perilla de la balanza hasta que el puntero quede en 0.

3 Coloca el objeto que quieres pesar sobre el platillo. **Precaución:** no coloques objetos calientes ni compuestos químicos directamente sobre el platillo de la balanza.

4 Mueve el contrapeso más grande a lo largo del brazo hacia la derecha hasta que llegue a la

última muesca que no haga inclinar la balanza. Sigue el mismo procedimiento con el contrapeso que le sigue en tamaño. Luego, mueve el contrapeso más pequeño hasta que el puntero quede en 0.

5 Suma las lecturas de los tres brazos para determinar la masa del objeto.

6 Para determinar la masa de cristales o polvos, halla primero la masa de un trozo de papel de filtro. Luego, agrega los cristales o el polvo al papel y vuelve a medir. La masa real de los cristales o del polvo es la masa total menos la masa del papel. Para determinar la masa de un líquido, halla primero la masa del recipiente vacío. Luego, halla la masa combinada del líquido y el recipiente. La masa del líquido es la masa total menos la masa del recipiente.

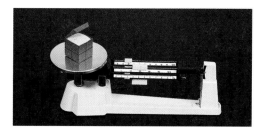

Métodos científicos

Los **métodos científicos** son las maneras en que los científicos contestan preguntas y resuelven problemas. A menudo, los científicos siguen los mismos pasos cuando buscan respuestas. Sin embargo, hay más de una manera de seguir estos pasos. Durante una investigación, los científicos pueden seguir todos los pasos o sólo algunos. Incluso pueden repetir algunos pasos. El objetivo de usar los métodos científicos es obtener respuestas y soluciones confiables.

Los seis pasos de los métodos científicos

1 Hacer una pregunta

Las buenas preguntas provienen de la **observación** cuidadosa. Haces observaciones cuando usas tus sentidos para reunir información. Algunas veces puedes usar instrumentos, como microscopios y telescopios, para ampliar el rango de tus sentidos. Al observar la naturaleza, descubrirás que tienes muchas más preguntas que respuestas. Estas preguntas son las que generan las investigaciones.

Las preguntas que comienzan con *qué, por qué, cómo* y *cuándo* son importantes para centrar una investigación. Aquí se da un ejemplo de una pregunta que podría llevar a una investigación:

Pregunta: ¿Cómo afecta la lluvia ácida al crecimiento de las plantas?

2 Formular una hipótesis

Después de hacer una pregunta, debes formular una **hipótesis.** Una hipótesis es una afirmación que esperas que sea la respuesta a tu pregunta. Representa tu mejor "suposición fundamentada", basada en lo que has observado y en lo que ya sabes. Una buena hipótesis es verificable. De lo contrario, la investigación no puede continuar. Aquí se da el ejemplo de una hipótesis basada en la pregunta: "¿Cómo afecta la lluvia ácida al crecimiento de las plantas?".

Hipótesis: La lluvia ácida retrasa el crecimiento de las plantas.

La hipótesis puede llevar a hacer predicciones. Una predicción es el resultado que esperas obtener de tu experimento o de la recolección de datos. Por lo general, las predicciones se expresan en formato de "Si..., entonces...". Aquí se da un ejemplo de una predicción para la hipótesis de que la lluvia ácida retrasa el crecimiento de las plantas.

Predicción: Si se riega una planta sólo con lluvia ácida (que tiene un pH de 4), entonces la planta crecerá a la mitad de su velocidad normal.

3 Comprobar la hipótesis

Después de haber formulado una hipótesis y haber hecho una predicción, debes comprobar tu hipótesis. Una forma de comprobar una hipótesis es mediante un experimento controlado. Un **experimento controlado** pone a prueba sólo un factor a la vez. En un experimento para verificar el efecto de la lluvia ácida sobre el crecimiento de las plantas, se debe regar el **grupo de control** con agua de lluvia normal. El **grupo experimental** debe regarse con lluvia ácida. Todas las plantas deben recibir a diario la misma cantidad de luz solar y agua. La temperatura del aire debe ser la misma para todos los grupos. Sin embargo, la acidez del agua debe ser una variable. De hecho, cualquier factor que sea distinto entre un grupo y el otro se llama **variable.** Si tu hipótesis es correcta, entonces la acidez del agua y el crecimiento de las plantas son *variables dependientes.* El crecimiento de una planta depende de la acidez del agua. Sin embargo, la cantidad de agua y la cantidad de luz que recibe cada planta son *variables independientes.* Cualquiera de estos factores puede cambiar sin afectar al otro.

A veces, la naturaleza de una investigación hace que sea imposible realizar un experimento controlado. Por ejemplo, el núcleo de la Tierra está rodeado por miles de metros de roca. En esas circunstancias, se puede comprobar una hipótesis mediante observaciones detalladas.

4 Analizar los resultados

Después de haber completado tus experimentos, hacer tus observaciones y recopilar los datos, debes analizar toda la información que has reunido. En este paso suelen usarse tablas y gráficas para organizar los datos.

5 Sacar conclusiones

Después de analizar los datos que reuniste, puedes determinar si los resultados confirman tu hipótesis. Si es así, puedes optar (tú mismo u otros) por repetir las observaciones o experimentos para verificar los resultados. Si los datos no confirman tu hipótesis, quizá tengas que verificar tu procedimiento para descartar errores. Incluso es posible que tengas que desechar tu hipótesis y formular una nueva. Si no puedes sacar una conclusión a partir de tus resultados, quizá debas repetir la investigación o hacer más observaciones o experimentos.

6 Comunicar los resultados

Después de realizar cualquier investigación científica, debes informar sobre los resultados que obtuviste. Al preparar un informe escrito u oral, permites que los demás sepan lo que has averiguado. Es posible que otros científicos repitan tu investigación para ver si obtienen los mismos resultados. Incluso puede ser que tu informe conduzca a otra pregunta y luego a otra investigación.

Los métodos científicos en acción

Los métodos científicos contienen circuitos cerrados en los que varios pasos se pueden repetir muchas veces. En algunos casos, ciertos pasos son innecesarios. En consecuencia, no existe una "línea recta" de pasos a seguir. Por ejemplo, a veces los científicos descubren que la comprobación de una hipótesis da lugar a nuevas preguntas e hipótesis que hay que verificar. Y algunas veces, comprobar la hipótesis conduce directamente a una conclusión. Además, los pasos en los métodos científicos no se siguen siempre en el mismo orden. Sigue los pasos del diagrama y observa en cuántas direcciones diferentes pueden llevarte los métodos científicos.

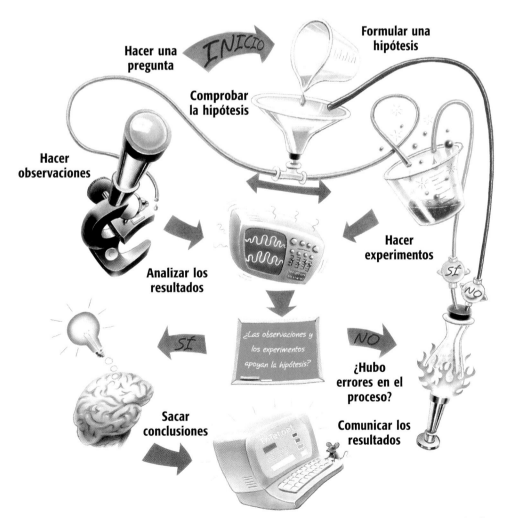

Repaso de matemáticas

Para entender las ciencias, es necesario comprender muchos conceptos matemáticos. Las siguientes páginas te ayudarán a repasar varias destrezas matemáticas importantes.

Promedio

El **promedio,** o **media,** simplifica un conjunto de números en un único número que *se aproxima* al valor del conjunto.

Ejemplo: Halla el promedio del siguiente conjunto de números: 5, 4, 7 y 8.

Paso 1: Halla la suma.

$$5 + 4 + 7 + 8 = 24$$

Paso 2: Divide la suma por la cantidad de números que hay en el conjunto. Como en este ejemplo hay cuatro números, divide la suma por 4.

$$\frac{24}{4} = 6$$

El promedio, o media, es **6.**

Razones

Una **razón** es una comparación entre números, que generalmente se escribe en forma de fracción.

Ejemplo: Halla la razón entre termómetros y estudiantes si hay 36 termómetros y 48 estudiantes en tu clase.

Paso 1: Escribe la razón.

$$\frac{36 \text{ termómetros}}{48 \text{ estudiantes}}$$

Paso 2: Reduce la fracción a su mínima expresión.

$$\frac{36}{48} = \frac{36 \div 12}{48 \div 12} = \frac{3}{4}$$

La razón entre termómetros y estudiantes es de **3 a 4,** o $\frac{3}{4}$. La razón también se puede expresar como 3:4.

Proporciones

Una **proporción** es una ecuación que expresa que dos razones son iguales.

$$\frac{3}{1} = \frac{12}{4}$$

Para resolver una proporción, primero multiplica de forma cruzada los números a ambos lados del signo igual. Esto se llama *multiplicación cruzada.* Si conoces tres de las cantidades de una proporción, puedes usar la multiplicación cruzada para hallar la cuarta.

Ejemplo: Imagina que estás haciendo un modelo a escala del Sistema Solar para tu proyecto de ciencias. El diámetro de Júpiter es 11.2 veces mayor que el diámetro de la Tierra. Si estás usando una pelota de espuma plástica con un diámetro de 2 cm para representar la Tierra, ¿cuál debe ser el diámetro de la pelota que representa Júpiter?

$$\frac{11.2}{1} = \frac{x}{2 \text{ cm}}$$

Paso 1: Multiplica de forma cruzada.

$$\frac{11.2}{1} \diagdown \diagup \frac{x}{2}$$

$$11.2 \times 2 = x \times 1$$

Paso 2: Multiplica.

$$22.4 = x \times 1$$

Paso 3: Despeja la variable dividiendo ambos lados por 1.

$$x = \frac{22.4}{1}$$

$$x = 22.4 \text{ cm}$$

Debes usar una pelota con un diámetro de **22.4** cm para representar Júpiter.

Porcentajes

Un **porcentaje** es la relación entre un número dado y 100.

Ejemplo: ¿Cuánto es el 85% de 40?

Paso 1: Vuelve a escribir el porcentaje moviendo el punto decimal dos lugares hacia la izquierda.

0.85

Paso 2: Multiplica el decimal por el número cuyo porcentaje estás calculando.

$0.85 \times 40 = 34$

El 85% de 40 es **34.**

Decimales

Para **sumar** o **restar decimales,** alinea verticalmente los dígitos para que los puntos decimales coincidan. Luego, suma o resta las columnas de derecha a izquierda. Lleva números según sea necesario.

Ejemplo: Suma los siguientes números: 3.1415 y 2.96.

Paso 1: Alinea verticalmente los dígitos para que los puntos decimales coincidan.

$$3.1415$$
$$+ \; 2.96$$

Paso 2: Suma las columnas de derecha a izquierda, y llévate los números cuando sea necesario.

1 1
$$3.1415$$
$$+ \; 2.96$$
$$6.1015$$

La suma es **6.1015.**

Fracciones

Los números indican cantidad; las **fracciones** indican *una parte de un entero*.

Ejemplo: Tu salón de clases tiene 24 plantas. Tu maestro te indica que coloques 5 de ellas a la sombra. ¿Qué fracción de las plantas de tu salón pondrás a la sombra?

Paso 1: En el denominador, escribe el número total de partes del entero.

$$\frac{?}{24}$$

Paso 2: En el numerador, escribe el número de partes del entero que se están considerando.

$$\frac{5}{24}$$

Por lo tanto, $\frac{5}{24}$ de las plantas quedarán a la sombra.

Reducir fracciones

Por lo general, es mejor escribir una fracción en su mínima expresión. Esto se llama *reducir* una fracción.

Ejemplo: Reduce la fracción $\frac{30}{45}$ a su mínima expresión.

Paso 1: Halla el número entero más grande divisible tanto por el numerador como por el denominador. Este número se llama *máximo común divisor* (MCD; GCF en inglés).

Divisores del numerador 30:
1, 2, 3, 5, 6, 10, **15,** 30

Divisores del denominador 45:
1, 3, 5, 9, **15,** 45

Paso 2: Divide el numerador y el denominador por el MCD, que en este caso es 15.

$$\frac{30}{45} = \frac{30 \div 15}{45 \div 15} = \frac{2}{3}$$

Por lo tanto, $\frac{30}{45}$ reducido a su mínima expresión es $\frac{2}{3}$.

Sumar y restar fracciones

Para **sumar** o **restar** fracciones que tienen el **mismo denominador,** simplemente suma o resta los numeradores.

Ejemplos:

$$\frac{3}{5} + \frac{1}{5} = ? \quad y \quad \frac{3}{4} - \frac{1}{4} = ?$$

Paso 1: Suma o resta los numeradores.

$$\frac{3}{5} + \frac{1}{5} = \frac{4}{} \quad y \quad \frac{3}{4} - \frac{1}{4} = \frac{2}{}$$

Paso 2: Escribe la suma o la diferencia sobre el denominador.

$$\frac{3}{5} + \frac{1}{5} = \frac{4}{5} \quad y \quad \frac{3}{4} - \frac{1}{4} = \frac{2}{4}$$

Paso 3: Si es necesario, reduce la fracción a su mínima expresión.

$\frac{4}{5}$ no se puede reducir y $\frac{2}{4} = \frac{1}{2}$.

Para **sumar** o **restar fracciones** que tienen **distinto denominador,** halla primero el mínimo común denominador (mcd; LCD en inglés).

Ejemplos:

$$\frac{1}{2} + \frac{1}{6} = ? \quad y \quad \frac{3}{4} - \frac{2}{3} = ?$$

Paso 1: Escribe las fracciones equivalentes que tienen un denominador común.

$$\frac{3}{6} + \frac{1}{6} = ? \quad y \quad \frac{9}{12} - \frac{8}{12} = ?$$

Paso 2: Suma o resta las fracciones.

$$\frac{3}{6} + \frac{1}{6} = \frac{4}{6} \quad y \quad \frac{9}{12} - \frac{8}{12} = \frac{1}{12}$$

Paso 3: Si es necesario, reduce la fracción a su mínima expresión.

La fracción $\frac{4}{6} = \frac{2}{3}$, y $\frac{1}{12}$ no se puede reducir.

Multiplicar fracciones

Para **multiplicar fracciones,** multiplica por un lado los numeradores y por otro los denominadores y luego reduce la fracción a su mínima expresión.

Ejemplo:

$$\frac{5}{9} \times \frac{7}{10} = ?$$

Paso 1: Multiplica los numeradores y los denominadores.

$$\frac{5}{9} \times \frac{7}{10} = \frac{5 \times 7}{9 \times 10} = \frac{35}{90}$$

Paso 2: Reduce la fracción.

$$\frac{35}{90} = \frac{35 \div 5}{90 \div 5} = \frac{7}{18}$$

Dividir fracciones

Para **dividir fracciones,** primero vuelve a escribir el divisor (el número por el que divides) en forma invertida. Este número se llama el *recíproco* del divisor. Luego, multiplica y reduce si es necesario.

Ejemplo:

$$\frac{5}{8} \div \frac{3}{2} = ?$$

Paso 1: Vuelve a escribir el divisor como su recíproco.

$$\frac{3}{2} \rightarrow \frac{2}{3}$$

Paso 2: Multiplica las fracciones.

$$\frac{5}{8} \times \frac{2}{3} = \frac{5 \times 2}{8 \times 3} = \frac{10}{24}$$

Paso 3: Reduce la fracción.

$$\frac{10}{24} = \frac{10 \div 2}{24 \div 2} = \frac{5}{12}$$

Notación científica

La **notación científica** es una manera breve de representar números muy grandes y muy pequeños sin escribir todos los ceros.

Ejemplo: Escribe 653,000,000 en notación científica.

Paso 1: Escribe el número sin los ceros.

653

Paso 2: Coloca el punto decimal después del primer dígito.

6.53

Paso 3: Halla el exponente contando el número de lugares que moviste el punto decimal.

6.53000000

El punto decimal se movió ocho lugares hacia la izquierda. Por lo tanto, el exponente de 10 es 8 positivo. Si hubieras movido el punto decimal a la derecha, el exponente habría sido negativo.

Paso 4: Escribe el número en notación científica.

$$6.53 \times 10^8$$

Área

El **área** es el número de unidades cuadradas necesarias para cubrir la superficie de un objeto.

Fórmulas:

área de un cuadrado = lado × lado
área de un rectángulo = largo × ancho
área de un triángulo = $\frac{1}{2}$ × base × altura

Ejemplos: Halla el área.

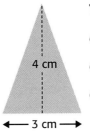

Triángulo

área = $\frac{1}{2}$ × base × altura
área = $\frac{1}{2}$ × 3 cm × 4 cm
*área = **6 cm²***

4 cm

3 cm

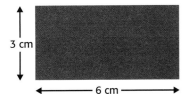

3 cm

6 cm

Rectángulo

área = largo × ancho
área = 6 cm × 3 cm
*área = **18 cm²***

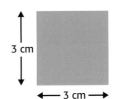

3 cm

3 cm

Cuadrado

área = lado × lado
área = 3 cm × 3 cm
*área = **9 cm²***

Volumen

El **volumen** es la cantidad de espacio que ocupa un objeto.

Fórmulas:

volumen de un cubo = lado × lado × lado

volumen de un prisma = área de la base × altura

Ejemplos:

Halla el volumen de los cuerpos geométricos.

Cubo

volumen = lado × lado × lado
volumen = 4 cm × 4 cm × 4 cm
*volumen = **64 cm³***

4 cm

4 cm   4 cm

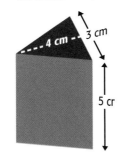

4 cm   3 cm

5 cm

Prisma

volumen = área de la base × altura
volumen = (área del triángulo) × altura
volumen = ($\frac{1}{2}$ × 3 cm × 4 cm) × 5 cm
volumen = 6 cm² × 5 cm
*volumen = **30 cm³***

Nota: Algunas fórmulas matemáticas se basan en el nombre en inglés de los elementos de la fórmula. Por ejemplo, la fórmula del área en español es: A = L × L (área = lado × lado), pero en inglés es A = S × S (area = side × side). Toma nota también de los siguientes casos:

	Inglés	Español
Ventaja mecánica	MA	VM
Energía cinética	KE	EC
Energía potencial gravitatoria	GPE	EPG
Unidad de masa atómica	amu	uma

Apéndice

Propiedades de los minerales comunes

Minerales silicatos

Mineral	Color	Brillo	Veta	Dureza
Berilo	verde profundo, rosado, blanco, verde azulado o amarillo	vítreo	blanca	7.5–8
Clorito	verde	vítreo a nacarado	verde pálido	2–2.5
Cuarzo	incoloro o blanco; de cualquier color cuando no es puro	vítreo o ceroso	blanca o ninguna	7
Granate	verde, rojo, marrón, negro	vítreo	blanca	6.5–7.5
Hornablenda	verde oscuro, marrón o negro	vítreo	ninguna	5–6
Moscovita	incoloro, blanco plateado o marrón	vítreo o nacarado	blanca	2–2.5
Olivino	verde oliva, amarillo	vítreo	blanca o ninguna	6.5–7
Ortoclasa	incoloro, blanco, rosado u otros colores	vítreo	blanca o ninguna	6
Plagioclasa	incoloro, blanco, amarillo, rosado, verde	vítreo	blanca	6

Minerales no-silicatos

Elementos nativos

Mineral	Color	Brillo	Veta	Dureza
Cobre	rojo cobrizo	metálico	roja cobriza	2.5–3
Diamante	amarillo pálido o incoloro	adamantino	ninguna	10
Grafito	de negro a gris	submetálico	negra	1–2

Carbonatos

Mineral	Color	Brillo	Veta	Dureza
Aragonito	incoloro, blanco o amarillo pálido	vítreo	blanca	3.5–4
Calcita	incoloro o blanco a habano	vítreo	blanca	3

Halogenuros

Mineral	Color	Brillo	Veta	Dureza
Fluorita	verde claro, amarillo, púrpura, verde azulado u otros colores	vítreo	ninguna	4
Halita	blanco	vítreo	blanca	2.0–2.5

Óxidos

Mineral	Color	Brillo	Veta	Dureza
Hematita	marrón rojizo a negro	metálico a mate	roja oscura a marrón rojiza	5.6–6.5
Magnetita	negro hierro	metálico	negra	5.5–6.5

Sulfatos

Mineral	Color	Brillo	Veta	Dureza
Anhidrita	incoloro, azulado o violeta	vítreo a nacarado	blanca	3–3.5
Yeso	blanco, rosado, gris o incoloro	vítreo, nacarado o sedoso	blanca	2.0

Sulfuros

Mineral	Color	Brillo	Veta	Dureza
Galena	gris plomo	metálico	gris plomo a negra	2.5–2.8
Pirita	amarillo dorado	metálico	verdosa, amarronada o negra	6–6.5

Densidad (g/cm³)	Exfoliación, fractura, propiedades especiales	Usos comunes
2.6–2.8	1 dirección de exfoliación; fractura irregular; algunas variedades se vuelven fluorescentes con la luz ultravioleta	piedras preciosas, mena del metal berilio
2.6–3.3	1 dirección de exfoliación; fractura irregular	
4.2	sin exfoliación; fractura concoidal	piedras preciosas, concreto, vidrio, porcelana, papel de lija, lentes
3.0–3.4	sin exfoliación; fractura concoidal a astillosa	piedras preciosas, abrasivos
2.7–3	2 direcciones de exfoliación; fractura astillosa	
3.2–3.3	1 dirección de exfoliación; fractura irregular	aislamiento eléctrico, papel de empapelar, material incombustible, lubricantes
2.6	sin exfoliación; fractura concoidal	piedras preciosas, fundición
2.6–2.7	2 direcciones de exfoliación; fractura irregular	porcelana
2.6	2 direcciones de exfoliación; fractura irregular	cerámica
8.9	sin exfoliación; fractura astillosa	cableado, latón, bronce, monedas
3.5	4 direcciones de exfoliación; fractura irregular a concoidal	piedras preciosas, perforación
2.3	1 dirección de exfoliación; fractura irregular	lápices, pinturas, lubricantes, baterías
2.95	2 direcciones de exfoliación; fractura irregular; reacciona con el ácido clorhídrico	sin usos industriales importantes
2.7	3 direcciones de exfoliación; fractura irregular; reacciona con ácidos débiles; doble refracción	cemento, acondicionador de suelos, cal, materiales de construcción
3.0–3.3	4 direcciones de exfoliación; fractura irregular; algunas variedades son fluorescentes	ácido fluorhídrico, acero, vidrio, fibra de vidrio, objetos de cerámica, esmalte
2.1–2.2	3 direcciones de exfoliación; fractura astillosa a concoidal; sabor salado	curtido de cueros, sal para las calles cubiertas de hielo, conservación de alimentos
5.2–5.3	sin exfoliación; fractura astillosa; se vuelve magnética al calentarse	mena de hierro para acero, pigmentos
5.2	sin exfoliación; fractura astillosa; magnética	mena de hierro
3.0	3 direcciones de exfoliación; fractura concoidal a astillosa	acondicionador de suelos, ácido sulfúrico
2.3	3 direcciones de exfoliación; fractura concoidal a astillosa	yeso, placas para construir tabiques, acondicionador de suelos
7.4–7.6	3 direcciones de exfoliación; fractura irregular	baterías, pinturas
5	sin exfoliación; fractura concoidal a astillosa	ácido sulfúrico

Glosario

A

astenosfera la capa blanda del manto sobre la que se mueven las placas tectónicas (98)

B

brecha sísmica un área a lo largo de una falla donde han ocurrido relativamente pocos terremotos recientemente, pero donde se han producido terremotos fuertes en el pasado (141)

brillo la forma en que un mineral refleja la luz (8)

C

caldera una depresión grande y semicircular que se forma cuando se vacía parcialmente la cámara de magma que hay debajo de un volcán, lo cual hace que el suelo se hunda (164)

cámara de magma la masa de roca fundida que alimenta un volcán (158)

catastrofismo un principio que establece que los cambios geológicos ocurren súbitamente (61)

chimenea una abertura en la superficie de la Tierra a través de la cual pasa material volcánico (158)

ciclo de las rocas la serie de procesos por medio de los cuales una roca se forma, cambia de un tipo a otro, se destruye y se forma nuevamente por procesos geológicos (28)

columna geológica un arreglo de las capas de roca en el que las rocas más antiguas están al fondo (65)

composición la constitución química de una roca; describe los minerales u otros materiales presentes en ella (33)

compresión estrés que se produce cuando distintas fuerzas actúan para estrechar un objeto (112)

compuesto una sustancia formada por átomos de dos o más elementos diferentes unidos por enlaces químicos (5)

contramolde un tipo de fósil que se forma cuando un organismo descompuesto deja una cavidad que es llenada por sedimentos (76)

corteza la capa externa, delgada y sólida de la Tierra, que se encuentra sobre el manto (96)

cráter una depresión con forma de embudo que se encuentra cerca de la parte superior de la chimenea central de un volcán (164)

cristal un sólido cuyos átomos, iones o moléculas están ordenados en un patrón definido (5)

D

datación absoluta cualquier método que sirve para determinar la edad de un suceso u objeto en años (70)

datación radiométrica un método para determinar la edad de un objeto estimando los porcentajes relativos de un isótopo radiactivo (precursor) y un isótopo estable (hijo) (71)

datación relativa cualquier método que se utiliza para determinar si un acontecimiento u objeto es más viejo o más joven que otros acontecimientos u objetos (64)

deformación el proceso de doblar, inclinar y romper la corteza de la Tierra; el cambio en la forma de una roca en respuesta a la tensión (131)

densidad la relación entre la masa de una sustancia y su volumen (10)

deposición el proceso por medio del cual un material se deposita (29)

deriva continental la hipótesis que establece que alguna vez los continentes formaron una sola masa de tierra, se dividieron y se fueron a la deriva hasta terminar en sus ubicaciones actuales (104)

desintegración radiactiva el proceso por medio del cual un isótopo radiactivo tiende a desintegrarse y formar un isótopo estable del mismo elemento o de otros elementos (70)

disconformidad una ruptura en el registro geológico, creada cuando las capas de roca se erosionan o cuando el sedimento no se deposita durante un largo período de tiempo (67)

dureza una medida de la capacidad de un mineral de resistir ser rayado (10)

E

elemento una sustancia que no se puede separar o descomponer en sustancias más simples por medio de métodos químicos (4)

eón la mayor división del tiempo geológico (83)

epicentro el punto de la superficie de la Tierra que queda justo arriba del punto de inicio, o foco, de un terremoto (136)

época una subdivisión de un período geológico (83)

era una unidad de tiempo geológico que incluye dos o más períodos (83)

erosión el proceso por medio del cual el viento, el agua, el hielo o la gravedad transporta tierra y sedimentos de un lugar a otro (29)

escala de tiempo geológico el método estándar que se usa para dividir la larga historia natural de la Tierra en partes razonables (82)

estratificación el proceso por medio del cual las rocas sedimentarias se acomodan en capas (43)

estratos capas de roca (40)

exfoliación el agrietamiento de un mineral en sus superficies lisas y planas (9)

expansión del suelo marino el proceso por medio del cual se forma nueva litosfera oceánica a medida que el magma se eleva hacia la superficie y se solidifica (106)

extinción la muerte de todos los miembros de una especie (83)

F

falla una grieta en un cuerpo rocoso a lo largo de la cual un bloque se desliza respecto a otro (114)

foco el punto a lo largo de una falla donde ocurre el primer movimiento de un terremoto (136)

foliada término que describe la textura de una roca metamórfica en la que los granos de mineral están ordenados en planos o bandas (47)

fósil los indicios o los restos de un organismo que vivió hace mucho tiempo, comúnmente preservados en las rocas sedimentarias (74)

fósil guía un fósil que se encuentra en las capas de roca de una sola era geológica y que se usa para establecer la edad de las capas de roca (78)

fósil traza una marca fosilizada que se forma en un sedimento blando debido al movimiento de un animal (76)

fractura la forma en la que se rompe un mineral a lo largo de superficies curvas o irregulares (9)

H

hipótesis del intervalo una hipótesis que se basa en la idea de que es más probable que ocurra un terremoto importante a lo largo de la parte de una falla activa donde no se han producido terremotos durante un determinado período de tiempo (141)

hundimiento del terreno el hundimiento de regiones de la corteza terrestre a elevaciones más bajas (118)

I

isótopo un átomo que tiene el mismo número de protones (o el mismo número atómico) que otros átomos del mismo elemento, pero que tiene un número diferente de neutrones (y, por lo tanto, otra masa atómica) (70)

L

levantamiento la elevación de regiones de la corteza terrestre (118)

límite convergente el límite que se forma debido al choque de dos placas de la litosfera (109)

límite de transformación el límite entre placas tectónicas que se están deslizando horizontalmente una junto a otra (109)

límite divergente el límite entre dos placas tectónicas que se están separando una de la otra (109)

litosfera la capa externa y sólida de la Tierra que está formada por la corteza y la parte superior y rígida del manto (98)

M

mancha caliente un área volcánicamente activa de la superficie de la Tierra que se encuentra lejos de un límite entre placas tectónicas (170)

manto la capa de roca que se encuentra entre la corteza terrestre y el núcleo (97)

mena un material natural cuya concentración de minerales con valor económico es suficientemente alta como para que pueda ser explotado de manera rentable (14)

Glosario

meseta de lava un accidente geográfico amplio y plano que se forma debido a repetidas erupciones no explosivas de lava que se expanden por un área extensa (165)

mesosfera la parte fuerte e inferior del manto que se encuentra entre la astenosfera y el núcleo externo (99)

mineral un sólido natural e inorgánico que tiene una estructura química definida (4)

mineral no-silicato un mineral que no contiene compuestos de silicio y oxígeno (6)

mineral silicato un mineral que contiene una combinación de silicio, oxígeno y uno o más metales (6)

molde una marca o cavidad hecha en una superficie sedimentaria por una concha u otro cuerpo (76)

N

no foliada término que describe la textura de una roca metamórfica en la que los granos de mineral no están ordenados en planos ni bandas (48)

núcleo la parte central de la Tierra, debajo del manto (97)

O

onda P una onda sísmica que hace que las partículas de roca se muevan en una dirección de atrás hacia adelante (134)

onda S una onda sísmica que hace que las partículas de roca se muevan en una dirección de lado a lado (134)

onda sísmica una onda de energía que viaja a través de la Tierra y se aleja de un terremoto en todas direcciones (134)

P

paleontología el estudio científico de los fósiles (63)

período una unidad de tiempo geológico en la que se dividen las eras (83)

placa tectónica un bloque de litosfera formado por la corteza y la parte rígida y más externa del manto (100)

plegamiento fenómeno que ocurre cuando las capas de roca se doblan debido a la compresión (113)

R

rebote elástico ocurre cuando una roca deformada elásticamente vuelve súbitamente a su forma anterior (131)

restauración el proceso de hacer que la tierra vuelva a su condición original después de que se terminan las actividades de explotación minera (15)

roca una mezcla sólida de uno o más minerales o de materia orgánica que se produce de forma natural (28)

roca ígnea extrusiva una roca que se forma como resultado de la actividad volcánica en la superficie de la Tierra o cerca de ella (39)

roca ígnea intrusiva una roca formada a partir del enfriamiento y solidificación del magma debajo de la superficie terrestre (38)

S

sismógrafo un instrumento que registra las vibraciones en el suelo y determina la ubicación y la fuerza de un terremoto (136)

sismograma una gráfica del movimiento de un terremoto elaborada por un sismógrafo (136)

sismología el estudio de los terremotos (130)

superposición un principio que establece que las rocas más jóvenes se encontrarán sobre las rocas más viejas si las capas no han sido alteradas (64)

T

tectónica de placas la teoría que explica cómo se mueven y cambian de forma las placas tectónicas, que son grandes porciones de la capa más externa de la Tierra (108)

tensión estrés que se produce cuando distintas fuerzas actúan para estirar un objeto (112)

textura la cualidad de una roca que se basa en el tamaño, la forma y la posición de los granos que la forman (34)

U

uniformitarianismo un principio que establece que es posible explicar los procesos geológicos que ocurrieron en el pasado en función de los procesos geológicos actuales (60)

Glosario

V

veta el color del polvo de un mineral (9)

vida media el tiempo que tarda la mitad de la muestra de una sustancia radiactiva en desintegrarse por desintegración radiactiva (71)

volcán una chimenea o fisura en la superficie de la Tierra a través de la cual se expulsan magma y gases (156)

Z

zona de rift un área de grietas profundas que se forma entre dos placas tectónicas que se están alejando una de la otra (168)

Glosario

Glosario en inglés

A

astenosfera/asthenosphere the soft layer of the mantle on which the tectonic plates move (98)

B

brecha sísmica/seismic gap an area along a fault where relatively few earthquakes have occurred recently but where strong earthquakes have occurred in the past (141)

brillo/luster the way in which a mineral reflects light (8)

C

caldera/caldera a large, semicircular depression that forms when the magma chamber below a volcano partially empties and causes the ground above to sink (164)

cámara de magma/magma chamber the body of molten rock that feeds a volcano (158)

catastrofismo/catastrophism a principle that states that geologic change occurs suddenly (61)

chimenea/vent an opening at the surface of the Earth through which volcanic material passes (158)

ciclo de las rocas/rock cycle the series of processes in which a rock forms, changes from one type to another, is destroyed, and forms again by geological processes (28)

columna geológica/geologic column an arrangement of rock layers in which the oldest rocks are at the bottom (65)

composición/composition the chemical makeup of a rock; describes either the minerals or other materials in the rock (33)

compresión/compression stress that occurs when forces act to squeeze an object (112)

compuesto/compound a substance made up of atoms of two or more different elements joined by chemical bonds (5)

contramolde/cast a type of fossil that forms when sediments fill in the cavity left by a decomposed organism (76)

corteza/crust the thin and solid outermost layer of the Earth above the mantle (96)

cráter/crater a funnel-shaped pit near the top of the central vent of a volcano (164)

cristal/crystal a solid whose atoms, ions, or molecules are arranged in a definite pattern (5)

D

datación absoluta/absolute dating any method of measuring the age of an event or object in years (70)

datación radiométrica/radiometric dating a method of determining the age of an object by estimating the relative percentages of a radioactive (parent) isotope and a stable (daughter) isotope (71)

datación relativa/relative dating any method of determining whether an event or object is older or younger than other events or objects (64)

deformación/deformation the bending, tilting, and breaking of the Earth's crust; the change in the shape of rock in response to stress (131)

densidad/density the ratio of the mass of a substance to the volume of the substance (10)

deposición/deposition the process in which material is laid down (29)

deriva continental/continental drift the hypothesis that states that the continents once formed a single landmass, broke up, and drifted to their present locations (104)

desintegración radiactiva/radioactive decay the process in which a radioactive isotope tends to break down into a stable isotope of the same element or another element (70)

discordancia/unconformity a break in the geologic record created when rock layers are eroded or when sediment is not deposited for a long period of time (67)

dureza/hardness a measure of the ability of a mineral to resist scratching (10)

E

elemento/element a substance that cannot be separated or broken down into simpler substances by chemical means (4)

eón/eon the largest division of geologic time (83)

epicentro/epicenter the point on Earth's surface directly above an earthquake's starting point, or focus (136)

época/epoch a subdivision of a geologic period (83)

era/era a unit of geologic time that includes two or more periods (83)

erosión/erosion the process by which wind, water, ice, or gravity transports soil and sediment from one location to another (29)

escala de tiempo geológico/geologic time scale the standard method used to divide the Earth's long natural history into manageable parts (82)

estratificación/stratification the process in which sedimentary rocks are arranged in layers (43)

estratos/strata layers of rock (singular, *stratum*) (40)

exfoliación/cleavage the splitting of a mineral along smooth, flat surfaces (9)

expansión del suelo marino/sea-floor spreading the process by which new oceanic lithosphere forms as magma rises toward the surface and solidifies (106)

extinción/extinction the death of every member of a species (83)

F

falla/fault a break in a body of rock along which one block slides relative to another (114)

foco/focus the point along a fault at which the first motion of an earthquake occurs (136)

foliada/foliated describes the texture of metamorphic rock in which the mineral grains are arranged in planes or bands (47)

fósil/fossil the trace or remains of an organism that lived long ago, most commonly preserved in sedimentary rock (74)

fósil guía/index fossil a fossil that is found in the rock layers of only one geologic age and that is used to establish the age of the rock layers (78)

fósil traza/trace fossil a fossilized mark that is formed in soft sediment by the movement of an animal (76)

fractura/fracture the manner in which a mineral breaks along either curved or irregular surfaces (9)

H

hipótesis del intervalo/gap hypothesis a hypothesis that is based on the idea that a major earthquake is more likely to occur along the part of an active fault where no earthquakes have occurred for a certain period of time (141)

hundimiento del terreno/subsidence the sinking of regions of the Earth's crust to lower elevations (118)

I

isótopo/isotope an atom that has the same number of protons (or the same atomic number) as other atoms of the same element do but that has a different number of neutrons (and thus a different atomic mass) (70)

L

levantamiento/uplift the rising of regions of the Earth's crust to higher elevations (118)

límite convergente/convergent boundary the boundary formed by the collision of two lithospheric plates (109)

límite de transformación/transform boundary the boundary between tectonic plates that are sliding past each other horizontally (109)

límite divergente/divergent boundary the boundary between two tectonic plates that are moving away from each other (109)

litosfera/lithosphere the solid, outer layer of the Earth that consists of the crust and the rigid upper part of the mantle (98)

M

mancha caliente/hot spot a volcanically active area of Earth's surface far from a tectonic plate boundary (170)

manto/mantle the layer of rock between the Earth's crust and core (97)

mena/ore a natural material whose concentration of economically valuable minerals is high enough for the material to be mined profitably (14)

meseta de lava/lava plateau a wide, flat landform that results from repeated nonexplosive eruptions of lava that spread over a large area (165)

mesosfera/mesosphere the strong, lower part of the mantle between the asthenosphere and the outer core (99)

mineral/mineral a naturally formed, inorganic solid that has a definite chemical structure (4)

mineral no-silicato/nonsilicate mineral a mineral that does not contain compounds of silicon and oxygen (6)

mineral silicato/silicate mineral a mineral that contains a combination of silicon, oxygen, and one or more metals (6)

molde/mold a mark or cavity made in a sedimentary surface by a shell or other body (76)

N

no foliada/nonfoliated describes the texture of metamorphic rock in which the mineral grains are not arranged in planes or bands (48)

núcleo/core the central part of the Earth below the mantle (97)

O

onda P/P wave a seismic wave that causes particles of rock to move in a back-and-forth direction (134)

onda S/S wave a seismic wave that causes particles of rock to move in a side-to-side direction (134)

onda sísmica/seismic wave a wave of energy that travels through the Earth and away from an earthquake in all directions (134)

P

paleontología/paleontology the scientific study of fossils (63)

período/period a unit of geologic time into which eras are divided (83)

placa tectónica/tectonic plate a block of lithosphere that consists of the crust and the rigid, outermost part of the mantle (100)

plegamiento/folding the bending of rock layers due to stress (113)

R

rebote elástico/elastic rebound the sudden return of elastically deformed rock to its undeformed shape (131)

restauración/reclamation the process of returning land to its original condition after mining is completed (15)

roca/rock a naturally occurring solid mixture of one or more minerals or organic matter (28)

roca ígnea extrusiva/extrusive igneous rock rock that forms as a result of volcanic activity at or near the Earth's surface (39)

roca ígnea intrusiva/intrusive igneous rock rock formed from the cooling and solidification of magma beneath the Earth's surface (38)

S

sismógrafo/seismograph an instrument that records vibrations in the ground and determines the location and strength of an earthquake (136)

sismograma/seismogram a tracing of earthquake motion that is created by a seismograph (136)

sismología/seismology the study of earthquakes (130)

superposición/superposition a principle that states that younger rocks lie above older rocks if the layers have not been disturbed (64)

T

tectónica de placas/plate tectonics the theory that explains how large pieces of the Earth's outermost layer, called *tectonic plates,* move and change shape (108)

tensión/tension stress that occurs when forces act to stretch an object (112)

textura/texture the quality of a rock that is based on the sizes, shapes, and positions of the rock's grains (34)

U

uniformitarianismo/uniformitarianism a principle that states that geologic processes that occurred in the past can be explained by current geologic processes (60)

V

veta/streak the color of the powder of a mineral (9)

vida media/half-life the time needed for half of a sample of a radioactive substance to undergo radioactive decay (71)

volcán/volcano a vent or fissure in the Earth's surface through which magma and gases are expelled (156)

Z

zona de rift/rift zone an area of deep cracks that forms between two tectonic plates that are pulling away from each other (168)

Índice

Los números de página en **negritas** se refieren al material ilustrativo, como figuras, tablas, elementos de los márgenes, fotografías e ilustraciones.

Índice

Índice

índice

M

macizos, **38**
madrigueras fósiles, 76
magma
    cámaras, 158, **158,** 164, **164**
    composición, 36, **36,** 158
    en chimeneas de volcanes
        submarinos, **97**
    en el ciclo de las rocas, **29, 31**
    en erupciones volcánicas,
        158, **158**
    en las dorsales oceánicas,
        106, **106**
    en los flujos de lava, 39, **39**
    en los límites divergentes,
        168, **168**
    formación, 166–167, **166,**
        169, **169**
    formación de minerales, **13**
    metamorfismo de contacto,
        44, **44**
    temperatura, **168**
magnesio, 6
magnetismo en los minerales, **6, 11**
magnetita
    en los animales, **6**
    formación, **12–13**
    propiedades, **11, 220–221**
    usos, **16**
magnitud de los terremotos, 138,
    138, 141
mamut, 75, **75,** 92
    lanudo, 75, **75,** 92
    siberiano, 75, **75,** 92
manchas calientes, 169–170, **170**
manto, 97, **97,** 167, 170, **170**
    composición, 97
    formación del magma, 167
    plumas, 170, **170**
mapa de conceptos, instrucciones
    (organizadores gráficos),
    201, **201**
mapa tipo araña, instrucciones
    (organizadores gráficos),
    200, **200**
mariposas, 48
mármol, 48, **48**
masa, 202, 203
    medición, **203**
    unidades, **202**
material piroclástico, 159–161, **160,**
    161
Mauna Kea, 163, **163**
máximo común divisor (MCD), 270
May, Lizzie y Kevin, 93
MCD (máximo común divisor), 207
media, 206
mediciones, 203
    de la masa, 203
    instrumentos, 203
medidor de inclinación, 171

mena, 14, **14**
Mercalli, escala de intensidad
    modificada, 139
meseta del río Columbia, **165**
mesetas de lava, 39, 165, **165**
mesosfera, **98–99**
metamorfismo, **30,** 44, **44,** 56
    de contacto, 44, **44**
    de impacto, 56
    regional, 44, **44**
metamorfosis biológica, **48**
método del tiempo S-P, 137, **137**
métodos científicos
    analizar los resultados, 205
    comprobar la hipótesis, 204–205
    comunicar los resultados, 205
    formular una hipótesis, 204
    hacer preguntas, 204
    resumen de los pasos, 204–205
    sacar conclusiones, 205
métodos de datación
    absoluta, 70–73, **70, 71, 72, 73**
    del potasio-argón, 72
    del rubidio-estroncio, 72
    del uranio-plomo, 72
    fósiles, 78–79, **78, 79**
    por carbono, 73
    relativa, 64–69, **64, 65, 66,**
        67, 68
metros (m), **202**
mica
    biotita, **6**
    formación, **12, 13**
    moscovita, **46, 210–211**
    propiedades, 6, 9, **210–211**
microscopios, 57
microscopios electrónicos de
    barrido, 56
milímetros (mm), **202**
mina de sal de Wieliczka, 24
minerales, 4–17. *Ver también*
    nombre de cada mineral
    alineamiento durante el
        metamorfismo, 44, **44**
    átomos, 5, **5**
    brillo, 8, **8, 210**
    color, 8, **8, 17, 210**
    compuestos, 5, **5**
    cristales, 5, **5**
    densidad, 10, 18–19
    dureza, 10, **10, 210**
    estructura, 4, **4**
    exfoliación y fractura, 9, **9**
    experimentos y laboratorios,
        10, 18–19
    extracción, 14–15, **14, 15**
    fluorescencia, **11**
    formación, **12–13**
    fractura, 9, **9, 221**
    guía, 46, **46**
    identificación, 8–11, **8, 9, 10, 11**
    magnéticos, **6, 11**

metálicos, 8, **8,** 16
no metálicos, 8, **8,** 16
no-silicatos, 6, **6, 7**
piedras preciosas, 17, **17,** 25
propiedades de los minerales
    comunes, **11, 210–211**
propiedades ópticas, 6, **11**
radiactividad, 6, **11**
reacción química, 11
reciclado, **15**
sabor, 6
silicatos, 6, **6, 7**
usos, 16–17, **16, 221**
veta, 9, **9, 220**
minería
    de superficie, 15, **15**
    subterránea, 14, **14**
mínimo común denominador
    (mcd), 208
Mioceno, **82**
moai de la isla de Pascua, 56
modelos
    de la Tierra, **98**
    laboratorio, 120–121
Mohs, escala de dureza, 10, **10**
moldes, 76, **76**
monoclinales, 113, **113**
montañas
    de bloque de falla, 117, **117**
    de plegamiento, 113, **113,**
        116, **116**
    Rocallosas, **113**
    volcánicas, 117
monte Fuji, 163, **163**
monte Hood, 163
monte Pinatubo, 161, **161,**
    162, **162**
monte Rainier, 163
monte Redoubt, **157**
monte Santa Elena, 157, 163
monte Shasta, 163
monte Tambora, 162
monte Vesubio, 166
montes Apalaches, 116, **116**
montes Urales, 116
Monumento Nacional de Effigy
    Mounds, 72, **72**
Monumento Nacional del
    Dinosaurio, 80, **80**
movimiento convergente, **133**
movimiento de transformación, **132**
movimiento divergente en
    terremotos, **133**
multiplicación cruzada, 206
multiplicación de fracciones, 208
muros de falla, 114–115, **114**
muros transversales sumergidos,
    38, **38**

índice

índice

Índice

Créditos

Abbreviations used: (t) top, (c) center, (b) bottom, (l) left, (r) right, (bkgd) background

FOTOGRAFÍA

Front Cover Doug Scott/Age Fotostock

Skills Practice Lab Teens Sam Dudgeon/HRW

Connection to Astrology Corbis Images; **Connection to Biology** David M. Phillips/Visuals Unlimited; **Connection to Chemistry** Digital Image copyright © 2005 PhotoDisc; **Connection to Environment** Digital Image copyright © 2005 PhotoDisc; **Connection to Geology** Letraset Phototone; **Connection to Language Arts** Digital Image copyright © 2005 PhotoDisc; **Connection to Meteorology** Digital Image copyright © 2005 PhotoDisc; **Connection to Oceanography** © ICONOTEC; **Connection to Physics** Digital Image copyright © 2005 PhotoDisc

Table of Contents iv (yellow), E. R. Degginger/Color–Pic, Inc.; iv (purple), Mark A. Schneider/Photo Researchers, Inc.; (green), Dr. E.R. Degginger/Bruce Coleman Inc.; iv (bl), The G.R. "Dick" Roberts Photo Library; v (b), ©National Geographic Image Collection/Robert W. Madden; x (bl), Sam Dudgeon/HRW; xi (tl), John Langford/HRW; xi (b), Sam Dudgeon/HRW; xii (tl), Victoria Smith/HRW; xii (bl), Stephanie Morris/HRW; xii (br), Sam Dudgeon/HRW; xiii (tl), Patti Murray/Animals, Animals; xiii (tr), Jana Birchum/HRW; xiii (b), Peter Van Steen/HRW

Chapter One 2–3, Terry Wilson; 4, Sam Dudgeon/HRW; 5, Dr. Rainer Bode/Bode-Verlag Gmb; 6 (tr), Victoria Smith/HRW; 6 (bc), Sam Dudgeon/HRW; 6 (tl), Sam Dudgeon/HRW; 7, (copper), E. R. Degginger/Color–Pic, Inc.; 7, (calcite), E. R. Degginger/Color–Pic, Inc.; 7, (fluorite), E. R. Degginger/Color–Pic, Inc.; 7, (corundum), E. R. Degginger/Color–Pic, Inc.; 7, (gypsum), SuperStock; 7, (galena), Visuals Unlimited/Ken Lucas; 8, (vitreous), Biophoto Associates/Photo Researchers, Inc.; 8, (waxy), Biophoto Associates/Photo Researchers, Inc.; 8, (silky), Dr. E.R. Degginger/Bruce Coleman Inc.; 8, (submetallic), John Cancalosi 1989/DRK Photo; 8 (bl), Kosmatsu Mining Systems; 8, (resinous), Charles D. Winters/Photo Researchers, Inc.; 8, (pearly), Victoria Smith/HRW; 8, (metallic), Victoria Smith/HRW; 8, (earthy), Sam Dudgeon/HRW; 9 (tr, c, bl), Sam Dudgeon/HRW; 9, Tom Pantages; 10, (1), Visuals Unlimited/Ken Lucas; 10, (3), Visuals Unlimited/Dane S. Johnson; 10, (7), Carlyn Iverson/Absolute Science Illustration and Photography; 10, (8), Mark A. Schneider/Visuals Unlimited; 10, (9), Charles D. Winters/Photo Researchers, Inc.; 10, (10), Bard Wrisley; 10, (5), Biophoto Associates/Photo Researchers, Inc.; 10, (6), Victoria Smith/HRW; 10, (4), Mark A. Schneider/Photo Researchers, Inc.; 10, (2), Sam Dudgeon/HRW; 11 (s), Sam Dudgeon/HRW; 11 (tr), Sam Dudgeon/HRW, Courtesy Science Stuff, Austin, TX; 11 (br), Tom Pantages Photography; 11 (bc), Sam Dudgeon/HRW; 11 (tl), Mark A. Schneider/Photo Researchers, Inc.; 11 (ttl), Mark A. Schneider/Photo Researchers, Inc.; 11 (bl), Sam Dudgeon/HRW; 12 (t), Sam Dudgeon/HRW; 12 (bl), Victoria Smith/HRW Photo, Courtesy Science Stuff, Austin, TX; 12 (c), Breck P. Kent; 13 (br), Sam Dudgeon/HRW; 13 (c), Breck P. Kent; 13 (t), Visuals Unlimited/Ken Lucas; 14 (br), Wernher Krutein; 15, Stewart Cohen/Index Stock Photography, Inc.; 16, Digital Image copyright © 2005 PhotoDisc; 17, Historic Royal Palaces; 18 (c), Russell Dian/HRW; 18 (b), 19 (tr), Sam Dudgeon/HRW; 20, Digital Image copyright © 2005 PhotoDisc; 21 (b), E. R. Degginger/Color–Pic, Inc.; 24 (t), Stephan Edelbroich; 25 (t), Will & Dennie McIntyre/McIntyre Photography; 25 (b), Mark Schneider/Visuals Unlimited

Chapter Two 26–27, Tom Till; 28 (bl), Michael Melford/Getty Images/The Image Bank; 28 (br), Joseph Sohm; Visions of America/CORBIS; 29, CORBIS Images/HRW; 32 (t), Joyce Photographics/Photo Researchers, Inc.; 32 (l), Pat Lanza/Bruce Coleman Inc.; 32 (r), Sam Dudgeon/HRW ; 32 (b), James Watt/Animals Animals/Earth Scenes; 32 (l), Pat Lanza/Bruce Coleman Inc.; 33, (granite), Pat Lanza/Bruce Coleman Inc.; 33, (mica), E. R. Degginger/Color–Pic, Inc.; 33, (aragonite), Breck P. Kent; 33, (limestone), Breck P. Kent; 33, (calcite), Mark Schneider/Visuals Unlimited; 33, (feldspar), Mark Schneider/Visuals Unlimited; 33, (quartz), Digital Image copyright © 2005 PhotoDisc; 34 (tl), Sam Dudgeon/HRW; 34 (tc), Dorling Kindersley; 34 (tr, br), Breck P. Kent; 34 (bl), E. R. Degginger/Color–Pic, Inc.; 35, Joseph Sohm; Visions of America/CORBIS; 36 (l), E. R. Degginger/Color–Pic, Inc.; 37 (tr, tl, bl), Breck P. Kent; 37 (br), Victoria Smith/HRW; 39, J.D. Griggs/USGS; 40, CORBIS Images/HRW; 41, (conglomerate), Breck P. Kent; 41, (siltstone), Sam Dudgeon/HRW; 41, (sandstone), Joyce Photographics/Photo Researchers, Inc.; 41, (shale), Sam Dudgeon/HRW; 42 (tl), Stephen Frink/Corbis; 42 (br), Breck P. Kent; 42 (bc), David Muench/CORBIS; 43, Franklin P. OSF/Animals Animals/Earth Scenes; 44, George Wuerthner; 46, (calcite), Dane S. Johnson/Visuals Unlimited; 46, (quartz), Carlyn Iverson/Absolute Science Illustration and Photography; 46, (hematite), Breck P. Kent; 46, (garnet), Breck P. Kent/Animals Animals/Earth Scenes; 46, (chlorite), Sam Dudgeon/HRW; 46, (mica), Tom Pantages; 47, (shale), Ken Karp/HRW; 47, (slate), Sam Dudgeon/HRW; 47, (phyllite), Sam Dudgeon/HRW; 47, (gneiss), Breck P. Kent; 47, (schist), Sam Dudgeon/HRW; 48 (tl), E. R. Degginger/Color–Pic, Inc.; 48 (bl), Ray Simmons/Photo Researchers, Inc; 48 (tr), The Natural History Museum, London; 48 (br), Breck P. Kent; 49, Jim Wark/Airphoto; 51 (t), Sam Dudgeon/HRW; 51 (b), James Tallon; 56 (l), Wolfgang Kaehler/CORBIS; 56 (tr), Dr. David Kring/Science Photo Library/Photo Researchers, Inc.; 57 (r), James Miller/Courtesy Robert Folk, Department of Geological Sciences, University of Texas at Austin; 57 (l), Dr. Philppa Uwins, Whistler Research PTY/SPL/Photo Researchers, Inc.

Chapter Three 58, National Geographic Image Collection/Jonathan Blair, Courtesy Hessian Regional Museum, Darmstadt, Germany; 61, GeoScience Features Picture Library; 63, Museum of Northern Arizona; 64 (l), Sam Dudgeon/HRW; 64 (r), Andy Christiansen/HRW; 66 (tl), Fletcher & Baylis/Photo Researchers, Inc.; 66 (tr), Ken M. Johns/Photo Researchers, Inc.; 66 (bl), Glenn M. Oliver/Visuals Unlimited; 66 (br), Francois Gohier/Photo Researchers, Inc.; 71, Sam Dudgeon/HRW; 72, Tom Till/DRK Photo; 73, Courtesy Charles S. Tucek/University of Arizona at Tucson; 74, Howard Grey/Getty Images/Stone; 75, Francis Latreille/Nova Productions/AP/Wide World Photos; 76 (b), The G.R. "Dick" Roberts Photo Library; 76 (t), © Louie Psihoyos/psihoyos.com; 77 (l), Brian Exton; 77 (r), Chip Clark/Smithsonian; 78 (l), ; 79, Thomas R. Taylor/Photo Researchers, Inc.; 80, James L. Amos/CORBIS; 81 (tl), Tom Till Photography; 81 (fish), Tom Bean/CORBIS; 81 (leaf), James L. Amos/CORBIS; 81 (turtle), Layne Kennedy/CORBIS; 81 (fly), Ken Lucas/Visuals Unlimited; 83, Chip Clark/Smithsonian; 84 (t), Neg. no. 5793 Courtesy Dept. of Library Services., American Museum of Natural History; 84 (b), Neg. no. 5799 Courtesy Department of Library Services., American Museum of Natural History; 85, Neg. no. 5801 Courtesy Department of Library Services, American Museum of Natural History; 86, Jonathan Blair/CORBIS; 88 (b), The G.R. "Dick" Roberts Photo Library; 89 (fly), Ken Lucas/Visuals Unlimited; 92 (tl), Beth A. Keiser/AP/Wide World Photos; 92 (tr), Jonathan Blair/CORBIS; 93, Courtesy Kevin C. May

Chapter Four 94–95, James Balog/Getty Images/Stone; 97 (t), James Wall/Animals Animals/Earth Scenes; 100, Bruce C. Heezen and Marie Tharp; 111 (tc), ESA/CE/Eurocontrol/Science Photo Library/Photo Researchers, Inc.; 111 (tr), NASA; 112 (bl, br), Peter Van Steen/HRW; 113 (bc), Visuals Unlimited/SylvesterAllred; 113 (br), G.R. Roberts Photo Library; 115 (tl), Tom Bean; 115 (tr), Landform Slides; 116, Jay Dickman/CORBIS; 117 (b), Michele & Tom Grimm Photography; 118, Y. Arthus–B./Peter Arnold, Inc.; 119, Peter Van Steen/HRW; 121, Sam Dudgeon/HRW; 126 (bl), NASA/Science Photo Library/Photo Researchers, Inc.; 126 (c), Ron Miller/Fran Heyl Associates; 126 (tr), Photo by S. Thorarinsson/Solar–Filma/Sun Film–15/3/courtesy of Edward T. Baker, Pacific Marine Environmental Laboratory, NOAA; 127 (r), Bettman/CORBIS

Chapter Five 128–129, Robert Patrick/Sygma/CORBIS; 131, Roger Ressmeyer/CORBIS; 137, Earth Images/Getty Images/Stone; 139, Bettmann/CORBIS; 142, Michael S. Yamashita/CORBIS; 144, Paul Chesley/Getty Images/Stone; 146, NOAA/NGDC; 147, Sam Dudgeon/HRW; 149, Bettmann/CORBIS; 152, Sam Dudgeon/HRW; 152 (t), Courtesy Stephen H. Hickman, USGS; 153 (t), Todd Bigelow/HRW; 153 (b), Corbis Images

Chapter Six 154–155, Carl Shaneff/Pacific Stock; 156 (bl), National Geographic Image Collection/Robert W. Madden; 156 (br), Ken Sakamoto/Black Star; 157 (b), Breck P. Kent/Animals Animals/Earth Scenes; 157, Joyce Warren/USGS Photo Library; 159 (tl), Tui De Roy/Minden Pictures; 159 (bl), B. Murton/Southampton Oceanography Centre/Science Photo Library/Photo Researchers, Inc.; 159 (tr), Visuals Unlimited/Martin Miller; 159 (br), Buddy Mays/CORBIS; 160 (tr), Tom Bean/DRK Photo; 160 (tl), Francois Gohier/Photo Researchers, Inc.; 160, (tlc), Visuals Unlimited Glenn Oliver; 160, (tlb), E. R. Degginger/Color–Pic, Inc.; 161 (r), Alberto Garcia/SABA/CORBIS; 161, Robert W. Madden/National Geographic Society; 162, Images & Volcans/Photo Researchers, Inc.; 163 (br), SuperStock; 163 (cr), SuperStock; 163 (tr), Roger Ressmeyer/CORBIS; 164 (tl), Yann Arthus–Bertrand/CORBIS; 165, Joseph Sohm; ChromoSohm Inc./CORBIS; 170 (bl), Robert McGimsey/USGS Alaska Volcano Observatory; 174 (tr), Alberto Garcia/SABA/CORBIS; 178 (bl), CORBIS; 178 (tr), Photo courtesy of Alan V. Morgan, Department of Earth Sciences, University of Waterloo; 178 (tc), © Sigurgeir Jonasson; Frank Lane Picture Agency/CORBIS; 179 (bl), Courtesy Christina Neal; 179 (r), Courtesy Alaska Volcano Observatory

Lab Book/Appendix "LabBook Header", "L", Corbis Images; "a", Letraset Phototone; "b", and "B", HRW; "o", and "k", images ©2006 PhotoDisc/HRW; 181 (tr), Victoria Smith/HRW, Courtesy of Science Stuff, Austin, TX; 181, (galena), Ken Lucas/Visuals Unlimited; 181 (cr), Charlie Winters/HRW; 181, 182, 183 (hematite, br), Sam Dudgeon/HRW; 184 (all), Andy Christiansen/HRW; 185, Sam Dudgeon/HRW; 186, Tom Bean; 187, 188, Sam Dudgeon/HRW; 189, Andy Christiansen/HRW; 193 (tr) Sam Dudgeon/HRW